高等院校电子信息与电气学科特色教材

DCS及现场总线技术

肖军 主编
张一 主审

清华大学出版社
北京

内容简介

DCS及现场总线技术是由计算机、信号处理、测量控制、网络通信和人机接口等技术综合产生的一门应用技术。本书系统地论述了DCS及现场总线的发展历程、背景和趋势，DCS及现场总线的硬件、软件构成及功能，控制算法及组态，DCS及现场总线涉及的数据通信技术，现场总线协议结构、设备描述和通信特点，并给出了五种典型现场总线的应用案例。

本书可作为高等院校电气信息类相关专业的本科生与研究生教材，也可作为工业过程控制领域工程技术人员的参考用书。

图书在版编目(CIP)数据

DCS及现场总线技术/肖军主编.—北京：清华大学出版社，2011.10(2024.8重印)
(高等院校电子信息与电气学科特色教材)
ISBN 978-7-302-26440-8

Ⅰ.①D… Ⅱ.①肖… Ⅲ.①分布控制—控制系统—系统设计 ②总线—技术 Ⅳ.①TP273 ②TP336

中国版本图书馆CIP数据核字(2011)第163701号

责任编辑：盛东亮
责任校对：焦丽丽
责任印制：宋 林

出版发行：清华大学出版社
网 址：https://www.tup.com.cn，https://www.wqxuetang.com
地 址：北京清华大学学研大厦A座 **邮 编**：100084
社 总 机：010-83470000 **邮 购**：010-62786544
投稿与读者服务：010-62776969，c-service@tup.tsinghua.edu.cn
质量反馈：010-62772015，zhiliang@tup.tsinghua.edu.cn
课件下载：https://www.tup.com.cn，010-83470236
印 装 者：三河市铭诚印务有限公司
经 销：全国新华书店
开 本：185mm×260mm **印 张**：14.5 **字 数**：359千字
版 次：2011年10月第1版 **印 次**：2024年8月第16次印刷
定 价：49.00元

产品编号：040991-02

出版说明

随着我国高等教育逐步实现大众化以及产业结构的进一步调整，社会对人才的需求出现了层次化和多样化的变化，这反映到高等学校的定位与教学要求中，必然带来教学内容的差异化和教学方式的多样性。而电子信息与电气学科作为当今发展最快的学科之一，突出办学特色，培养有竞争力、有适应性的人才是很多高等院校的迫切任务。高等教育如何不断适应现代电子信息与电气技术的发展，培养合格的电子信息与电气学科人才，已成为教育改革中的热点问题之一。

目前我国电类学科高等教育的教学中仍然存在很多问题，例如在课程设置和教学实践中，学科分立，缺乏和谐与连通；局部知识过深、过细、过难，缺乏整体性、前沿性和发展性；教学内容与学生的背景知识相比显得过于陈旧；教学与实践环节脱节，知识型教学多于研究型教学，所培养的电子信息与电气学科人才还不能很好地满足社会的需求等。为了适应21世纪人才培养的需要，很多高校在电子信息与电气学科特色专业和课程建设方面都做了大量工作，包括国家级、省级、校级精品课的建设等，充分体现了各个高校重点专业的特色，也同时体现了地域差异对人才培养所产生的影响，从而形成各校自身的特色。许多一线教师在多年教学与科研方面已经积累了大量的经验，将他们的成果转化为教材的形式，向全国其他院校推广，对于深化我国高等学校的教学改革是一件非常有意义的事。

为了配合全国高校培育有特色的精品课程和教材，清华大学出版社在大量调查研究的基础之上，在教育部相关教学指导委员会的指导下，决定规划、出版一套"高等院校电子信息与电气学科特色教材"，系列教材将涵盖通信工程、电子信息工程、电子科学与技术、自动化、电气工程、光电信息工程、微电子学、信息安全等电子信息与电气学科，包括基础课程、专业主干课程、专业课程、实验实践类课程等多个方面。本套教材注重立体化配套，除主教材之外，还将配套教师用CAI课件、习题及习题解答、实验指导等辅助教学资源。

由于各地区、各学校的办学特色、培养目标和教学要求均有不同，所以对特色教材的理解也不尽一致，我们恳切希望大家在使用本套教材的过程中，及时给我们提出批评和改进意见，以便我们做好教材的修订改版工作，使其日趋完善。相信经过大家的共同努力，这套教材一定能成为特色鲜明、质量上乘的优秀教材，同时，我们也欢迎有丰富教学和创新实践经验的优秀教师能够加入到本丛书的编写工作中来！

清华大学出版社

高等院校电子信息与电气学科特色教材编委会

联系人：盛东亮 shengdl@tup.tsinghua.edu.cn

前言

随着计算机技术、网络通信技术、测量控制技术、信号处理技术、显示技术、大规模集成电路技术、软件技术及其他高新技术的应用和发展，集散控制系统(DCS)和现场总线控制系统(FCS)随之也得到了飞速发展。各种DCS及现场总线技术相继推出或更新，其应用范围遍及工业控制领域的各个行业。不同时期、不同厂家的DCS及现场总线产品各不相同，其应用的行业和规模也各不相同，相应的应用技术也有差异。但是，DCS及现场总线的基本概念、构成方法、功能和应用技术具有一定的同一性。

本书从应用角度出发，力求学以致用，在吸取了多年DCS及现场总线有关研究工作和教学经验的基础上，力图形成内容简明、系统性和实用性为一体的通用教材。为此，本书在编写过程中，关注实际应用方面的需要，减少了系统产品的介绍，突出阐述了DCS及现场总线技术的基本概念、特点、原理及应用技术。侧重于介绍DCS及现场总线技术的共性和应用方面的内容。

通过本书的学习，读者可系统地了解DCS及现场总线的概念、特点、结构和原理；熟悉DCS的基本使用和组态方法；初步掌握现场总线控制系统的应用技术等方面知识。全书内容简明实用，可操作性强，便于读者自学和深入研究。本书主要作为高等院校电气信息类本科教材，适用教学时数为40～48学时；同时，对有关工程技术人员也具有参考价值。

本书共分7章。第1章介绍计算机控制系统的基本概念和分类，着重讨论DCS、FCS和PLC的总体概念、特点和发展历程，分析这三类计算机控制系统相互间存在的差异；第2章介绍DCS的硬件体系结构及系统，阐述典型DCS的构成方法、系统设备及功能；第3章介绍DCS的软件体系，讨论控制层、监控层和组态软件的特点及功能，并着重说明组态软件的应用及发展变化；第4章阐述DCS常用的控制算法，例举控制算法及方案在DCS中的实现流程，说明组态操作的通用方法；第5章介绍DCS数据通信的相关概念、网络体系结构及协议标准，阐述数据通信的基本技术及原理，讨论控制网络和信息网络的区别、互连及发展；第6章详细阐述现场总线的定义、结构、协议及现场总线仪表等概念和内容；第7章分别介绍几种典型现场总线的技术特点，分析各自的协议模型、数据传输技术、模块和设备描述以及电气连接特性等，探讨不同类型现场总线在工业控制领域中的应用实例。

本书内容已制作成相应的PPT教学课件，并附有习题参考答案，一并放在清华大学出版社的教学资源网上，可供使用本教材的院校教师免费下载。

编写分工为：第1章由肖军、李书臣编写；第2、3章由沈清波编写；第4章由王宏楠编写；第5章由肖军编写；第6、7章由胡玲艳编写。全书由肖军教授统稿，并补充和修改了部分内容。本书在编写的过程中，参考了大量学者及同仁编写的相关书籍和文献资料；辽宁石油化工大学和大连大学的有关老师给予了热情支持和帮助；辽宁石油化工大学研究生学院的张一教授对全书进行了审定，并提出了宝贵意见；清华大学出版社的编辑提供了很好帮助。在此一并致以诚挚的谢意！

由于时间仓促和编者水平有限，书中难免存在错误和不当之处，敬请读者批评指正。

编　者

2011年9月

目录

第1章 概述

过程控制系统是以表征生产过程的参量为被控制量，并使之接近给定值或保持在给定范围内的自动控制系统。这里的"过程"是指在生产装置或设备中进行的物质和能量相互作用和转换的过程。表征过程的主要参量有温度、压力、流量、液位、成分、浓度等。通过对过程参量的控制，可使生产过程中产品的产量增加、质量提高以及能耗减少。一般的过程控制系统通常采用反馈控制的形式，这是过程控制的一种主要方式。

过程控制在石油、化工、电力、冶金等部门有着广泛的应用。随着人们物质生活水平的进一步提高以及市场竞争的日益激烈，产品的质量和功能也向更高的档次发展，制造产品的工艺过程变得越来越复杂。为满足优质、高产、低消耗以及安全生产和环境保护等要求，作为工业自动化重要分支的过程控制任务也越来越繁重、越来越重要。

在现代工业过程控制中，过程控制系统经历了三个发展阶段，即分散控制阶段、集中控制阶段和集散控制阶段。几十年来，工业过程控制取得了惊人的发展，无论是在大规模结构复杂的工业生产过程中，还是在传统的工业过程改造中，过程控制技术对于提高产品质量以及节能降耗等都有着十分重要的作用。

目前，过程控制系统正向高级阶段发展，无论是从历史和现状来看，还是从发展的必要性和可能性来看，过程控制系统逐渐向着综合化、智能化、信息化、集成化模式快速发展。从而，过程控制以智能控制理论为基础，以计算机及网络为主要手段，实现对企业的经营、计划、调度、管理和控制的全面综合，形成从原料进库到产品出厂的自动化，从而达到整个生产系统信息管理的最优化。

1.1 计算机控制系统基础

1.1.1 计算机控制系统的基本概念

计算机控制系统是应用计算机参与控制并借助一些辅助部件与被控对象相联系，以获得一定控制目的而构成的系统。这里的计算机通常指数字计算机，可以有各种规模，如微型或大型的、通用或专用的计算机。辅助部件主要指输入输出接口、检测装置和执行装置等。被控对象的范围很广，包括各行各业的生产过程、机械装置、交通工具、实验装置、仪器仪表、家用电器等。控制目的为使被控对象的状态或运动过程达到某种要求或达到最优化目标。

计算机控制系统与一般控制系统相同，可以是闭环的，即计算机要不断采集被控对象的各种状态信息，按照一定的控制策略处理后，输出控制信息直接影响被控对象。计算机控制系统也可以是开环的。开环控制有两种方式：一种是计算机只按时间顺序或某种给定的规则影响被控对象；另一种是计算机将测得的被控对象信息进行处理后，只向操作人员提供操作指导信息，然后，由人工操作去影响被控对象。

众所周知，闭环控制系统是由控制器、测量元件及变送单元、执行机构和被控对象等部分组成。图 1-1 给出了典型闭环控制系统框图。

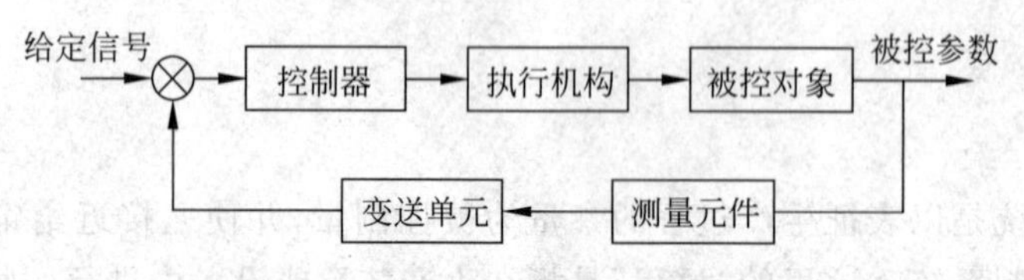

图 1-1 典型闭环控制系统框图

如果把图 1-1 中的控制器用计算机代替，就可以构成计算机控制系统，其基本框图如图 1-2 所示。在计算机控制系统中，只要运用各种指令，就可编制出符合某种控制规律的控制程序。微处理器执行其程序，就能实现对被控参数的控制。由于工业控制计算机的输入和输出是数字信号，而现场采集的信号或送到执行机构的信号大多是模拟信号，因此，计算机控制系统与常规的闭环负反馈系统相比，需要有数/模转换器和模/数转换器，即 A/D 和 D/A 转换两个环节。计算机把通过测量元件、变送单元和模/数转换器送来的数字信号，直接反馈到输入端与设定值进行比较。然后，根据要求按偏差进行控制运算，产生的数字控制输出信号经过数/模转换器送到执行机构，实现对被控对象的控制，使被控变量稳定在设定值上。这种系统称为计算机闭环控制系统。

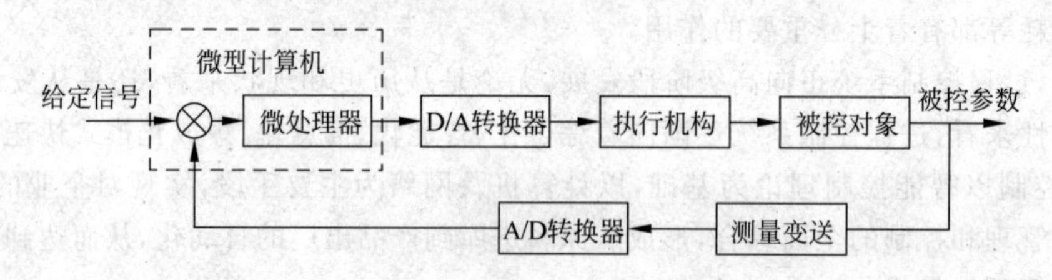

图 1-2 计算机控制系统基本框图

计算机控制系统控制器包括硬件部分和软件部分，而模拟控制器只由硬件组成。计算机控制系统的硬件一般是由计算机、外部设备、输入/输出通道和操作台等组成，如图 1-3 所示。

计算机控制系统的软件包括系统软件和应用软件。系统软件包括操作系统、语言处理程序和服务性程序等，它们通常由计算机制造厂为用户配套，有一定的通用性。应用软件是为实现特定控制目的而编制的专用程序，如数据采集程序、控制决策程序、输出处理程序和报警处理程序等。它们涉及被控对象的自身特征和控制策略等，由实施控制系统的专业人员自行编制。

计算机控制系统通常具有精度高、速度快、存储容量大和有逻辑判断功能等特点，因此，可以实现高级复杂的控制策略，从而获得快速精确的控制效果。计算机技术的发展已使整个人类社会发生了巨大的变化，自然也影响到工业生产和企业管理中。而且，计算机所具有的信息处理能力，能够进一步把过程控制和生产管理有机地结合起来，从而实现工厂的全面自动化管理。

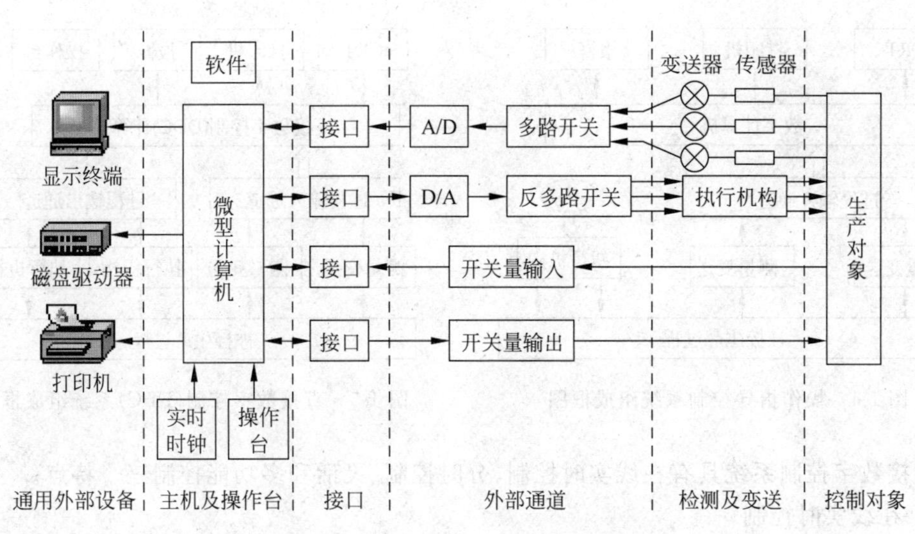

图 1-3 计算机控制系统原理图

1.1.2 计算机控制系统的分类

1. 巡回检测和操作指导系统

生产过程中有大量的过程参数需要测量和监视，计算机以周期性方式巡回检测这些参数，并完成必要的数据处理任务。在这种应用中，计算机只承担数据的采集和处理工作，而不直接参与控制。它对生产过程各种工艺变量进行巡回检测、处理、记录及变量的超限报警。这是计算机应用于工业生产过程最早和最简单的一类系统，称为数据采集系统（data acquisition system，DAS），如图 1-4 所示。在此种系统中，根据生产过程的各种数据，计算机按照给定的指标及算法，对现场数据进行处理、分析和最优化计算，得出最优操作条件，为操作人员提供参考，依此去操作执行器，从而达到操作指导的作用。显然，此方式属于计算机离线最优控制的一种，称为操作指导系统（operation guide control，OGC）。

2. 直接数字控制系统（DDC）

直接数字控制（direct digit control，DDC）是用一台计算机对被控参数进行检测，并根据控制算法进行运算，然后，将控制输出送到执行机构对生产过程进行控制，使被控参数稳定在给定值上。利用计算机的分时处理功能，一台计算机可以直接对多个控制回路实现多形式的控制。在这类数字控制系统中，计算机的输出直接作用于控制对象，故称直接数字控制（DDC），如图 1-5 所示。

DDC 系统中的计算机完成闭环控制功能，它不仅完全取代模拟调节器，实现多个回路的 PID（如比例、积分、微分）控制，而且不需改变硬件，只通过编制相应的程序就能实现各种复杂控制，如前馈控制、非线性控制、自适应控制、最优控制、模糊控制等。DDC 系统是计算机用于工业生产过程控制的最典型的一种系统，它已广泛应用于化工、机械、冶金以及电力等部门。

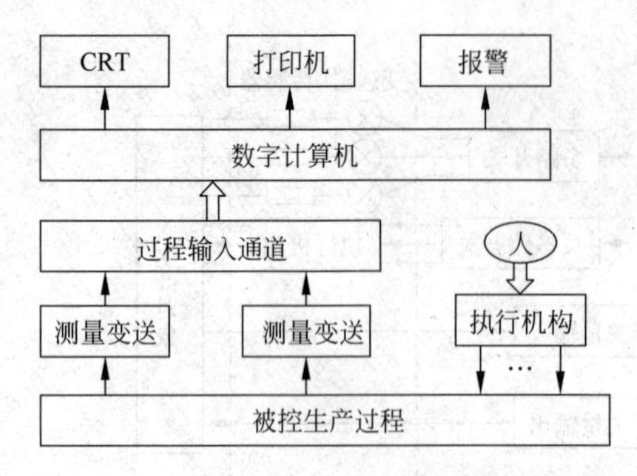

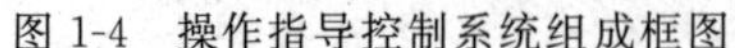

图 1-4 操作指导控制系统组成框图

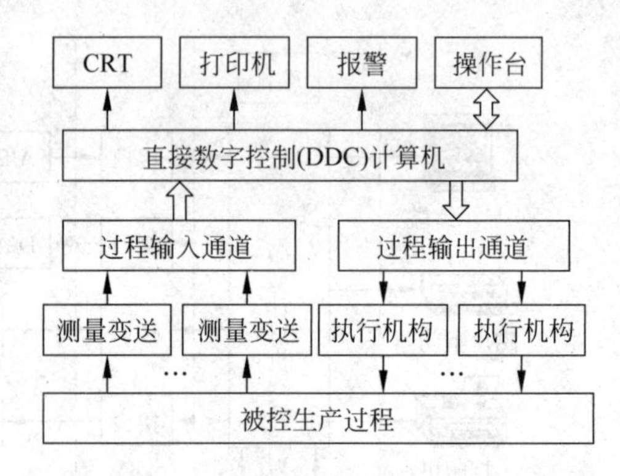

图 1-5 直接数字控制(DDC)系统组成框图

直接数字控制系统具有在线实时控制、分时控制、灵活和多功能控制三个特点。

1）在线实时控制

直接数字控制系统是一种在线实时控制系统。在线控制指受控对象的全部操作(反馈信息检测和控制信息输出)都是在计算机直接参与下进行的,无须系统管理人员干预,又称联机控制。实时控制是指计算机对于外来信息的处理速度,足以保证在所容许的时间区间内完成对被控对象运动状态的检测和处理,并形成和实施相应的控制。这个容许时间区间的大小,要根据被控过程的动态特性来决定。对于快速的被控过程,容许时间区间较小;对于缓慢的被控过程,容许时间区间较大。计算机应有相当高的可靠性,以满足实时性要求。一个在线系统不一定是实时系统,但是,一个实时系统必定是在线系统。

2）分时控制

直接数字控制系统是按分时方式进行控制的,即按照固定的采样周期时间对所有的被控制回路逐个进行采样,并依次计算和形成控制输出,从而,实现一个计算机对多个被控回路的控制。计算机对每个回路的操作分为采样、计算、输出三个步骤。为了增加控制回路(采样时间不变)或缩短采样周期(控制回路数一定),以满足实时性要求,通常,将三个步骤在时间上交错地安排。例如,对第 1 个回路进行输出控制时,同时对第 2 个回路进行计算处理,而对第 3 个回路进行采样输入。这既能提高计算机的利用率,又能缩短对每个回路的操作时间。

3）灵活和多功能控制

直接数字控制系统的特点是具有很大的灵活性和多功能控制能力。系统中的计算机起着多回路数字调节器的作用。通过组织和编排各种应用程序,可以实现任意的控制算法和各种控制功能,具有很大的灵活性。直接数字控制系统所能完成的各种功能都集中到应用软件中。其中主要有控制程序、报警程序、操作指导程序、人机对话程序、数据记录程序等。

3. 计算机监督控制系统(SCC)

计算机监督控制(supervisory computer control,SCC)系统有两级控制,第 1 级用 DDC 计算机或调节器,完成直接控制;第 2 级用 SCC 计算机,根据生产过程状况的数据和数学模型进行必要的计算,给 DDC 计算机或调节器提供各种控制信息,如最佳给定值和最优控制量等。监督计算机承担着高级控制与管理任务,要求数据处理功能强,存储容量大。其组成框图如图 1-6 所示。

4. 集散控制系统(DCS)

集散控制系统(distributed control system,DCS),又称分布控制系统。在集中型计算机直接控制系统中,一台计算机往往要控制十几个甚至几十个回路,一旦计算机出现故障,就会对生产带来很大影响,从而,使系统危险集中。为了提高系统安全性和可靠性,可将控制权分级和分散,随着大规模集成电路及微型计算机技术的迅速发展,采用多个以微型处理机为基础的现场控制站各自实现“分散控制”。通过计算机网络形成的高速数据通道,将所有过程信息传送到上位计算机,以便对生产过程进行集中监视和管理,从而,构成了集散型计算机控制系统,如图 1-7 所示。

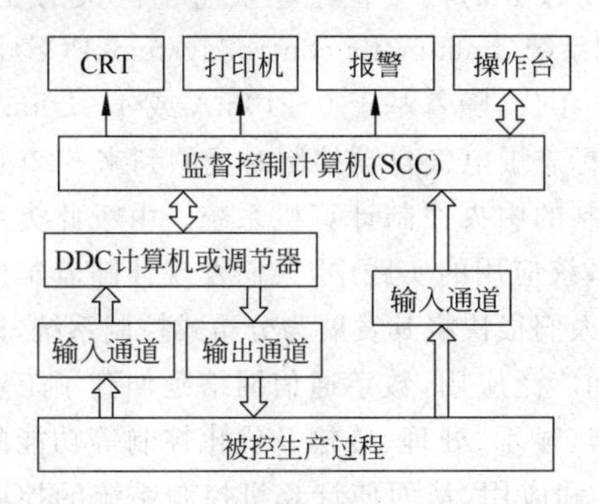

图 1-6 监督控制系统(SCC)组成框图

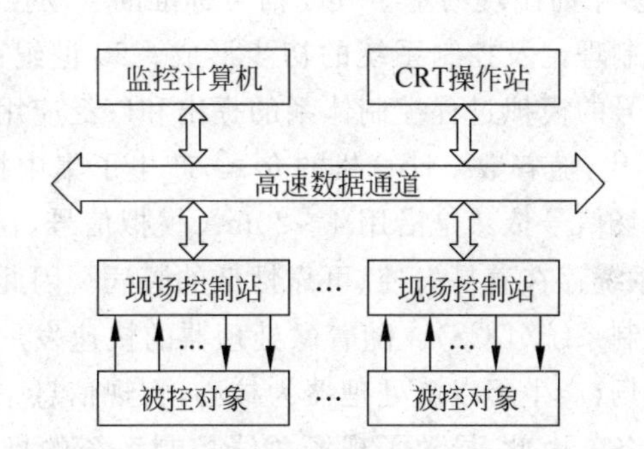

图 1-7 集散控制系统(DCS)组成框图

根据生产过程的控制需求,DCS 可通过组态设计使现场控制站分别控制几个或十几个回路。若干台现场控制站就可以控制整个生产过程,当某个现场控制站出现故障时,不会影响整个控制系统的运行,从而实现了系统的“危险分散”。

5. 现场总线控制系统(FCS)

控制、计算机、网络通信和信息集成等技术的发展,带来了自动化领域的深刻变革,产生了现场总线和现场总线数字仪表,在此基础上,又产生了现场总线控制系统(fieldbas control system,FCS)。FCS 用现场总线把具有输入、输出、运算、控制和通信功能的现场总线数字仪表(如传感器、变送器、执行器)等集成在一体,构成现场网络自动化系统,实现了生产过程的信息集成。

现场总线控制系统(FCS)是新一代分布式控制系统,该系统改进了 DCS 系统成本高、各 DCS 通信标准不统一而无法互联的弱点。随着智能传感器、执行器向数字化方向发展,现场通信采用数字信号取代 4～20mA 模拟信号,从而为现场总线的应用奠定了基础。现场总线是连接工业现场仪表和控制装置之间的全数字化、双向、多站点的串行通信网络。现场总线被称为 21 世纪的工业控制网络。

6. 工业过程计算机集成制造系统(流程 CIMS)

计算机集成制造系统(computer integrated manufacturing systems,CIMS)是通过计算

机软、硬件的综合运用,利用现代管理技术、制造技术、信息技术、自动化技术、系统工程技术,将企业生产过程中的人员、技术、经营管理三要素及其信息与物流有机集成,并实现优化运行的复杂大系统。流程工业以及制造业的各种生产经营活动,从采用机械的、自动化的设备,到采用计算机是一个大的飞跃;而从计算机单机运行到集成运行是一个更大的飞跃。CIMS 作为制造自动化技术的最新成果,应该说代表了当今工厂综合自动化的最高水平,被誉为未来的工厂。

1.1.3 计算机控制系统的发展

随着科学技术的快速发展,过程控制领域在过去的两个世纪里发生了巨大的变革。150 多年前出现的基于气动信号标准的气动控制系统(pneumatic control system,PCS)标志着控制理论及控制系统的初步形成。20 世纪 50 年代,随着基于 0～10mA 或 4～20mA 模拟信号的模拟过程控制体系的提出和广泛应用,标志了电气自动控制时代的到来。20 世纪 70 年代,随着数字计算机的介入,产生了集中控制的中央控制计算机系统。由于此类系统的现场信号依然是沿用 4～20mA 模拟信号,在系统应用的实践中,人们发现伴随着集中控制,系统存在着易失控、可靠性低的弊病。因此,人们很快将其发展为分布式控制系统,即集散控制系统(DCS)。随着微处理器的快速发展和广泛应用,数字通信网络延伸到了工业过程现场,产生了以微处理器为核心,实现信息采集、显示、处理、传输及优化控制等功能的智能设备。由此,导致了现场总线控制系统的推广和应用,从而使计算机控制系统的控制精度、可靠性、可维护性和可操作性等有了更大的提高。

随着现代管理技术、制造技术、信息技术、自动化技术、系统工程技术的迅猛发展,工业流程集成系统成为计算机控制系统未来的发展方向。工业信息技术和自动化技术的完美结合,实现了从现场设备到商务系统间的跨越,管理系统与控制系统及设备之间形成了史无前例的集成。

例如,ABB 公司的 IndustrialIT 系统 800xA 是当今自动化市场上出众的、扩展的自动化平台,提供一种协同式操作环境,全面地展示了集成的力量,如图 1-8 所示。

流程工业集成系统具有以下特点。

(1) 通过集成不同的工厂系统和应用程序,形成了一个丰富、协调、涵盖所有控制系统的用户界面,即一个用于所有相关应用的集成节点。

(2) 通过信息集成及有效实施人机工程学的设计,改善操作员效率。

(3) 通过一体化的工程,形成节约成本的方案。

(4) 通过对现场总线技术的集成,实现无缝控制。

(5) 通过无缝集成控制器的平台,提供灵活的升级途径。

过程控制与维护操作实时无缝的集成和互动,可提供全厂范围最大化的系统集成和完整的系统生命周期管理,实现了卓越运行。

流程工业集成系统从过程自动化、现场总线到过程电气、配电、生产管理、安全、资产优化等形成一体化,促进全厂范围的过程控制、设备管理及资产优化,提高了工厂的生产率和利润率,使其在生命周期中取得卓越的运行。

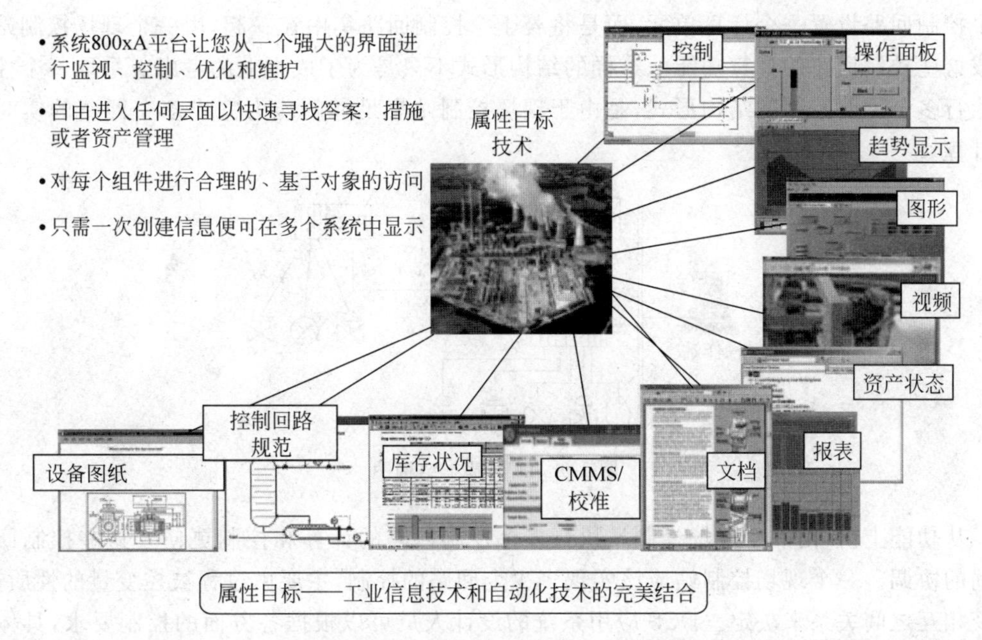

图 1-8 IndustrialIT 系统 800xA 集成图

1.2 DCS 的总体概念

集散计算机控制系统也称为分布式计算机控制系统，简称集散控制系统(DCS)。管理的集中性和控制的分散性这一实际需要是推动计算机集散控制系统发展的根本原因。其实质是利用计算机技术、信号处理技术、测量控制技术、通信网络技术和人机接口技术等对生产过程进行分散控制，集中监视、操作和管理的一种流行控制概念及系统工程技术。

1.2.1 DCS 的基本概念

DCS 是由多个以微处理器为核心的过程控制采集站，分别分散地对各部分工艺流程进行数据采集和控制，并通过数据通信系统与中央控制室各监控操作站联网，对生产过程进行集中监视和操作的控制系统。

DCS 为 4C 技术相融合的产物。4C 技术是指控制(control)技术、计算机(computer)技术、通信(communication)技术和 CRT(cathode-ray-tube)显示技术。DCS 是以大型工业生产过程及其相互关系日益复杂的控制对象为前提，从生产过程综合自动化的角度出发，按照系统工程中分解与协调的原则研制开发出来的。它是以微处理机为核心，结合了控制技术、通信技术和 CRT 显示技术的新型控制系统。DCS 的基本结构如图 1-9 所示。

按照上述基本定义，可以将 DCS 理解为具有数字通信能力的仪表控制系统。从系统的结构形式看，DCS 确实与仪表控制系统相类似，它在现场端仍然采用模拟仪表的变送单元和执行单元，在主控制室端采用计算机的计算、显示和记录等单元。

实质上，DCS 和仪表控制系统有着本质的区别。首先，DCS 是基于数字技术的，除了现场的变送和执行单元外，其余的处理均采用数字方式；其次，DCS 的计算单元并不是针对每一个控制回路设置一个计算单元，而是将若干个控制回路集中在一起，由一个现场控制站来完成这些控制回路的计算功能。这样的结构形式不只是为了成本上的考虑。采取一个控制站执行多个回路控制的结构形式，是由于现场控制站有足够的能力完成多个回路的实时控制计算。

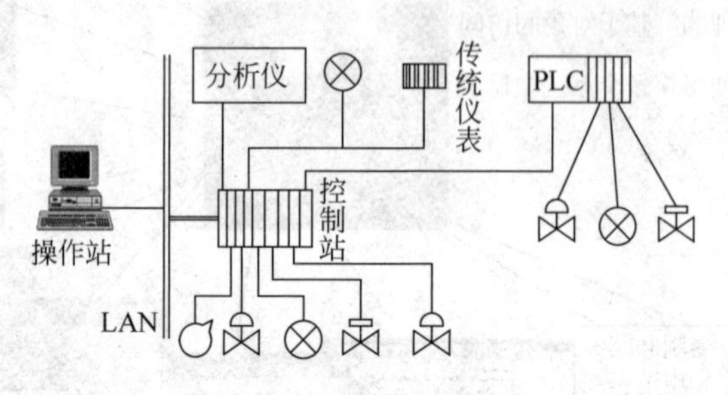

图 1-9 DCS 基本结构图

从功能上讲，由一个现场控制站执行多个控制回路的计算和控制更便于这些控制回路之间的协调。一个现场控制站应该实现多少个回路的控制，主要由过程被控变量的性质、数量及相互之间关系来决定。DCS 应用系统的设计人员可以根据各方面的控制要求，具体安排系统中使用多少个现场控制站，每个现场控制站中安排哪些控制回路。此类设计称为组态设计，DCS 在组态设计方面有着极大的技术性和灵活性。

综上所述，可给 DCS 下一个比较全面的定义。

(1) 以回路控制为主要功能的系统，系统的控制结构由控制组态设计及操作实现。

(2) 系统中测量变送和执行单元采用模拟信号，其他各种控制功能及通信、人机界面均采用数字技术。

(3) 计算机的 CRT、键盘、鼠标等输入输出设备形成人机监控平台。监控界面内容通过 DCS 组态方法实现。

(4) 回路控制功能由现场控制站完成，系统可有多台现场控制站，每台现场控制站实现一部分回路控制。

(5) DCS 系统中所有的现场控制站、工程师站和操作员站通过数字通信网络实现连接和信息交互。

DCS 是一个分布式系统。它采用标准化、模块化和系列化设计，从整体逻辑结构上看是一个以通信网络为纽带的集中显示操作管理，控制相对分散，配置灵活、组态方便的多级计算机控制系统。

DCS 的基本构成为集中显示管理、分散控制监测和通信三部分。

集中显示管理部分又可分为工程师站、操作站和管理计算机。工程师站主要用于组态和维护，操作站则用于监视和操作，工程师站中的监控组态平台提供了各种监控画面的绘制功能，用于监控界面生成，并下装到操作站运行，从而，为操作员提供形象直观的操作监控界面。管理计算机用于系统的信息管理和完成部分优化控制任务。

分散控制监测部分按功能可分为控制站和监测站，用于实时的控制和监测。控制站具有输入、输出、运算、控制等功能，通常以各种输入、输出、运算、控制功能模块的形式呈现在用户面前。在工程师站中的控制组态平台下，可选用这些功能块进行控制回路和结构的组态，形成针对具体控制过程的组态文件，再下装到控制站中运行。

通信部分连接 DCS 的各个分布部分，完成数据、指令及其他信息的传递。系统各工作站都采用微型计算机，存储容量容易扩充，配套软件功能齐全，独立自主地完成合理分配给自己的规定任务，从而形成一个独立运行的高可靠性系统。

DCS 软件由实时多任务操作系统、数据库管理系统、数据通信软件、组态软件和各种应用软件组成。通过使用组态软件这一软件工具，可生成用户所要求的实际应用系统。DCS 具有通用性强、系统组态灵活、控制功能完善、数据处理方便、显示操作集中、人机界面友好、安装简单规范、调试方便、运行安全可靠的特点。它能够适应工业生产过程的各种需要，进一步提高生产自动化水平和管理水平，提高劳动生产率，保证生产安全，从而使企业取得较好的经济效益和社会效益。

1.2.2 DCS 的主要特点

DCS 根据过程控制的要求，采用标准化、模块化和系列化设计，形成具有针对性的控制系统结构和功能，实现从现场的数据采集、控制站的控制运算到操作站监控管理，从而完成生产过程的实时监督与控制任务。除此以外，DCS 通过软硬件接口与上层上位机及实时数据库进行通信，为实施企业综合自动化系统提供良好的条件。因此，DCS 是一个以通信网络为纽带的计算机控制系统，其主要特点可以概括如下。

1. 自治性

DCS 的自治性是指 DCS 的组成部分均可独立地工作，各个控制站独立自主地完成分配给自己的规定任务。它的控制功能齐全，控制算法丰富，可以完成连续控制、顺序控制和批量控制，还可实现预测、解耦和自适应等先进控制策略。操作站能自主地实现监控和管理功能。

2. 协调性

DCS 各工作站间通过通信网络传送各种信息并协调工作，以完成控制系统的总体功能和优化处理。采用实时性的、安全可靠的工业控制局部网络，提高了信息的畅通性，使整个系统信息共享。采用 OPC 等通信技术，DCS 可与上层的信息管理系统进行信息交互和协调。

3. 灵活性

DCS 硬件和软件均采用开放式、标准化和模块化设计。系统为积木式结构，根据不同用户需要可以灵活配置系统。当需要改变生产工艺及控制流程时，通过组态软件及操作可改变系统的控制结构。DCS 提供的组态软件包括系统组态、控制组态、画面组态、报表组态等。组态设计是 DCS 关键的应用技术，使用组态软件可以生成相应的实用系统，易于用户设计系统，便于系统的灵活扩充。

4. 分散性

DCS 的分散含义是广义的，不单是分散控制，还有地域分散、设备分散、功能分散、电源分散和危险分散等含义。分散的最终目的是为了将危险分散,进而提高系统的可靠性和安全性。DCS 硬件积木化和软件模块化是分散性的具体体现。

5. 便捷性

DCS 操作方便、显示直观。其简洁的人机对话系统、CRT 交互显示技术、复合窗口技术,使操作画面日趋丰富。DCS 提供的总貌、控制、调整、趋势、流程、回路、报警、报表、操作指导等画面都具有实用性和便捷性。

6. 可靠性

高可靠性、高效率和高可用性是 DCS 的生命力所在。DCS 制造厂商采用了可靠性保证技术进行可靠性设计,其高可靠性体现在以下 6 个方面。

(1) 系统结构采用容错设计。DCS 在结构上是一个多处理机系统,分散的子系统自治性强,各个微处理机都可以有自己的局部操作系统,使得系统在任一单元失效的情况下,仍能保持其完整性。即使全局性通信或管理站失效,局部站仍能维持工作。

(2) 系统的所有硬件采用冗余设计。无论操作站、控制站,还是通信链路都可以采用双备份。

(3) 软件的容错设计。程序采用积木式结构、分段与模块化设计,以及程序卷回(即指令复执)措施,提高软件的容错能力。

(4) "电磁兼容性"设计。所谓"电磁兼容性"指系统的抗干扰能力与系统内外的干扰相适应,并留有充分的余地,以保证系统的可靠性。

(5) 结构、组装工艺的可靠性设计。严格挑选元器件,加强质量控制,尽可能地减少器件故障出现的概率。DCS 采用专用集成电路和表面安装技术,大大提高了硬件结构的紧凑性和可靠性。

(6) 在线快速排除故障的设计。采用硬件自诊断和故障部件的自动隔离、自动恢复与热机插拔的技术;系统内若发生异常,通过硬件自诊断发现后,汇总到操作站,将故障信息及时通知操作员;由于具有事故报警、双重化措施、在线故障处理、备份等手段,提高了系统的可靠性和安全性。

1.2.3 DCS 的产生及发展历程

DCS 的设计思想是"控制分散、管理集中",与传统的集中式计算机控制系统相比,控制系统的危险被分散,可靠性大大增强。此外,DCS 具有良好的图形界面、方便的组态软件、丰富的控制算法和开放的联网能力等优点,成为工业过程控制系统,特别是大中型流程工业中控制系统的主流。

1. DCS 的产生过程

DCS 是相对于集中式控制系统而言的一种新型计算机控制系统,它是在集中式控制系统的基础上发展演变而来的。

集中式控制系统是指将过程数据输入、处理、实时及历史数据库的管理、人机界面的处理、报警、报表直至系统本身的监督管理等所有功能集中在一台计算机中的系统。集中式控制系统结构简单清晰，数据库管理容易，并可以保证数据的一致性。但存在如下方面的不足。

(1) 各种功能集中在一台计算机中，使得软件系统相当庞大，各种功能要由很多实时的任务去完成，而任务数量的增加将导致系统开销增大，计算机运行效率下降。

(2) 由于集中式系统需要庞大而复杂的软件体系，使得系统的软件可靠性下降。

(3) 系统的可扩展性差。限于计算机硬件的配置，一个计算机系统在建立时基本上就已经确定了其最终能力。如果能预见到其规模的扩充，只有预留计算机的处理能力，但这又会造成投资上的浪费。

(4) 集中式系统将所有功能及处理集中在一台计算机上，大大增加了计算机失效或故障对整个系统造成的危害性，一旦出现问题，造成的后果将是全局性的。

鉴于集中式计算机控制系统存在的种种问题，20 世纪 60 年代中期，控制系统工程师就分析了集中控制失败的原因，提出了分散控制系统的概念。他们设想把控制功能分散在不同的计算机中完成，并且，采用通信技术实现各部分之间的联系和协调。遗憾的是，当时要实现这些设想还有许多困难，直到 20 世纪 70 年代初，微处理机和固态存储器的出现，才使得这些想法付诸实践。其中有几点思路是非常具有建设性的，事实上这也成了日后 DCS 设计的基本原则。

(1) 针对过程量的输入输出处理过于集中的问题，设想使用多台计算机共同完成所有过程量的输入输出。每台计算机只处理一部分实时数据，而每台计算机的失效只会影响到自己所处理的那一部分实时数据，不至于造成整个系统失去实时数据。

(2) 用不同的计算机去处理不同的功能，使每台计算机的处理尽量单一化，以提高每台计算机的运行效率，而且单一化的处理在软件结构上容易做得简单，提高了软件的可靠性。

(3) 采用计算机网络解决系统的扩充与升级的问题。计算机网络与计算机的内部总线相比具有设备相对简单、可扩展性强、初期投资小的特点，只要选型得当，一个网络的架构可以具有极大的伸缩性，从而，使系统的规模可以在很大程度上实现扩充，并且不增加很多费用。

(4) 网络中的各台计算机处于平等地位，在运行中互相之间不存在依赖关系，以保证任意一台计算机的失效只影响其自身。

事实上，被控过程本身具有层次性和可分割性，上述设想符合被控过程自身的内在规律。因此，基于上述设想的 DCS 出现后，很快就得到了广泛承认和普遍应用，并且，在较短时间内取得了相当大的进展。

这里不难看出，DCS 的关键是计算机的网络通信技术，可以认为 DCS 的结构其实质就是一个网络结构。如何充分利用网络资源，如何通过网络协调 DCS 中各台计算机的运行，如何在多台计算机共同完成系统功能，如何保证所处理信息的实时性、完整性和一致性等，成为 DCS 设计中的关键问题。

2. DCS 的发展历程

20 多年来，DCS 经历了四代的变迁和发展，系统功能不断完善，可靠性不断提高，开放性不断增强。DCS 的发展主要经历了如下四个阶段。

1）第一代DCS

20世纪70年代，DCS的控制站采用8位CPU，操作员站和工程师站采用16位CPU。该系统具有多个微处理器，实现了分散输入、输出、运算和控制，以及集中操作监视和管理。DCS的诞生，让人们看到计算机用于生产过程进行分散控制和集中管理的前景。20世纪70年代为DCS的初创期。尽管第一代DCS在技术性能上尚有明显的局限性，还是推动了DCS的发展，让人们看到DCS用于过程控制的曙光。

2）第二代DCS

20世纪80年代，由于大规模集成电路技术的发展，16位、32位微型处理机技术的成熟，特别是局域网(local area network，LAN)技术用于DCS，给DCS带来全新的面貌，形成了第二代DCS。为了提高可靠性，采用冗余CPU、冗余电源及在线热备份。工程师站既可用作离线组态，也可用作在线组态。20世纪80年代为DCS的成熟期。第二代DCS的代表产品有Honeywell公司的TDC 3000，Yokogawa公司的CENTUM-XL，Foxboro公司的I/AS等。

3）第三代DCS

20世纪90年代，由于计算机技术的快速发展，使得DCS的硬件和软件都采用了一系列高新技术，几乎与“4C”技术的发展同步，使DCS向更高层次发展，出现了第三代DCS。控制站采用32位CPU，远程I/O单元通过IOBUS(输入输出总线)分散安装。操作员站有多媒体功能。采用国际标准的网络通信协议，系统具有开放式。20世纪90年代为DCS的发展期。第三代DCS的代表产品有Honeywell公司的TPS，Yokogawa公司的CENTUM-CS，Rosemount公司的Delta V，和利时公司的HS 2000等。

4）新一代DCS

DCS发展到第三代，尽管采用了一系列新技术，但是，生产现场层仍然没有摆脱沿用了几十年的常规模拟检测仪表和执行机构。DCS从输入输出单元(IOU)以上各层均采用了计算机和数字通信技术，但生产现场层的常规模拟仪表仍然是一对一的模拟信号(0～10mA，4～20mA)传输，多台模拟仪表集中接于IOU。生产现场层的模拟仪表与DCS各层形成极大的反差和不协调，并制约了DCS的发展。

因此，人们要变革现场模拟仪表，改为现场数字仪表，并用现场总线(fieldbus)互连。由此，带来DCS控制站的变革，将控制站内的功能块分散地分布在各台现场数字仪表中，并可统一组态构成控制回路，实现彻底的分散控制。也就是说，由多台现场数字仪表在生产现场构成控制站。

20世纪90年代，现场总线技术有了突破，形成了现场总线的国际标准，并生产了现场总线数字仪表。现场总线为DCS的变革带来希望，标志着新一代DCS的产生，取名为现场总线控制系统(FCS)。

1.3 FCS的总体概念

计算机和网络技术的飞速发展，引起了自动控制系统结构的变革，一种世界上最新型的控制系统即现场总线控制系统(fieldbus control system，FCS)在20世纪90年代走向实用化，并正以迅猛的势头快速发展。现场总线控制系统是目前自动化技术中的一个热点，正越来越受到国内外自动化设备制造商与用户的关注。现场总线控制系统的出现，将给自动化领域在过程控制系统上带来又一次革命，其深度和广度将超过历史的任何一次，从而开创了自动化领域的新纪元。

1.3.1 FCS的基本概念

现场总线是指安装在制造或过程区域的现场装置与控制室内的自动控制装置之间的数字、串行、多点通信的数据总线。

现场总线是一种工业数据总线，是自动化领域中底层数据通信网络。简单来讲，现场总线就是以数字通信替代了传统4～20mA模拟信号及普通开关量信号的传输。它是连接智能现场设备和自动化系统的全数字、双向、多站的通信系统，主要解决工业现场的智能仪器仪表、控制器、执行机构等现场设备间的数字通信以及这些现场控制设备和高级控制系统之间的信息传递问题。现场总线控制系统的典型结构如图1-10所示。

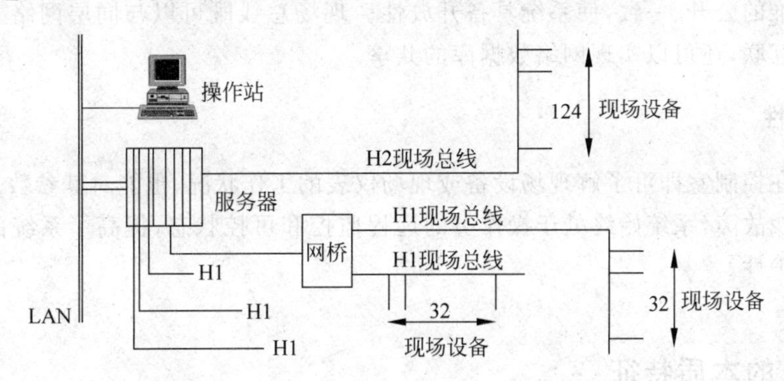

图1-10 现场总线控制系统的典型结构

不同的机构和不同的人对现场总线有着不同的定义。通常情况下，人们公认在以下7个方面能够体现现场总线的技术特点。

1. 现场通信网络

用于过程自动化和制造自动化现场智能设备互联的数字通信网络，通过总线网络将控制功能延伸到现场，从而构成工厂底层控制网络，实现开放型的互联网络。

2. 互操作性

设备间具有互操作性。互操作性与互用性是指用户可以根据自身的需求选择不同厂家或不同型号的产品构成所需的控制回路，从而可以自由地集成FCS。功能块与结构的规范化，使相同功能的设备间具有互换性。

3. 分散功能块

现场设备是以微处理器为核心的数字化设备，既有检测、变换和补偿功能，又有控制和运算功能。DCS控制站的控制功能被分散给现场仪表，使控制系统结构具备高度的分散性。即FCS废弃了DCS的I/O单元和控制站，把DCS控制站的功能块分散地分配给现场仪表，从而构成了虚拟控制站，彻底地实现了分散控制。

4. 通信线供电

通信线供电方式允许现场仪表直接从通信线上摄取能量，这种方式用于本质安全环境的低功耗现场仪表，体现了对现场环境的适应性。

5. 可组态性

由于现场仪表都引入了功能块的概念，所有厂商都使用相同的功能块，并统一组态方法。这样，就使得组态方法非常简单，不会因为现场设备或仪表种类不同带来组态方法的不同，从而给人们组态操作及编程语言的学习带来了很大方便。

6. 开放性

通信标准的公开、一致，使系统具备开放性。现场总线既可以与同层网络互联，也可与不同层网络互联，还可以实现网络数据库的共享。

7. 可控性

操作员在控制室即可了解现场设备或现场仪表的工作状况，也能对其参数进行调整，还可预测或寻找故障，系统始终处于操作员的远程监控和可控状态，提高了系统的可靠性、可控性和可维护性。

1.3.2 FCS 的本质特征

根据 FCS 具有很好的开放性、互操作性和互换性，全数字通信，智能化与功能自治性，高度分散性，很强的适用性等特点，可总结出 FCS 的本质特征如下。

1. FCS 的核心是总线协议

一种类型的总线，其总线协议一经确定，相关的关键技术与有关的设备也就被确定。就其总线协议的基本原理而言，各类总线都是一样的，都以解决双向、串行、数字化通信传输为基本依据。但由于各种原因，各类总线的总线协议存在着很大的差异。

为了使现场总线满足可互操作性要求，使其成为真正的开放系统，原 IEC 国际标准，现场总线通信协议模型的用户层中，就明确规定用户层具有设备描述功能。为了实现互操作，每个现场总线设备都用设备描述(DD)来描述。DD 可以认为是设备的一个驱动器，它包括所有必要的参数描述和主站所需的操作步骤。由于 DD 包括描述设备通信所需的所有信息，并且与主站无关，所以，可以使现场设备实现真正的互操作性。

实际情况是否与上述一致，回答是否定的。目前，国际标准的现场总线有 8 种类型，而原 IEC 国际标准只是 8 种类型之一，与其他 7 种类型总线的地位是平等的。其他 7 种总线无论其市场占有率有多少，每个总线协议都有一套软件、硬件的支撑。它们能够形成系统，形成产品。而原 IEC 现场总线国际标准，是一个既无软件支撑也无硬件支撑的空架子。所以，要实现这些总线的相互兼容和互操作，就目前状态而言还有一些困难。

综上所述，可以得出这样一种印象，开放的现场总线控制系统的互操作性，针对某一个特定类型的现场总线而言，只要遵循该类型现场总线的总线协议，其产品就是开放的，并具有互操作性。换句话说，无论什么厂家的产品，也不一定是该现场总线公司的产品，只要遵循该总线的总线协议，产品之间是开放的，并具有互操作性，就可以组成总线网络。

2. FCS 的基础是数字智能现场装置

数字智能现场装置是 FCS 的硬件支撑，因此，它是 FCS 的基础。FCS 执行的是自动控制装置与现场装置之间的双向数字通信现场总线信号制。如果现场装置不遵循统一的总线协议，即相关的通信规约，不具备数字通信功能，那么，所谓双向数字通信只是一句空话，也不能称为现场总线控制系统。另外，现场总线的一大特点就是要增加现场一级的控制功能。如果现场装置不是多功能智能化的产品，那么，现场总线控制系统的特点也就不存在了，所谓简化系统、方便设计、利于维护等优越性也是不可能的。

3. FCS 的本质是信息处理现场化

对于一个控制系统，无论是采用 DCS 还是采用现场总线，系统需要处理的信息量至少是一样多的。实际上，采用 FCS 后，可以从现场得到更多的信息，FCS 的信息量没减少，甚至增加了，而传递信息的线缆却大大减少了。这就要求一方面要大大提高线缆传输信息的能力；另一方面要让大量信息在现场就地完成处理，减少现场与控制机房之间的信息往返。可以说 FCS 的本质就是信息处理的现场化。

减少信息往返是网络设计和系统组态的一条重要原则。减少信息往返常常可带来改善系统响应时间的好处。因此，网络设计时应优先将相互间信息交换量大的节点，放在同一条支路里。

减少信息往返与减少系统的线缆，有时会相互矛盾。这时仍应以节省投资为原则来做选择。如果所选择系统的响应时间允许的话，应选节省线缆的方案。如所选系统的响应时间比较短，稍微减少一点信息的传输就够用了，那就应选减少信息传输的方案。

现在一些带现场总线的现场仪表本身装了许多功能块，虽然不同产品的同种功能块在性能上会稍有差别，但在一个网络支路上有许多功能雷同功能块的情况是客观存在的。选用哪一个现场仪表上的功能块，是系统组态要解决的问题。考虑这个问题的原则是：尽量减少总线上的信息往返。一般可以选择与该功能有关的信息输出最多的那台仪表上的功能块。

1.3.3 FCS 的发展背景及趋势

FCS 体现了分布、开放、互联、高可靠性的特点，这些恰好是 DCS 的缺点。DCS 通常是一对一传送信号，所采用的模拟信号精度低，易受干扰，位于操作室的操作员对模拟仪表往往难以调整参数和预测故障，处于“失控”状态。仪表互换性差，功能单一，几乎所有的控制功能都位于控制站中，难以满足现代工业控制的要求。

FCS 采取一对多的双向传输信号，采用数字信号，其精度高、可靠性强，设备始终处于操作员的远程监控和可控状态下，用户可以自由按需选择不同品牌种类的设备互联，智能仪表具有通信、控制和运算等丰富的功能，而且，控制功能分散到各个智能仪表中去。由此，可以看到FCS相对于DCS的巨大进步。

正是由于FCS的以上特点使得其在设计、安装、投运到正常生产都具有很大的优越性。由于分散在前端的智能设备能执行较为复杂的任务，不再需要单独的控制器、计算单元等，节省了硬件投资和使用面积；FCS的接线较为简单，而且一条传输线可以挂接多台现场设备，极大地节约了安装费用；由于现场控制设备往往具有自诊断功能，并能将故障信息发送至控制室，减轻了维护工作；同时，由于用户拥有高度的系统集成自主权，可以灵活地选择合适的厂家产品；整体系统的可靠性和准确性也大为提高。这一切帮助用户减低了安装、使用、维护的成本，最终，达到增加利润的目的。

现场总线技术是控制、计算机、通信技术的交叉与集成，几乎涵盖了所有连续、离散工业领域，如过程自动化、制造加工自动化、楼宇自动化、家庭自动化等。它的出现和快速发展体现了控制领域对降低成本、提高可靠性、增强可维护性和提高数据采集智能化的要求。现场总线技术的发展体现为两个方面：一方面是低速现场总线领域的不断发展和完善；另一方面是高速现场总线技术的发展。目前现场总线产品主要是低速总线产品，应用于运行速率较低的领域，对网络的性能要求不是很高。从实际应用状况看，大多数现场总线，都能较好地实现速率要求较低的过程控制。因此，在速率要求较低的控制领域，单独厂家都很难统一整个市场。

目前，由于FF基金会几乎集中了世界上主要自动化仪表制造商，其全球影响力日益增加。但是，FF在中国市场份额不是很高。LonWorks形成了全面的分工合作体系，在楼宇自动化、家庭自动化、智能通信产品等方面，LonWorks则具有独特的优势。在离散制造加工领域，由于行业应用的特点和历史原因，PROFIBUS和CAN已经在这一领域形成了自己的优势，具有较强的竞争力。由此可见，每种总线都有其应用的领域。比如FF、PROFIBUS-PA适用于石油、化工、医药、冶金等行业的过程控制领域；LonWorks、PROFIBUS-FMS、DeviceNet适用于楼宇、交通运输、农业等领域；DeviceNet、PROFIBUS-DP适用于加工制造业。然而这些划分也不是绝对的，每种现场总线都力图将其应用领域扩大，彼此渗透。由于竞争激烈，而且还没有哪一种或几种总线能一统市场，很多重要企业都力图开发接口技术，使自己的总线能和其他总线相连，在国际标准中也出现了协调共存的局面。

工业自动化技术应用于各行各业，要求也千变万化，使用一种现场总线技术也很难满足所有行业的技术要求。现场总线不同于计算机网络，人们将会面对一个多种总线技术标准共存的现实世界。技术发展很大程度上受到市场规律、商业利益的制约；技术标准不仅是一个技术规范，也是一个商业利益的妥协产物。现场总线的关键技术之一是彼此的互操作性，实现现场总线技术的统一是所有用户的愿望。

1.4 DCS、PLC及FCS之间的差异

1.4.1 PLC的基本概念及特点

可编程逻辑控制器(programmable logic controller，PLC)是一种执行数字运算操作的

电子系统，是专为在工业环境应用而设计的。它采用一类可编程的存储器，用于其内部存储程序，执行逻辑运算、顺序控制、定时、计数与算术操作等面向用户的指令，并通过数字或模拟式输入/输出控制各种类型的机械或生产过程。

1. PLC 的基本概念

早期的可编程控制器主要用来代替继电器实现逻辑控制。随着技术的发展，这种采用微型计算机技术的工业控制装置的功能已经大大超过了逻辑控制的范围。因此，今天这种装置也称做可编程控制器，简称 PC。但是为了避免与个人计算机(personal computer)的简称混淆，所以将可编程序控制器简称 PLC。PLC 于 1966 年由美国数据设备公司(DEC)研制成功，目前，美国、日本、德国的可编程序控制器质量优良、功能强大。

2. PLC 的基本结构

PLC 实质是一种专用于工业控制的计算机，其硬件结构基本上与微型计算机相同，它的基本结构由如下 6 部分组成。

1) 电源

PLC 的电源在整个系统中起着十分重要的作用。如果没有一个良好的、可靠的电源系统是无法正常工作的，因此，PLC 的制造厂商对电源的设计和制造十分重视。一般交流电压波动在＋10％(＋15％)范围内，通常，PLC 可以不采取其他措施直接连接到交流电网上。

2) 中央处理单元

中央处理单元(CPU)是 PLC 的控制中枢。它按照 PLC 系统程序赋予的功能接收并存储从编程器输入的用户程序和数据；检查电源、存储器、I/O 以及警戒定时器的状态，并能诊断用户程序中的语法错误。当 PLC 投入运行时，首先它以扫描的方式接收现场各输入装置的状态和数据，并分别存入 I/O 映像区，然后从用户程序存储器中逐条读取用户程序，经过命令解释后按指令的规定执行逻辑或算数运算，结果送入 I/O 映像区或数据寄存器内。所有的用户程序执行完毕之后，最后，将 I/O 映像区的各输出状态或输出寄存器内的数据传送到相应的输出装置，如此循环运行，直到停止运行。

3) 存储器

存放系统软件的存储器称为系统程序存储器。存放应用软件的存储器称为用户程序存储器。

4) 输入输出接口电路

现场输入接口电路有光耦合电路和微型计算机的输入接口电路，它是 PLC 与现场控制的接口界面的输入通道。现场输出接口电路由输出数据寄存器、选通电路和中断请求电路组成，PLC 通过现场输出接口电路向现场的执行部件输出相应的控制信号。

5) 功能模块

功能模块是数据说明、可执行语句等程序元素的集合，它是指单独命名的可通过名字来访问的过程、函数、子程序或宏调用。PLC 有大量的如计数、定位等功能模块。

6) 通信模块

通信模块是驱动 PLC 与其他设备进行通信的通信程序。如以太网、RS-485、PROFIBUS-DP 通信模块等。

3. PLC的工作原理

当PLC投入运行后，其工作过程一般分为三个阶段，即输入采样、用户程序执行和输出刷新。完成上述三个阶段称做一个扫描周期。在整个运行期间，PLC的CPU以一定的扫描速度重复执行上述三个阶段。

1）输入采样阶段

在输入采样阶段，PLC以扫描方式依次地读入所有输入状态和数据，并将它们存入I/O映像区中的相应单元内。输入采样结束后，转入用户程序执行和输出刷新阶段。在这两个阶段中，即使输入状态和数据发生变化，I/O映像区中的相应单元的状态和数据也不会改变。

2）用户程序执行阶段

在用户程序执行阶段，PLC是按由上而下的顺序依次地扫描用户程序（梯形图）。在扫描每一条梯形图时，又是先扫描梯形图左边的由各触点构成的控制线路，并按先左后右、先上后下的顺序，对由触点构成的控制线路进行逻辑运算，然后根据逻辑运算的结果，刷新该逻辑线圈在系统RAM存储区中对应位的状态，或者在I/O映像区中对应位的状态，或者确定是否要执行该梯形图所规定的特殊功能指令。

在用户程序执行过程中，只有输入点在I/O映像区内的状态和数据不会发生变化，而其他输出点和软设备在I/O映像区或RAM存储区内的状态和数据都有可能发生变化，而且排在上面的梯形图，其程序执行结果会对排在下面的这些线圈或数据的梯形图起作用。

3）输出刷新阶段

当扫描用户程序结束后，PLC就进入输出刷新阶段。在此期间，CPU按照I/O映像区内对应的状态和数据刷新所有的输出锁存电路，再经输出电路驱动相应的外设。这时，才是PLC的真正输出。

4. PLC的特点

PLC目前的主要品牌有AB、ABB、松下、西门子、汇川、三菱、欧姆龙、台达、富士、施耐德、信捷等，其普遍的特点如下。

（1）从开关量控制发展到顺序控制，运算处理是从下往上的。

（2）具有逻辑控制、定时控制、计数控制、步进（顺序）控制、连续PID控制、数据控制等数据处理、通信和联网等多功能。

（3）可用一台PC为主站，多台同型PLC为从站。

（4）可一台PLC为主站，多台同型PLC为从站，构成PLC网络。这比用PC作主站方便之处在于用户编程时不必知道通信协议，只要按统一格式编写即可。

（5）PLC网络既可作为独立DCS，也可作为DCS的子系统。

（6）主要用于工业过程中的顺序控制，新型PLC兼有闭环控制功能。

21世纪，PLC会有更大的发展。从技术上看，计算机技术的新成果会更多地应用于可编程控制器的设计和制造上，会有运算速度更快、存储容量更大、智能更强的品种出现；从产品规模上看，会进一步向超小型及超大型方向发展；从产品的配套性上看，产品的品种会更丰富、规格更齐全，完美的人机界面、完备的通信设备会更好地适应各种工业控制场合的需求；从市场上看，各自生产多品种产品的情况会随着国际竞争的加剧而打破，会出现少数几个品牌垄断国际市场的局面，从而形成国际通用的编程语言；从网络的发展情况来看，可编程控制器和其他工业控制计算机组网构成大型的控制系统是可编程控制器技术的发展方向。

目前，DCS应用系统中已有大量的可编程控制器应用。伴随着计算机网络的发展，可编程控制器作为自动控制网络和国际通用网络的重要组成部分，将在工业及工业以外的众多领域发挥越来越大的作用。

1.4.2 DCS与PLC的差异

PLC系统与DCS系统的结构差异不大，只是在功能的着重点上有所不同。DCS着重于闭环控制及数据处理；PLC着重于逻辑控制及开关量的控制，但也可实现模拟量控制。

相对于PLC系统，DCS的明显特点如下。

(1) 控制功能强。可实现复杂的控制规律，如串级、前馈、解耦、自适应、最优和非线性控制等。也可实现顺序控制。

(2) 系统可靠性高。

(3) 采用CRT操作站有良好的人机界面。

(4) 软硬件采用模块化积木式结构。

(5) 系统容易开发，采用组态软件，编程简单、操作方便。

(6) 有良好的性价比。

DCS和PLC系统的技术关键都是通信。也可以说数据公路是DCS及PLC系统的脊柱。由于它是为系统所有部件之间提供网络通信的，因此，数据公路自身的设计就决定了总体的灵活性和安全性。通过数据公路的设计参数，基本上可以了解一个特定DCS系统或PLC系统的相对优点与弱点。例如：

(1) 系统能处理多少I/O信息；

(2) 系统能处理多少与控制有关的控制回路信息；

(3) 系统能适应多少用户和装置(如CRT、控制站等)；

(4) 系统传输数据的完整性如何；

(5) 系统数据公路的最大允许长度是多少；

(6) 系统数据公路能支持多少支路；

(7) 系统数据公路是否能支持由其他制造厂生产的硬件。

1.4.3 DCS与PLC-SCADA的差异

监督控制与数据采集(SCADA)系统具有和DCS几乎相同的网络结构，包括现场控制级、过程监控级和生产管理级。SCADA系统多以PLC作为现场控制站，称为PLC-SCADA系统。

现场控制级对现场设备进行检测、控制，并采用基于可编程序控制器(PLC)的集散控制系统方案，可确保系统的可靠性。

过程监控级设置操作站计算机和服务器。操作站计算机可互为备份，互为冗余，确保数据完整、准确。服务器将实时参数与画面发布到企业局域网，供生产管理级调用。

生产管理级通过 Web 浏览，在计算机上可查看现场所有设备的运行情况和生产情况，便于调度、指挥生产。

在当前国内中小型过程控制系统中，PLC-SCADA 系统由于其良好的性价比深受用户喜爱。从原理上讲，PLC-SCADA 系统和基于 DCS 的过程控制系统是很难区分的。PLC-SCADA 和 DCS 的几点不同之处如下。

(1) PLC 最初是作为继电逻辑电子设备对数字量进行控制的，DCS 系统则主要是模拟量控制。随着系统的发展，至今所有的系统都能对数字量和模拟量进行控制。

(2) DCS 系统的设计是面向对象的，这可以从其控制模块编码结构看出来。而 PLC 程序的编码则更多是面向线性顺序控制的。

(3) 一个 DCS 系统是由硬件、处理器、I/O 模块、运行界面和与之相匹配的应用软件组成的一个完整系统。PLC-SCADA 则将整个系统分散成不同的部分，各个部分之间需要进行组合和通信。

(4) DCS 系统通常只有一个全局数据库，一旦修改了这个数据库，它将影响整个系统的运行。PLC-SCADA 系统至少有两个不同的数据库，一个是用于 PLC 的，另一个是用在 SCADA 应用程序中的。任何修改都将在所有的数据库中进行。

(5) PLC 的硬件、软件和授权与 DCS 系统相比价格相对便宜。

(6) PLC 能以毫秒级的速度扫描，而 DCS 则只能以秒级速度扫描。

(7) DCS 只有固定的扫描速率，而 PLC 的扫描速率则是由负载多少和 I/O 的数量决定的。

(8) 起初的 DCS 是一个很封闭的系统，换句话说，要实现系统与其他系统接口设计是很困难的。SCADA 系统是基于 PC 设计的，所以它与其他系统的接口是通用的。现在许多 DCS 系统都有一个基于 Windows NT 技术的操作控制台，因此它可以方便地通过 OPC、ODBC 和 OLE 等技术与其他系统进行通信。

(9) PLC-SCADA 系统在 PLC 和 SCADA 进行通信时要做很多工作。例如，将信号从 PLC 传送到 SCADA 系统，或信号从 SCADA 流向 PLC，其间所涉及的每个状态位、报警点和信号原则上都要进行考虑。

(10) DCS 中通信检测、系统性能管理和系统报警都使用标准函数，而在 PLC-SCADA 中这些功能都需要使用编程来实现。

从生产规模来讲，PLC-SCADA 更适用于小工程，而 DCS 系统则适用于大工程。现在，人们组合了 PLC-SCADA 和 DCS 两者的优点，并将其称为小型系统，它具有典型的 DCS 性能。

1.4.4 DCS 与 FCS 的差异

FCS 可以说是新一代过程控制系统，是由 DCS 发展而来的。FCS 与 DCS 之间有千丝万缕的联系，但又存在着本质的差异。下面就 DCS 与 FCS 系统在具体应用方面进行比较。

(1) DCS系统是个大系统，其控制器的功能强大，而且在系统中的作用十分重要，数据公路更是系统的关键。所以，必须整体投资一步到位，其后的扩容难度较大。而FCS功能下放较彻底，信息处理现场化，由于数字智能现场设备的广泛采用，使得控制器功能及重要性相对减弱。因此，FCS系统投资起点低，可以边用、边扩、边投运。

(2) DCS系统是封闭式系统，各公司产品基本不兼容。而FCS系统是开放式系统，不同厂商、不同品牌的各种产品基本能同时连入同一现场总线，达到最佳的系统集成。

(3) DCS系统的现场控制单元中I/O外围的信息全部是模拟信号形成的，必须通过A/D或D/A转换。而FCS系统将D/A与A/D转换在现场仪表中完成，实现了全数字化通信，使精度得到很大提高。并且，FCS系统可以将PID闭环控制功能装入现场设备中，缩短了控制周期，提高了运算速度，从而改善调节性能。

(4) DCS可以控制和监视工艺全过程，对自身进行诊断、维护和组态。但是，由于自身的致命弱点，其I/O信号采用传统的模拟量信号，因此，它无法在DCS工程师站上对现场仪表(含变送器、执行器等)进行远方诊断、维护和组态。FCS采用全数字化技术，数字智能现场装置可发送多变量信息，并且，具备检测信息差错的功能。FCS采用的是双向数字通信现场总线信号制。因此，它可以对现场装置(含变送器、执行机构等)进行远方诊断、维护和组态。

(5) 由于信息处理现场化，FCS与DCS相比可以省去大量的隔离器、端子柜、I/O终端、I/O卡件、I/O文件及I/O柜，从而也节省了I/O装置及装置室的空间与占地面积。同时，FCS可以减少大量电缆与敷设电缆用的桥架等，因此，节省了设计、安装和维护费用。

(6) FCS相对于DCS来说组态简单，由于结构性能标准化，因而便于安装、运行和维护。

目前，FCS系统逐渐被广泛地应用。经过30多年的发展，PLC已十分成熟与完善，并具有强大的运算、处理和数据传输功能。PLC在FCS系统中的地位似乎已被确定。IEC推荐的现场总线控制系统体系结构中，PLC可作为一个站挂在高速总线上，充分发挥PLC在处理开关量方面的优势。在工业过程中，诸如水处理车间、循环水车间、除灰除渣车间、输煤车间等的工艺过程多以顺序控制为主，PLC对于顺序控制有其独特的优势。

现场总线的应用是工业过程控制发展的主流之一。可以说FCS的发展应用是自动化领域的一场革命。采用现场总线技术构造的现场总线控制系统，促进了现场仪表智能化、控制功能分散化、控制系统开放化，它符合工业控制技术的发展趋势。

总之，计算机控制系统的发展在经历了基地式气动仪表控制系统、电动单元组合式模拟仪表控制系统、集中式数字控制系统以及集散控制系统(DCS)后，将朝着现场总线控制系统(FCS)的方向发展。虽然，以现场总线为基础的FCS发展很快，但还有很多工作要做。因此，FCS完全取代传统的DCS还需要一个漫长的过程，同时，DCS本身也在不断的发展与完善。可以肯定的是，结合DCS、工业以太网、先进控制等新技术的FCS将具有强大的生命力。工业以太网以及现场总线技术作为一种灵活、方便、可靠的数据传输方式，在工业现场得到了越来越多的应用，并将在控制领域中占有更加重要的地位。

在未来的工业过程控制系统中，数字技术向智能化、开放性、网络化、信息化发展，同时，工业控制软件也将向标准化、网络化、智能化、开放性发展。现场总线控制系统(FCS)的出现，并不会使DCS及PLC消亡，它们也会更加向智能化、开放性、网络化、信息化发展。未来，以 FCS 处于控制系统中心地位，兼有 DCS、PLC 系统的一种新型标准化、智能化、开放性、网络化、信息化的工业控制系统将会出现在工业过程控制领域中。

本章小结

本章概述了计算机控制系统的分类和发展历程，着重阐述 DCS 和 FCS 的整体概念、技术特点及产生过程，并从应用角度分析了 PLC、DCS、FCS 的主要差异，力图使读者对不同类型的计算机控制系统及特征形成一个较清晰的概念，从而能够更好地理解以下各章 DCS 及现场总线控制系统的相关内容。

习题

1-1 简述计算机控制系统的分类，以及各系统类型的特点。

1-2 什么是 DCS？DCS 的基本设计思想是什么？

1-3 DCS 的主要特点有哪些？

1-4 现场总线的本质特征有哪些？

1-5 FCS 的主要技术特点有哪些？

1-6 DCS 与 FCS 的主要区别是什么？

第2章 DCS硬件体系及系统

DCS的硬件体系及层次结构形成了DCS独有的特征。本章从DCS的硬件体系及结构着手介绍DCS基本构成方式和要素，分析DCS的层次结构、各层(级)的功能和特征；简明阐述过程控制站、人机接口设备、系统通信接口等三个方面的硬件组成及功能；着重强调网络通信在DCS中的桥梁和核心作用。从而，使读者对DCS体系结构、硬件组成和功能特点形成一个整体的认识。

2.1 DCS的体系结构及功能

DCS是将监控计算机、各个控制单元子系统等部分由通信网络连接形成的大系统。它的体系结构具有分级递阶控制、分散控制和冗余化等特征，其目的就是为了实现分散控制和集中监视及管理。DCS体系结构的发展经历了集中型计算机控制系统、多级计算机控制系统、集散型计算机控制系统和计算机集成制造系统等阶段。DCS硬件体系及系统在不同阶段有着不同特征，但它们都与控制理论及技术、网络通信技术、计算机技术的发展紧密相连。本节主要介绍DCS的基本体系结构、特征、分散方式以及各级(层)的功能。

2.1.1 DCS的体系结构

DCS的基本体系结构是分级递阶控制结构，即DCS是纵向分层、横向分散的大型综合控制系统。其中，横向(水平方向)上各控制设备之间是互相协调的，各同级之间的控制设备可进行数据交换，并且它们把数据信息向上传送到操作管理级(层)，同时接受操作管理级的指令；纵向(垂直方向)分级(层)设备之间在功能方面是不同的。一般DCS系统纵向分级至少有两个级(层)，即操作管理级(层)和过程控制级(层)。横向设备的数量是根据控制系统的规模和要求确定的。

DCS体系结构的形成及各部分的协调统一是通过网络功能实现的。流行的DCS系统通常分为四层结构(分别对应四层计算机网络)，即现场级，对应现场网络(field network)；过程控制级，对应控制网络(control network)；操作监控级，对应监控网络(supervision network)；信息管理级，对应管理网络(management network)。DCS的典型体系结构如图2-1所示。

1. 现场级(层)

在这一级(层)上，有现场各类测控装置(设备)，如各类传感器、变送器、执行器和记录仪表等。它们能够完成对生产装置(过程)的信号转换、检测和控制量的输出等。现场控制站(过程控制计算机)通过现场网络直接与这级(层)设备连接。

2. 过程控制级(层)

在这一级(层)上,有现场控制站(包括各种控制器、智能调节器)和现场数据采集站等。它们通过控制网直接与现场各类装置(如变送器、执行机构)相连,完成对所连接的各类装置实施监测和控制。同时,它们还能与上面的监控层计算机相连,接收上层的管理信息,并向上传递现场装置的特性数据和采集到的实时数据。

3. 操作监控级(层)

在这一级(层)上,有操作员工作站、工程师工作站和计算站等。它们能对现场设备进行检测和故障诊断,能综合各个过程控制站的所有信息,对全系统进行集中监视和操作;能进行控制回路的组态、参数修改和优化过程处理等工作。并能根据状态信息判断计算机系统硬件和软件的性能(状态),异常时实施报警、给出诊断报告等措施。

4. 信息管理级(层)

在这一级(层)上,有生产管理和经营管理计算机。其中,生产管理计算机是全厂各类生产装置控制系统和公用辅助工艺设备控制的运行管理层,实现全厂设备性能监视、运行优化、负荷分配和日常运行管理等功能。主要承担全厂的管理决策、计划管理、行政管理等任务,即为厂长和各管理部门服务。

传统的DCS采用水平分散式或层次分散式的系统结构,其基本思想是通过"功能分散"来实现"危险分散",提高系统的可靠性。

最近的研究焦点集中在"自律分散"上,并提出了自律分散系统的定义,阐述了自律可控性和自律可协调性的概念。"自律可控性"是指任何一个子系统故障时,其余子系统的控制

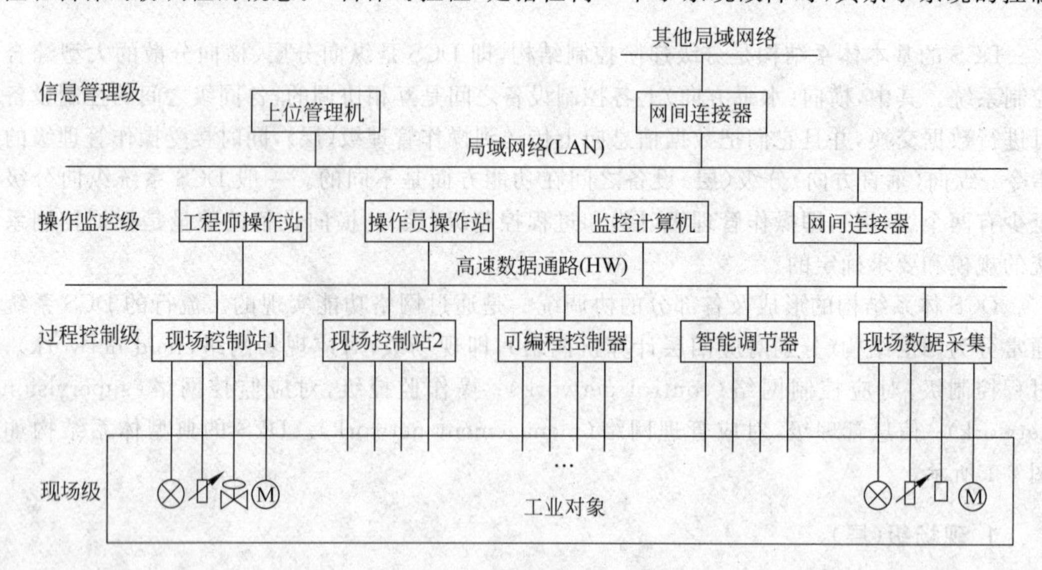

图 2-1 DCS的典型体系结构

器可随意控制系统的各个状态变量。"自律可协调性"指任一子系统故障时，其余子系统的控制器可协调各控制器彼此不同的控制目标。满足以上两点的系统即为自律分散系统。

自律分散系统在发生局部故障时，其余子系统的功能并不下降。而传统的层次分散系统中，上位子系统故障时，下位子系统之间不能协调但因下位子系统保存着局部信息，可进行局部控制，即具有自律可控性，但不具备自律可协调性。传统水平分散系统中的部分系统不工作时，残留的子系统间可进行协调。但因不工作的子系统丧失功能，不能与其余子系统进行信息交换，其余子系统也不能对其进行控制，即具有自律可协调性，不具备自律可控性。集中式系统因只有一个控制器，既无自律可控性，也无自律可协调性。

自律分散系统的关键在于提高子系统本身的自律性，自律性的实现依赖于各子系统通过数据场(data field,DF)掌握整个系统状态，并依系统总体状态进行自组织。自律分散系统同时强调子系统的均质性、局域性及自含性。

均质性，即每个子系统都具有相同的成分，子系统间可相互替换，且不存在任何主从关系；局域性，即每个子系统只依靠当地的信息就可管理自身，并与其他子系统相互协调；自含性，即每个子系统本身都含有管理自身和与其他子系统协调的功能。

自律分散系统的特点是没有中央操作系统和中央协调系统，每个子系统都有自己的管理系统。

2.1.2 DCS 的分散方式

1. DCS 的分散方式类型

DCS 的分散方式主要包含功能分散、物理分散、地域分散和负荷分散等四种。

1) 功能分散

一个大系统的控制功能可以分解为多个基本的控制功能。具有人机接口功能的集中操作站与具有过程接口功能的过程控制装置也是分散的。过程控制装置中控制功能的分散是按装置或设备的功能考虑，并以全局控制和个别控制之间的分散来划分的。

2) 物理分散

整个 DCS 系统所完成的控制功能由许多不同的物理实体分散地实现。它们一般有层次分散型和水平分散型两种分散形式。

(1) 层次分散型(两层或多层)

DCS 的层次分散指上层实现较高级的控制功能，下层实现基本控制功能。其结构示意图，如图 2-2 所示。

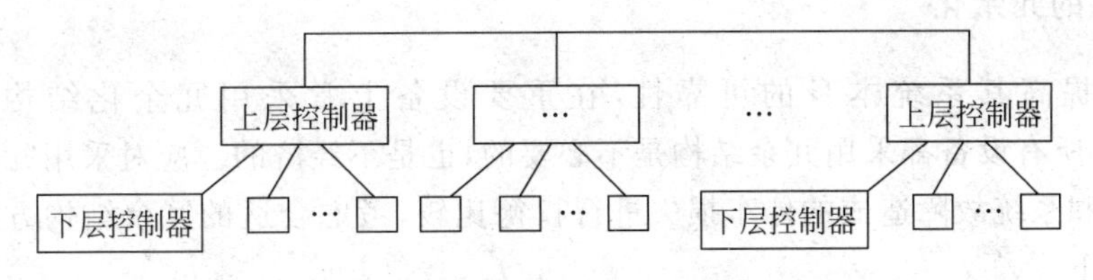

图 2-2　DCS 层次分散型结构

DCS 的层次分散型方式的特点如下：

① 硬件结构与系统的功能分散相适应，每部分具有比较强的自治性，在上层控制器失效的情况下，下层控制器仍可维持基本控制功能；

② 能合理地进行功能分配，使每个控制器的工作负荷均匀，降低对硬件指标的要求；

③ 系统结构中的信息是多层次的，直接与控制有关的信息是在低层总线上高速传输，而监视和管理信息是通过高层通信网络传输，只要通信系统信息流分配合理，就不会造成通信网络的信息拥堵。

（2）水平分散型

DCS 的水平分散是指各控制器在硬件结构上处于平等地位。其结构示意图如图 2-3 所示。

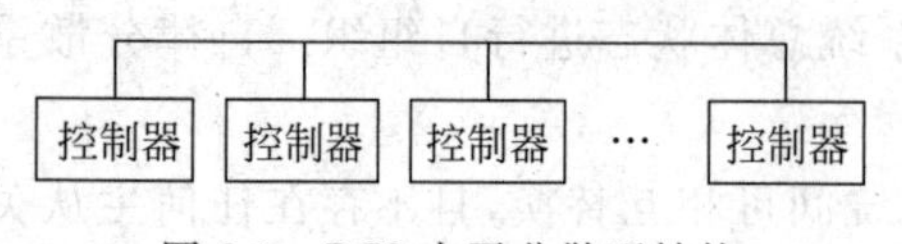

图 2-3　DCS 水平分散型结构

DCS 的水平分散型方式的特点如下：

① 硬件结构简单和清晰，各控制器处于平等地位，便于维护和备份；

② 对通信系统的速度和容量要求较高，其结构比层次分散型系统要简单一些。

3）地域分散

DCS 控制系统的地域分散是指安装布置方式，有如下两种形式。

（1）地域集中式

地域集中式是指把所有的基本控制单元集中在中央控制室或附近的电子设计室内。

（2）地域分散式

地域分散式是指把基本控制单元安装在被控生产装置的附近，也就是说，基本控制单元是在整个厂区内分散布置的。

4）负荷分散

DCS 的负荷分散不是由于负荷能力不够而进行的负荷分散，主要目的是危险分散。通过负荷分散，使一个控制处理装置发生故障时的危险影响减到尽可能小的地步。当控制回路之间关联较弱时，可通过减少控制处理装置的回路数达到危险分散的目的。当控制回路之间有较强关联时，尤其是在顺序控制中，各回路还存在时间上的关联，这时，为了使危险分散，可进行与相应装置对应的功能分散，按装置或设备进行分散，并设置冗余的过程控制装置。

分散控制结构是以良好的通信系统为基础的。过分的分散，使系统通信量增大，响应速度下降。同样，过分的集中，因受微处理器处理速度的限制而使信息得不到及时处理，造成响应速度变慢。因此，考虑到经济性、响应性、系统构成的灵活性等因素，DCS 纵向通常分为三到四层。

2. DCS 的冗余化

DCS 为提高其系统本身的可靠性，在重要设备上常采用冗余化结构（redundant structure）。所有设备都采用冗余结构是不必要的，也是不经济的。应对采用冗余结构造成的投资增加和系统故障造成的停车损失进行权衡比较，考虑合适的冗余结构方式。常用的冗余方式如下。

1）同步运转方式

将两台或两台以上的装置以相同方式同步运转，输入相同信号，进行相同处理，然后对

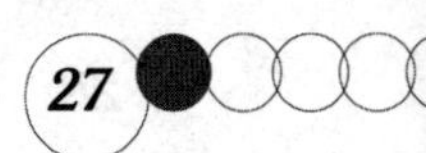

输出进行比较，如果输出保持一致，则系统是正常运行的。两台设备同步运转的系统称为双重系统。多台设备同步运转的系统称为多重系统。此方式适合可靠性极高的紧急停车系统和安全连锁系统。

2）待机运转方式

N台设备运行，一台设备处于后备，一旦N台设备中某一台设备发生故障，系统能够自动启动后备设备并使其运转，称为N：1备用系统，备用设备处于待机工作，因此，也称为热后备系统。一般DCS通信系统采用1：1冗余配置，而多回路控制器采用N：1备用方式。

3）后退运转方式

正常情况下，N台设备各自分担各自的功能，并进行运转，当其中某台设备故障时，其他设备放弃部分不重要的功能，以此来完成故障设备的主要功能。此种冗余方式常用在生产过程的人机界面的功能上。

4）多级操作方式

多级操作方式又称纵向冗余方式。正常操作在最高层，如果该层故障，则由下一层进行操作，例如，在监控界面上对生产过程的手动操作和控制。逐层降级，直到最终的操作方式是对执行器的手动操作和控制。

2.1.3 DCS的各级（层）功能

根据DCS的结构分层模式分别介绍DCS各级（层）的功能。

1. 现场级（层）的功能

这一级（层）是DCS的基础级（层），是DCS的最前沿。现场级（层）内各类设备完成的功能和信息的传递方式介绍如下。

1）各类传感器和变送器的功能

各类传感器和变送器能将生产过程中检测设备的各种物理量信号转换为电信号。例如，将现场检测信号转换成4～20mA的电信号或符合现场总线协议的数字信号（现场总线变送器），送往过程控制站或数据采集站。即它们能对现场过程进行数据采集，或对被控设备中的每个过程量和状态信息进行快速采集，使数字控制、设备监测的装置等获得所需要的输入信息。

2）执行器的功能

它们是将过程控制站输出的控制量（4～20mA的电信号或现场总线数字信号）转换成能驱动执行机构的信号（如机械位移或调节阀等），实现对生产过程的控制。

3）现场级（层）的信息传输方式

一般有三种信息传输方式：①传统的4～20mA模拟量传输方式；②现场总线的全数字量传输方式；③在4～20mA模拟量信号上，叠加调制后的数字量信号的混合传输方式。

现场级（层）信息传输方式的发展方向是以现场总线为基础的全数字传输。按照传统观点，现场设备不属于分散控制系统的范畴，但随着现场总线技术的飞速发展，网络技术已经延伸到现场，微处理机已经嵌入到变送器和执行器中，所以，现场级信息已经成为整个系统信息中不可缺少的一部分。

2. 控制级(层)的功能

这一级(层)是DCS基础级(层)的上一级(层),是DCS的直接控制级(层),一般由过程控制站和数据采集站等组成。下面分别介绍它们的功能。

1) 过程控制站的功能

过程控制站能对现场设备(如传感器、变送器等)传来的信息,按照一定的控制策略进行分析、处理并计算出所需的控制量,通过输出通道将控制量信息传递给现场的执行器,完成系统的控制任务。即过程控制站完成的过程控制任务是根据现场送来的信息,利用DCS中组态的数据库、控制算法模块来实现过程量(如开关量、模拟量等)的控制。过程控制站能同时完成连续控制、顺序控制和逻辑控制等功能。

2) 数据采集站的功能

数据采集站能完成过程数据采集、设备监测、系统测试和故障诊断。即数据采集站接收由现场设备送来的过程变量和状态信号,分析这些信息是否可以接收,是否可以允许向高层传输,并进行必要的转换和处理之后送到DCS中的上一级(层),如监控级(层)设备。

数据采集站接收大量的过程信息,经进一步分析后,确定是否可以对被控装置实施调节,并根据状态信息判断DCS系统硬件和控制软件的性能,超限时能实施报警、给出错误或诊断报告等,并通过监控级(层)设备传递给现场运行人员。

控制级(层)中的数据采集站与过程控制站的主要区别是,不直接完成控制功能。数据采集站能够完成数据信号的A/D转换、信号调理和开关量的输入/输出,并把采集到的现场数据经过整理、分析,实时地通过过程控制网络传递到上一层计算机中,对于要求控制的量能实时地传输给过程控制设备,当发现某一功能板、数据采集板或信号输出板等出现故障时能立即向上报告,并根据条件实施切换,以确保系统的正常工作。

3. 监控级(层)的功能

这一级(层)主要是操作人员使用的人机接口。在这一级(层)中有操作员工作站、工程师工作站和计算站等。操作员工作站安装在中央控制室,工程师工作站和计算站一般安装在电子设备室。其组成和功能分别简单介绍如下。

1) 操作员工作站

操作员工作站的主要功能是用于监视和控制整个生产过程(装置)。操作运行人员可以在操作员工作站的显示装置上,观察生产过程的运行情况,读出每个过程变量的数值和状态,判断每个控制回路是否工作正常,并且可以用键盘和鼠标随时进行手动/自动控制方式的切换、修改给定值、动态调整控制量来实时操作现场设备,即实现对整个生产过程的实时干预。另外,还可以打印各种报表,复制屏幕上的画面和曲线等。

2) 工程师工作站

工程师工作站的主要功能是为控制工程师对DCS控制系统进行配置、组态、调试和维护提供一个工作平台,实现系统优化和先进控制策略的实施,以及对各种设计文件进行归类和管理,形成相应的设计文档等。

3）计算站

计算站主要是由超级微型机或小型机组成。它的主要功能是对生产过程进行监督控制，例如，生产设备运行优化和性能计算等。由于计算站的主要功能是完成复杂的数据处理和运算功能，因此，对它的要求主要是运算能力和运算速度。

4. 管理级(层)的功能

这一级(层)是DCS的最高级(层)，是企业生产管理者和经营管理者使用的。在这一级(层)上，管理者通过其上位机(管理计算机)可以进行生产管理和经营管理。

管理计算机系统软件的配置，要求具有能对控制系统做出快速反应的实时操作系统；其应用软件的配置则要求具有丰富的数据库管理、过程数据收集、人机接口和生产管理系统生成等工具软件。管理计算机能对大量的现场数据进行高速处理与存储，能够连续运行并具有高可靠性，能够长期保存生产数据，并且具有优良的、高性能的、方便的人机接口，能实现整个工厂的网络化和计算机的集成化。管理级(层)分为生产管理级(层)和经营管理级(层)，其功能分别介绍如下。

1）生产管理级(层)

生产管理级(层)是工厂企业生产管理者使用的。其主要功能是监测企业各部门以及生产装置的运行情况，利用历史数据和实时数据预测可能发生的各种情况，从企业全局利益出发辅助企业管理人员进行决策，根据用户的订货情况、库存情况、能源情况来规划各生产部门中的产品结构和规模，帮助企业实现其规划目标。此外，在这一级(层)能实现对全厂生产管理和产品的监视报告，并与上级(层)交互传递数据信息。

2）经营管理级(层)

经营管理级(层)是工厂经营者使用的。它管理的范围很广，包括工程技术方面、经济方面、商业事务方面、人事活动方面以及其他方面的功能。把这些功能都集成到软件系统中，通过综合的产品计划，根据各种变化条件，结合多种多样的材料和能量调配，以便采取最优的解决策略和方法。在这一层中，通过网络与公司的经理部、市场部、计划部以及人事部等办公室进行连接，来实现整个企业系统的最优化。

在经营管理这一级(层)，其典型的功能为：

① 市场分析；

② 用户信息的收集；

③ 订货统计分析；

④ 销售与产品计划；

⑤ 生产、订货和合同报告事宜；

⑥ 接收订货与期限监测；

⑦ 产品制造协调；

⑧ 产品成本和销售价格计算；

⑨ 生产能力与订货的平衡；

⑩ 订货的分发；

⑪ 生产与交货期限的监视；

⑫ 行政方面的报告等。

2.2 DCS 的构成及联系

DCS 采用分散控制、集中操作、分级管理和综合协调的设计原则与网络化的控制结构，形成分级分布式控制。把控制功能分散在不同的控制器中完成，采用通信技术实现各部分之间的联系和协调。本节将从系统的结构入手，介绍 DCS 的基本构成和各部分的作用及其相互联系。

2.2.1 DCS 的基本构成

一个基本的 DCS 一般是由现场控制站(或过程控制单元)、数据采集站(或过程接口单元)、操作员工作站、工程师工作站、各种功能站(如记录数据站、高级控制站、管理计算站等)和高速通信总线(或系统通信网络)等几个主要部分组成，如图 2-4 所示。

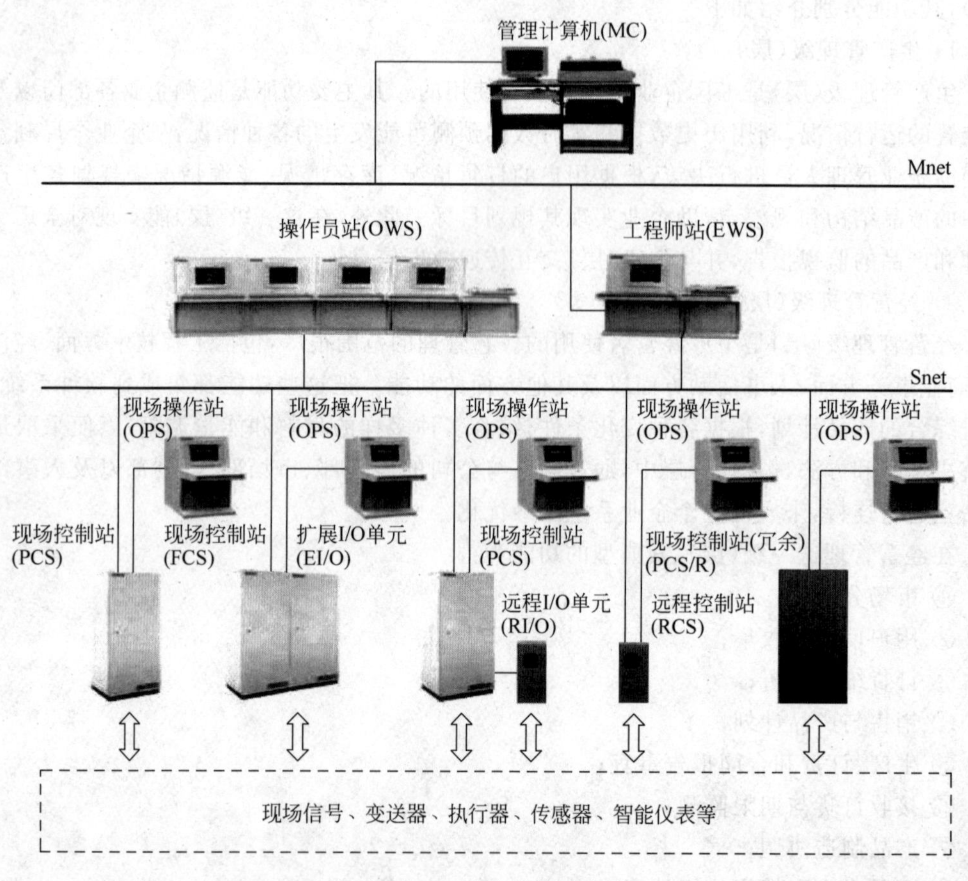

图 2-4 DCS 构成设备组成图

1. 现场控制站

现场控制站(scene control station，SCS)，又称过程控制单元(process control unit，PCU)，是 DCS 的核心，系统主要的控制功能是由它来完成的。它接收由现场设备(如传感器、变送器)来的信号,对生产过程进行闭环控制,可控制数个至数十个回路,按照一定的控制策略计算出所需的控制量,并送回到现场的执行器中去。它能同时完成连续控制、顺序控制和逻辑控制功能。

DCS系统的性能、可靠性等重要指标都是依靠现场控制站来保证的,因此,它的设计、生产及安装都有很高的要求。现场控制站的硬件一般都采用专门的工业级控制计算机。其中,除控制计算机所必需的运算器和控制器、存储器之外,还包括了现场测量单元、执行单元的输入/输出(I/O)设备。在现场控制站内部,主CPU和内存等被称为逻辑部分,而现场I/O则被称为现场部分,这两个部分是需要严格隔离的,以防止现场的各种信号,包括干扰信号对计算机的处理产生不利的影响。现场控制站内的逻辑部分与现场部分的连接,一般采用与工业控制计算机相匹配的内部并行总线。

由于并行总线结构比较复杂,用其连接逻辑部分和现场部分很难实现有效的隔离,另外并行总线成本也较高,很难方便地实现扩充,因此,现场控制站内的逻辑部分和现场I/O之间的连接方式转向了串行总线。串行总线的优点是结构简单,成本低,很容易实现隔离,而且容易扩充,可以实现远距离的I/O模块连接。

另外,由于DCS的现场控制站有比较严格的实时性要求,需要在确定的时间期限内完成测量值的输入、运算和控制量的输出,因此,现场控制站的运算速度和现场I/O速度都应该满足很高的设计指标。

2. 数据采集站

数据采集站(data acquisition stand,DAS)又称过程接口单元(process interface unit,PIU)。它是为生产过程中的非控制变量设置的采集装置,接收由现场设备送来的信号,并进行一些必要的转换和处理之后送到DCS中的其他部分,如监控级设备。数据采集站接收大量的过程信息,不但可完成数据采集和预期处理,还可以对实时数据作进一步加工处理,并通过监控级设备传递给运行人员,实现开环监视。数据采集站不直接完成控制功能,这是它与现场控制站的主要区别。目前,大多数DCS的数据采集站已由现场控制站替代。

3. 操作员工作站

操作员工作站(operator working station,OWS)是操作运行人员与控制系统交换信息的人机接口,一般由一台具有较强图形处理功能的微型计算机,以及相应的外部设备组成。它配有CRT或LED(light emitting diode)显示器、大屏幕显示装置、打印机、拷贝机、键盘、鼠标等。

4. 工程师工作站

工程师工作站(engineering work station,EWS)是由PC配置一定数量的外部设备所组成,如CRT(或LED)显示器、键盘、鼠标、打印机和绘图机等。自动化专业的技术人员通过键盘可以进行各种组态(如系统组态、硬件组态和软件组态),包括对各种设计文件进行归类和管理。

5. 高速通信总线

高速通信总线(data high bus,DHB),又称数据高速通道(data high way,DHW)。它是

一种具有高速通信能力的信息总线，一般由双绞线、同轴电缆或光导纤维构成。它将现场控制站、操作员工作站和管理计算机等连成一个完整的系统，以一定的通信速率在各单元之间传输信息。

6. 管理计算机

管理计算机(manager computer，MC)，习惯上称它为上位机。管理计算机是DCS的主机，它综合监视全系统的各单元，管理全系统的所有信息，具有进行大型复杂运算的能力以及多输入、多输出控制功能，以实现系统的最优控制和全厂的优化管理。

DCS是以回路控制为主要功能的系统，以计算机的显示器、键盘和鼠标，代替仪表盘面形成系统人机界面。各种控制功能、通信、人机界面均采用数字技术，控制回路的功能由现场控制站完成，每个控制站完成各自的控制任务，系统中所有的现场控制站、操作员工作站均通过数字通信网络实现通信。

总之，从仪表控制系统的角度看，构成DCS的最大特点在于其具有传统模拟仪表所没有的通信功能。而从计算机控制系统的角度看，构成DCS的最大特点则在于它将整个系统的功能分成若干台不同的计算机(控制器)去完成，各个计算机之间通过网络实现互相之间的协调和系统的集成。在DDC系统中，计算机的功能可分为检测、计算、控制及人机界面等几部分，而在DCS中，检测、计算和控制这三项功能由称为现场控制站的计算机完成，人机界面则由称为操作员工作站的计算机完成。在一个DCS系统中，当现场需要时，往往可以有多台现场控制站和操作员工作站，每台现场控制站实施各自的控制功能，而操作员工作站实施监视功能。因此，DCS系统中多台计算机的划分有功能上的，也有控制及监视范围上的，两种划分就形成了DCS的“分散”一词的含义。

2.2.2 DCS的通信联系

由于DCS是由各种完成不同功能的部件组成，这些部件之间必须实现有效的数据传输，以实现系统总体的控制任务。能够完成数据传输的网络是各种控制部件之间联系的桥梁。下面分别介绍DCS中作为桥梁的两类通信网络。

1. 系统通信网络

高速通信总线是DCS中的另一个重要组成部分，又称数据高速通道(或系统通信网络)，它是连接系统各个站的桥梁。也就是说，DCS中的现场控制站(或过程控制单元)、现场数据采集站(或过程接口单元)、操作员工作站、工程师工作站、各种功能站(如记录数据站、高级控制站、管理计算站等)等几个主要部分都是由数据高速通道连接起来的。

系统通信网络(高速通信总线)的实时性、可靠性和数据通信能力关系到整个系统的性能，特别是网络的通信规约(协议)，关系到网络通信的效率和系统功能的实现。因此，高速通信总线都是由各个DCS厂家专门精心设计的。目前，越来越多的DCS厂家直接采用了以太网作为系统通信网络，以太网正逐步成为事实上的工业标准。

早期，以太网是为了满足事务处理应用需求而设计的应用系统，其网络介质访问的特点比较适宜传输请求随机发生的信息，每次传输的数据量较大而传输的次数不频繁，因网络访问碰撞而出现的延时对系统影响不大。而在工业控制系统中，数据传输的特点是需要周期性地进行传输，每次传输的数据量不大而传输次数比较频繁，而且要求在确定的时间内完成传输，这些应用需求的特点并不适宜使用以太网，特别是以太网传输的时间不确定性，更是其在工业控制系统中应用的最大障碍。

但是，由于以太网应用的广泛性和成熟性，特别是它的开放性，使得大多数 DCS 厂家都先后转向了以太网。近年来，以太网的传输速率有了极大的提高，从最初的 10Mb/s 发展到现在的 100Mb/s 甚至达到 10Gb/s，这为改进以太网的实时性创造了很好的条件。尤其是交换技术的采用，有效地解决了以太网在多节点同时访问时的碰撞问题，使以太网更加适合工业应用。许多公司还在提高以太网的实时性，并在运行于工业环境的防护方面做了较大的改进。因此，当前以太网已成为 DCS 等各类工业控制系统中广泛采用的标准网络，但在网络的高层规约(协议)方面，目前，仍然是各个 DCS 厂家各自具有本身的技术。

2. 管理信息网

目前，DCS 已从初期的单纯的具有低层控制功能发展到了更高层次的数据采集、监督控制、生产管理等全厂范围的控制和管理系统。因此，从当前的发展看，DCS 更应该被看成是一个计算机管理控制系统，其中，包含了全厂自动化控制和管理的丰富内涵。具有管理信息网的 DCS 系统结构图如图 2-5 所示。从厂家对 DCS 体系结构的扩展就可以看到这种趋势。另外，几乎所有的厂家都在原 DCS 的基础上增加了服务器，用于对全系统数据进行集中的存储和处理。

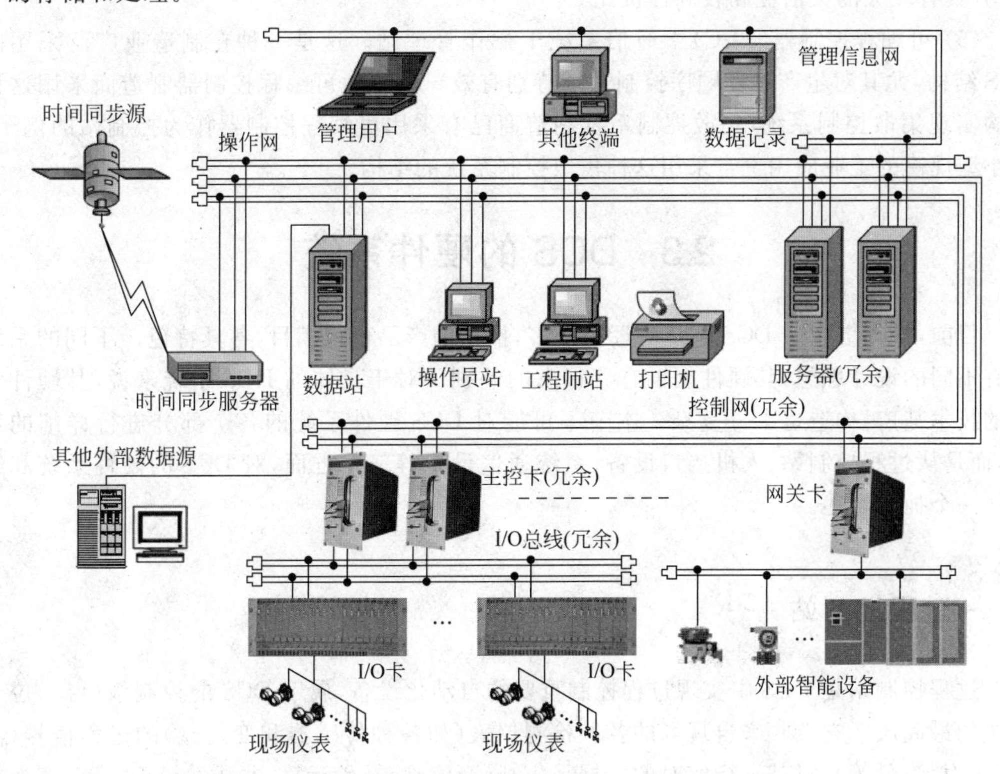

图 2-5 具有管理信息网的 DCS 系统结构图

服务器的概念起源于 SCADA(supervisory control and data acquisition) 系统,即监视(管理)控制与数据采集系统。因为 SCADA 是全厂数据的采集系统,其数据库是为各个方面服务的,DCS 作为低层数据的直接来源,在其系统网络上配置服务器,就自然形成了这样的数据库。针对一个企业或工厂常有多套 DCS 的情况,以多服务器、多域为特点的大型综合监控自动化系统也已出现,这样的系统完全可以满足全厂多台生产装置自动化及全面监控管理的系统需求。这种具有系统服务器的结构,在网络层次上增加了管理网络层,主要是为了完成综合监控和管理功能,在这层网络上传送的主要是管理信息和生产调度指挥信息。这样的系统实际上就是一个将控制功能和管理功能结合在一起的大型信息系统。

2.2.3 DCS 常用结构类型

集散控制系统(DCS)产品常用的结构类型如下。

(1) 分散过程控制站+高速数据公路+操作站+上位机。这是早期 DCS 的结构。

(2) 分散过程控制装置+局域网+信息管理系统。采用局域网技术,通信性能提高,联网能力增强,这是第二代 DCS 的典型结构。

(3) 模件化控制站+MAP 兼容的宽带、载带局域网+信息综合管理系统。这是多数 DCS 的结构。

(4) 单(多)回路控制器+通信系统+操作管理站。这是一种适用于小型企业的 DCS 结构,具有较大的灵活性和较高性价比。

(5) 可编程控制器(PLC)+通信系统+操作管理站。这是一种在制造业广泛采用的 DCS 结构,尤其对生产过程顺序控制系统特别有效。大多数可编程控制器制造商采用这种结构实现集散控制系统,集散控制系统制造商已有采用可编程控制器作为控制站的例子。中小型规模的工业应用也常采用这种集散控制系统的结构。

2.3 DCS 的硬件系统

目前,世界上生产 DCS 系统的厂家众多,推出的产品琳琅满目,各具特色。不同的系统具有不同的设计思想,其硬件上也有着很大的差别。对于具体的 DCS 系统来说,其硬件涉及的技术甚广,构造也十分复杂。本节不可能对 DCS 硬件系统的各个部分进行详细的说明,而是从过程控制站、人机接口设备、系统通信设备等三个方面,对 DCS 的硬件系统和组成作一个扼要阐述。

2.3.1 过程控制站

过程控制站是 DCS 中实现过程控制重要的自动化设备,属于 DCS 的控制级(层),位于系统的最底层。它接收来自现场的各种检测仪表(如各种传感器和变送器)的过程信号(温度、压力、流量等),对其进行实时的数据采集、噪音滤除、补偿运算、非线性校正、标度变换等处理,并可按要求进行累积量的计算、上下限报警以及测量值和报警值向通信网络的传输,用以实现各种现场物理信号的输入和处理，实现各种实时控制信号的运算和输出等功能。同时，它也能接收上层通信网络传来的控制指令，并根据过程控制的组态进行控制运算，输出驱动现场执行机构的各种控制信号，实现对生产过程的数字直接控制，满足生产中连续控制、逻辑控制、顺序控制等的需要。另外，过程控制站还具有接收各种手动操作信号，实现手动操作的功能。

过程控制站中的过程控制装置，即所谓的"现场控制单元"，它是指DCS中与生产现场关系最密切、最靠近生产设备的控制装置。不同的DCS生产厂家，对自己系统中的过程控制装置取有独特的名称，使之各不一致，如基本控制器(basic controller)、多功能控制器(multifunction controller)等。表2-1列出了几个典型系统的过程控制装置，其名称无一相同，为叙述方便起见，下面将其统称为"现场控制单元"。

表 2-1　典型系统的过程控制装置

厂　商	系统名称	过程控制装置名称
ABB	Industrial IT Symphony	Harmony Control Unit(过程控制单元)
Emerson	Voation	Distributed Processing Unit(分布式处理单元)
Leeds & Northrup	MAX-1000	Remote Processing Unit(远程处理单元)
Foxboro	I/A Series	Control Processor(控制处理机)
HITACH	HIACS-5000	R600CH(自治型过程控制器)
浙大中控	JX-300X DSC	Distributed Processing Unit(分布式处理单元)

不同厂家的现场控制单元所采用的结构形式大致相同。概括地说，现场控制单元是一个以微处理器为核心、按功能要求组合的各种电子模件的集合体，并配以机柜和电源等而形成的一个相对独立的控制装置，它是直接与现场进行I/O数据采集、信息交换、控制运算、逻辑控制的核心部件。根据选用的硬件和软件的不同，可构成不同功能的控制结构。

现场控制单元是面向过程、可独立运行的通用型计算机测控设备。尽管不同厂家生产的现场控制单元在结构尺寸、输入和输出的点数、控制回路数目、采用的微处理器、设计的模件、实现的控制算法等诸多方面有所不同，但它们均是由机柜、机笼、供电电源、功能模件(主控卡)、数据转发模(卡)件、端子板和各类I/O模(卡)件等部分组成。下面分别介绍组成现场控制单元各部件的构成。

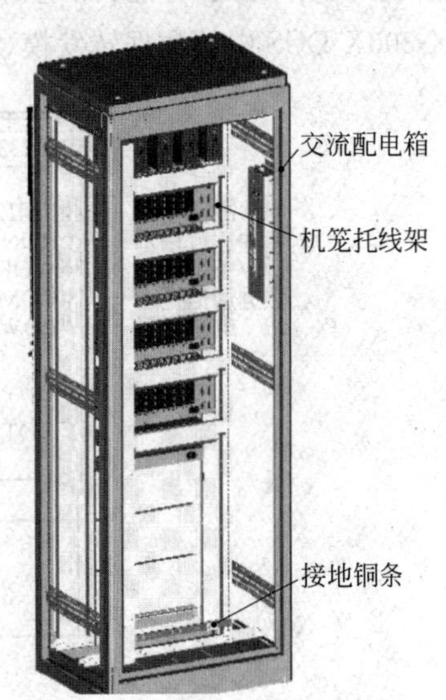

图 2-6　现场控制单元机柜结构

1. 机柜、机笼和模件

1) 机柜

现场控制单元的机柜一般是用金属材料(如钢板)制成的立式柜。柜内装有多层机架，供安装电源和各种模件之用，电源通常放在最上层或最下层，柜内的其他层可用来横向排列所配置的各种模件。随系统而异，柜内纵向一般分6～8层，横向可插4～12个模件。现场控制单元的标准机柜式结构如图2-6所示，它是以插件箱、总线底板为固定结构。机柜为拼装结构，内部设若干层，是机笼及模件的安装单元。机柜的顶部安装风扇组件，目的是带走机柜内电子部件所散发出来的热量；上层安装交流配电箱，为机柜提供电源。大多数机柜内还设有温度自动检测装置，当柜内温度超过正常工作范围时可予以报警。现场控制单元工作的环境温度允许范围一般为0～55℃。为防止灰尘浸入柜内，通常装有易于气体更换的空气过滤网。对于那些用于潮湿、有腐蚀性气体等恶劣环境下的现场控制单元，厂家可提供密封式机柜，柜内设有专用的自动空调装置或在柜壳上增设散热叶片，以保证密封柜内的温度正常。

为适应防火需要，柜内所有的电缆走线槽、接线槽、电缆夹头、端子排均采用阻燃型材料制造。而且，柜内留有充足的接线、汇线和布线空间，能方便用户安装调试。机柜在使用时，应保留一定数量(约10%～15%)的模件插槽和相应的硬件设施，以备今后扩展时插入模件便可使用。

2）机笼

机笼采用金属框架和母板组成，被安装在机柜内，最多安装1个电源机笼和6个模件机笼。模件机笼用于安装功能模件(主控卡)、数据转发模(卡)件、端子板和各类I/O模(卡)件等，均可采用冗余结构配置，构成双冗余主控结构和冗余I/O结构。电源机笼为各模件机笼提供供电电源，内含系统接地铜条，机柜底部有可调整尺寸的电缆线入口。

3）模件

模件是现场控制单元中安装的电子组件。如功能模件(主控卡)、数据转发模(卡)件、各种I/O模(卡)件等。所有的模(卡)件，都是按智能化要求设计的。系统内采用专用的工业级、低功耗、低噪声微控制器，负责模件的控制、检测、运算、处理以及故障诊断等工作，实现了全数字化的数据传输和信息处理。同时，采用智能调理硬件和信号前端先进处理技术，降低了信号调理的复杂性，减轻了功能模件(主控卡)CPU的负荷，加快了系统信号的处理速度，增强了每块模件在系统中的自治性，提高了整个系统的可靠性。智能化模件设计也实现了A/D、D/A信号的自动调校和故障自诊断，使模件调试简单化。所有模件都具有LED工作状态和故障指示功能，如电源指示、运行指示、故障指示、通信指示等。例如，浙大中控JX-300X DCS中的数据转发模(卡)件XP233卡件图如图2-7所示。

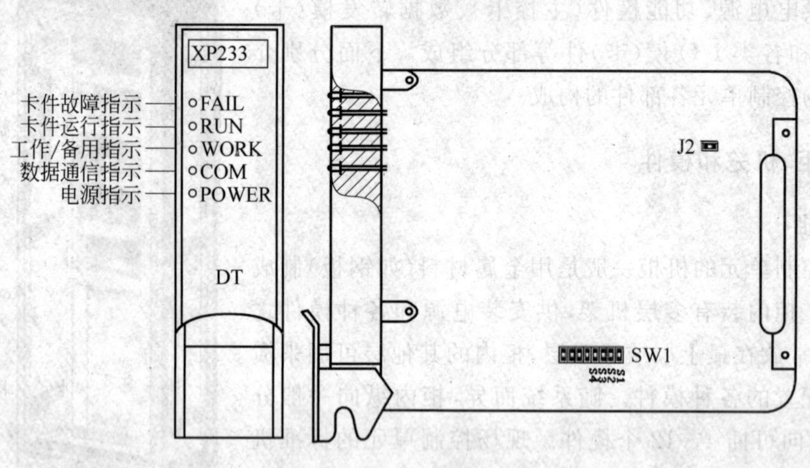

图2-7 XP233模(卡)件图

现场控制单元的所有模件均采用标准的VME半高尺寸和简易可靠的安装方法，以导轨方式插卡安装（固定）在现场控制单元机柜的机笼内，并通过机笼内欧式接插件和母板上的电气连接，实现对模件的供电和模件之间的总线通信。再经由机柜中的端子板与现场设备相连，通信模件与监控网络之间的连接通过专用通信电缆。还有各种总线，如电源总线、接地总线、数据总线、地址总线和控制总线等。有些总线由模件安装单元背后的印刷电路板构成，有些总线由模件安装单元之间的扁平电缆或专用电缆构成，有些由机柜侧面的汇流条构成。

2. 功能模件（主控卡）

功能模件（主控卡）是现场控制单元的核心模件，是I/O模件的上一级智能化模件。它通过现场控制单元的内部总线与各种I/O模件进行信息交换，实现现场的数据采集、储存、运算、控制等功能。它能协调控制站内部所有的软硬件关系和执行各项控制任务，主要包括I/O处理、控制运算、上下网络通信控制、诊断等。

功能模件（主控卡）一般由中央处理单元（CPU）、只读存储器（ROM）、随机存储器（RAM）、总线等部分组成，如图2-8所示。

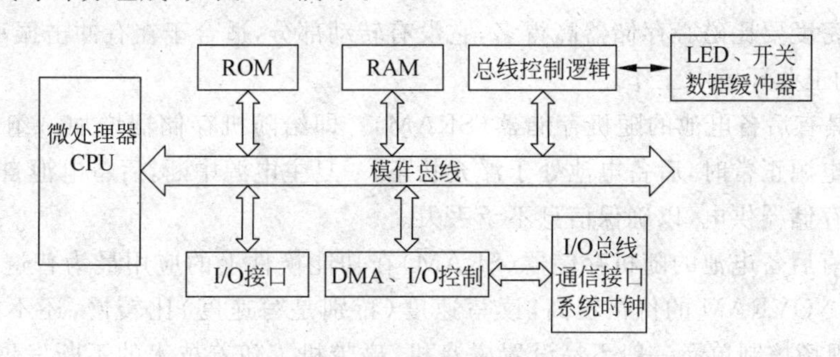

图2-8 功能模件结构示意图

下面分别介绍功能模件（主控卡）中各个部件。

1）中央处理单元（CPU）

CPU是功能模件（主控卡）的运算和处理指挥中心。它在晶振时钟基准、内部定时器、存储器、中断控制器的配合下，负责现场控制单元的总体运行和控制。即按预定的周期、程序和条件对相应的信号进行运算、处理，对功能模件（主控卡）和其他相关模件进行操作控制和故障诊断。

为了提高功能模件的数据处理能力，缩短工作周期，很多系统的功能模件还配有浮点运算处理器（协CPU），直接执行许多复杂的计算和先进的控制算法，协助微处理器（主CPU）完成诸如自整定、预测控制、模糊控制以及阶梯逻辑等的控制任务，以提高中央处理单元（CPU）的工作效率。

2）只读存储器（ROM）

只读存储器（read only memory，ROM）为功能模件的程序存储器，用来存放I/O驱动程序、数据采集程序、控制算法程序、时钟控制程序、引导程序、系统组态程序、模件测试和自诊断程序等支持系统运行的固定程序。固化在ROM中的程序保证了系统一旦加电，CUP就能投入正常有序的工作之中。随着功能的增强，程序量的加大，ROM的容量也在不断提高，如今功能模件的ROM容量高的具有几兆甚至几十兆的程序空间。

3）随机存储器（RAM）

随机存储器（random access memory，RAM），作为功能模件的工作存储器，用来存放采集的数据、设定值、中间运算结果、最后运算结果、报警限值、手动操作值、整定参数、控制指令等可在线修改的参数，为程序运行提供存储实时数据和计算中间变量的必要空间。一些较先进的DCS，为用户提供了在线修改组态的功能，显然这一部分用户组态应用程序必须存放在RAM中。因此，RAM的一部分也可作为程序工作区。

RAM是一种易失性存储器，其最大的缺点是电源中断后内部所存储的信息会全部丢失。为此，工程上除了采取电源冗余措施外，还是希望有一种既可随时改写存储器内容，又在掉电时不丢失存储内容的存储器应用于DCS。目前，可采用以下3种方法达到这一目的。

① 应用电可擦可编程只读存储器（EEPROM）和非易失性随机存储器（NOVRAM）。这两种存储器不仅能在掉电后保存内部信息，且在工作过程中可随时增/删和修改其间内容，片内还具有完善的保护电路，非常适合于作为功能模件的工作存储器。

② 应用磁介质存储器。磁介质存储器包括磁盘、磁带、磁心、磁泡等。它们皆为非易失性存储器，且具有较大的存储容量。其中磁泡存储器是靠磁氧材料薄层中的“磁泡”来存储信息的，存储密度要比磁心存储器高得多，它没有转动部分，适合于在有冲击振动、高温和灰尘等较恶劣的工业环境中工作。

③ 应用具有后备电池的随机存储器（SRAM）。即给随机存储器增加一组备用电池和相应电路，主电源正常时，后备电池处于浮充状态，一旦主电源中断，后备电池自动进入工作状态，维持对存储器供电，以确保信息不予丢失。

目前，具有后备电池的随机存储器（SRAM）在功能模件上的应用最为普遍。这是因为EEPROM和NOVRAM的价格较高，读写速度（特别是写速度）比较慢，还不能完全取代RAM；而且现场控制单元一般不易设置磁盘机、磁带机。随着技术的不断发展，EEPROM和NOVRAM的性能提高，它们将逐渐成为功能模件的一种主要存储器。应用具有后备电池的随机存储器，对保存组态方案和重要参数、查询事故、快速恢复正常运行起着极为重要的作用。当前，功能模件上RAM的空间可达数十兆字节。

4）总线

功能模件上的总线是该模件所有数据、地址、控制等信息的传输通道。它将功能模件上的各个部分以及模件外的相关部件连接在一起，在CPU的控制和协调下使模件构成一个具有设定功能的有机整体。

有些功能模件最多可连接数百个I/O点，对应的I/O模件可能多达数十个，而现场控制单元的机柜内，每个机架上最多只能插入十几块模件。因此，通常需将总线扩展、连接到数十个机架上，由于在这些扩展的机架上，只插入I/O模件，它所使用的总线信号比功能模件（CPU）的总线信号要少，所以有些厂家的I/O扩展总线采用了非标准的简化形式，即仅提供I/O模件所必需的数据线、地址线和控制线。

5）通信接口

通信接口用来实现功能模件与系统数据高速公路、冗余功能模件等的连接。数据高速公路上的信息是以位串行方式传送的，信息格式一般由标志段（即同步信号）、地址段、数据信息段和检验段等部分组成。而功能模件内的总线是以并行方式传送信息数据的，因此，通信接口在此具有数据的并/串转换、奇偶校验和检错等功能。也就是说，当信息由功能模件向外发送时，通信接口进行数据的并/串转换，同时按数据串行通信的格式要求，进行信息和附加信息的编制。例如，将同步通信中的同步符号或异步通信中的启动位、停止位、奇偶校验位等插入数据信息串中。当功能模块接收到串行信息时，通信接口将删除信息串中的附加信息，然后把串行数据编制和转换成满足功能模件需求的并行数据。在信息的传送过程中，通信接口对接受的串行数据进行奇偶校验和检错，以保证数据传送的可靠性。

在实现远距离通信时，通信接口利用调制器将数字信号调制到一定频率的载波信号上向外发送，也可利用解调器接收远距离信号，使之解调为数字信号。

通信接口与功能模件内部的数据传送一般采用直接存储器存取(direct memory access，DMA)传送方式，这是一种解决存储器和外设快速交换大量数据的传送方法。DMA传送方式是存储器RAM与外设之间直接进行并行数据/串行数据传送，而无须CPU介入，它传输率高，且大大减少了CPU处理这部分数据移动的系统开销，但它受到存储器的存储速度限制。通信接口发送或接收数据信息的整个过程，是在各控制电路(如调制/解调控制、发送/接收控制电路和DMA控制器)的控制下进行的。

3. 数据转发模(卡)件

数据转发模(卡)件是系统I/O机笼的核心单元，是功能模件(主控卡)连接I/O模(卡)件的中间环节，具有管理I/O模(卡)件、驱动SBUS总线、冷端温度采集和机笼内热电偶冷端温度补偿功能。数据转发模(卡)件具有WDT"看门狗"复位功能，用于软件发生故障时CPU的自动复位；完成功能模件(主控卡)与I/O模(卡)件之间的数据交换；可冗余配置，确保系统安全可靠运行；实现I/O扩容；设置跳闸线，实现经中集器的总线节点远程数据交换；自检及支持SBUS I/O总线通信协议等。例如，浙大中控JX-300X DCS中的数据转发模(卡)件XP233与功能模件(主控卡)的连接结构图如图2-9所示。

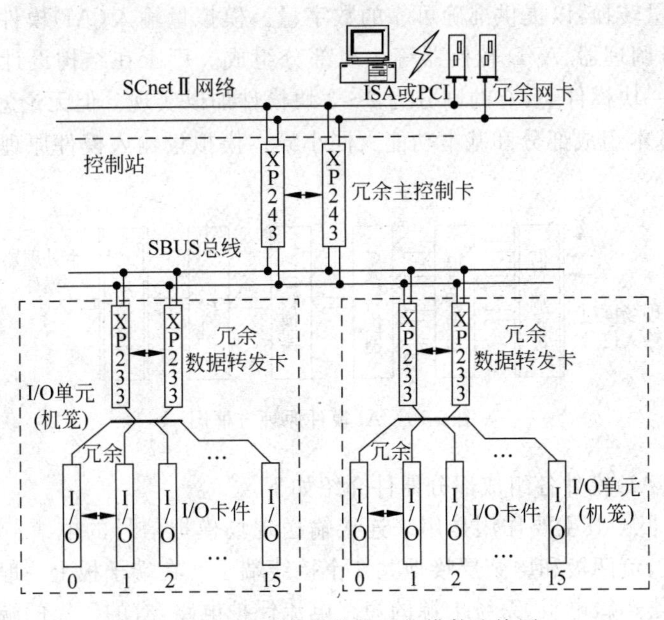

图2-9 数据转发模件与功能模件连接图

4. I/O模(卡)件

I/O模(卡)件是为DCS的各种输入/输出信号提供信息通道的专用模件,是DCS中种类最多、使用数量最大的一类模件。它的基本作用是对生产现场的模拟量信号、开关量信号、脉冲量信号进行采样、转化、处理成微处理器能接收的标准数字信号,或将微处理器的运算输出结果(二进制码)转换、还原成模拟量或开关量信号,去控制现场执行机构。因此,I/O模(卡)件是联系生产过程与微处理控制器的纽带和桥梁。

DCS中的各种I/O模(卡)件很多,但一般可归纳为模拟量输入模件、模拟量输出模件、开关量输入模件、开关量输出模件、脉冲量输入模件等几类主要模件。这是因为生产现场(过程)众多的物理量、化学量如温度、压力、流量、液位、压差、应力、转速、加速度、位移、振动、状态、浓度、PH值、成分、电流等都可以用模拟量、开关量、脉冲量中的某一种形式表现出来。

1) 模拟量输入(AI)模件

随生产厂家和用途不同,每个AI模件可接收4～64路模拟信号不等。这些模拟信号一般是传感器对现场物理量或化学量进行检测,并由变送器将检测信号进行转换而得相应的电信号。通常AI输入的模拟量电信号有以下3种。

① 电流信号:来自于各种温度、压力、位移等变送器。一般采用4～20mA标准电流。

② 毫伏电压信号:来自于热电偶、热电阻或应变式传感器。AI模件有直接接收毫伏电压信号的功能,可省去中间变送器。

③ 常规电压信号:来自于一切可输出直流电压的各种过程设备。AI模件可接收的电压范围一般为0～5VDC或0～10VDC或－10～10VDC。

AI模件的基本功能是对多路输入的各种模拟电信号进行采样、滤波、放大、隔离、输入开路检测、误差补偿及必要修正(如热电偶冷端补偿、电路性能漂移校正等)、向工程单位转化、模拟量/数字量转换,以提供准确可靠的数字量。模拟量输入(AI)模件上的硬件一般由信号端子板、信号调理器、A/D转换器等主要部分组成。厂家在结构设计上有的是将这些组成部分统一在一块模件上,有的则分为2～3块模件加以实现。但无论怎样组成模拟量输入(AI)模件,其基本组成部分和基本功能大同小异。模拟量输入模件原理方框图如图2-10所示。

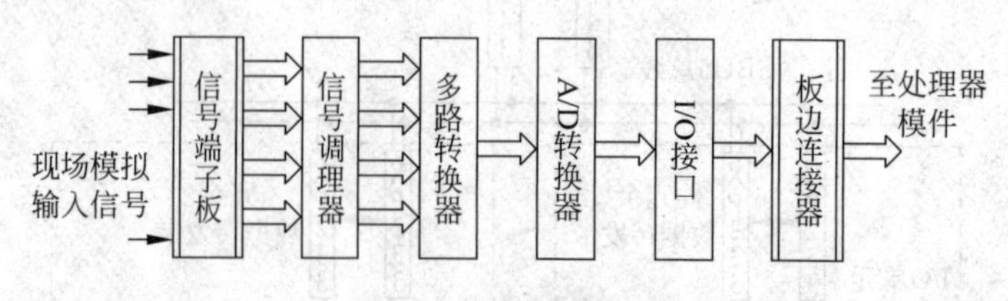

图2-10　AI模件原理方框图

模拟量输入(AI)模件各组成部分器件介绍如下。

① 信号端子板。其主要作用是用来连接输送现场模拟信号的电缆。对每一路模拟信号,端子板提供正、负两极和屏蔽层接地共3个接线端子。在端子板上一般还设有用于热电阻输入的冷端补偿热敏电阻、系统电源的短路电流保护电路,有的厂家的端子板上还设有电流/电压转换电路,把输入的毫安电流信号转换成统一的标准电压信号。

② 信号调理器。其主要作用是对每路模拟输入信号进行滤波、放大、隔离、开路检测等综合处理，为A/D转换提供可靠的、统一的、与模拟输入相对应的电压信号。为使AI模件具有良好的抗干扰能力，适应较强的环境噪声，每个信号通道上都串接了多级有源和(或)无源滤波电路，且采用差动、隔离放大器，使现场信号源与DCS内的各路信号有良好的绝缘(一般耐压在500V以上)。信号调理器中的开路检测电路，可用来识别信号是否接入、检查热电偶等传感器是否发生故障。目前，各厂家的信号调理器具有较高的共模抑制比，一般为90～130dB，而对50Hz工频信号的串模抑制比一般为40～80dB。

③ A/D转换器。用来接收信号调理器送来的各路模拟信号和某些参考输入(如冷端参考输入等)，它由多路切换开关按照CPU的指令选择某一路信号输入，并将该路模拟输入信号转换成数字量信号送给CPU。目前，有些厂家的A/D转换器分辨率已提高到18位、20位、22位或24位。为进一步提高系统的抗干扰能力，A/D转换器与输入信号之间通常采用隔离放大器或光电耦合器进行电气上的隔离；也有的产品将A/D转换电路放置在一金属罩中，以加强屏蔽效果。

目前，新型的AI模件内嵌入了微处理器，使其功能得到扩展。这种AI模件可通过便携式编程器调整其运行软件去适应现场的各种测量条件，也可进行开平方运算等非线性补偿，使AI模件应用的灵活性和广泛性得以提高，使备品的种类与数量大幅度减小。有的系统采用模拟主模件和子模件的结构方式，可将AI模件的输入路数进一步扩展。

2) 模拟量输出(AO)模件

与模拟量输入(AI)模件的作用方向相反，AO的主要功能是：把计算机输出的数字量信号转换成外部过程控制仪表或装置可接受的模拟量信号，用来驱动各种执行机构控制生产过程，或为模拟式控制器提供给定值，或为记录仪表和显示仪表提供模拟信号。

AO模件输出的模拟信号有电压和电流两种形式。电压输出的特点是速度快、精度高。通常输出的电压有0/1/2～5VDC、0/2～10VDC、－5～5VDC、－10～10VDC等几种。电流信号适宜远距离传输，目前，采用最多的输出电流标准为4～20mADC或0～20mADC，也有采用0～10mADC、1～5mADC电流标准的。AO模件组成一般由输出端子板、输出驱动器、多路切换开关、D/A转换器、数据保持寄存器、输出控制器等硬件予以实现。模拟量输出模件原理方框图如图2-11所示。

模拟量输出(AO)模件各组成部分器件介绍如下。

端子板用以连接现场控制信号电缆；输出驱动器用以实现功率放大，为输出的控制信号提供合适的能量；数据锁存器用来存储和保持某一输出通道的D/A转换结果，使其输出值不随时间而衰减，保证输出的正确性；D/A转换器的主要作用是将所接收的数字信号转换成与之相对应的模拟量信号；多路转换开关则用来周期性地分时选通各路信号，保证在某一时间段内，只对某一个输出进行D/A转换；输出控制器用来实现AO模件输出的模拟信号的识别、选择以及多路切换开关的状态控制等功能；而数据保持寄存器用来保存各路数字信号的值，供D/A转换之用；板边连接接口电路负责AO模件与所挂的数据总线连接和相互通信。

AO模件一般可提供4～8路模拟输出，具有输出短路保护功能，而且，AO模件与I/O总线(现场总线)之间以及电源之间通常采取了电气隔离措施，以提高系统的抗干扰能力。

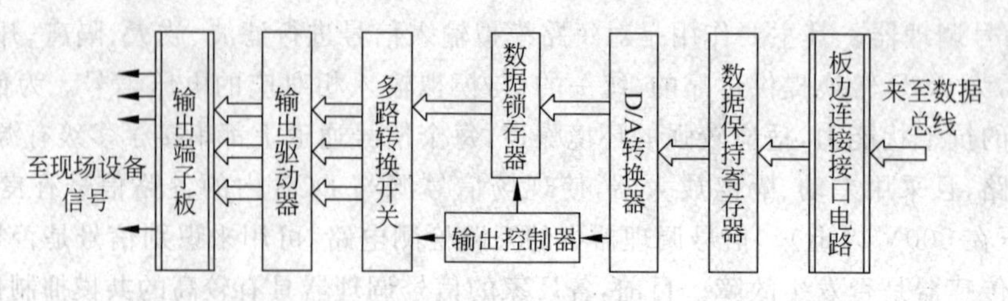

图 2-11 AO 模件原理方框图

3）开关量输入(SI)模件

在实际生产过程中，计算机控制系统除了要处理模拟量信号之外，常常还要对大量的开关量信号进行处理。SI 模件的基本功能是：根据监测和控制的需要，把生产过程中的某些只有两种状态的开关量信号(如各种限位开关、电磁阀门联动触点、继电器、电动机等的开/关状态)转换成计算机可识别的信号形式。

SI 模件所接受的开关量输入信号，一般为电压信号，它可以是交流电压，也可以是直流电压。最常见的有 5VDC、12VDC、24VDC、48VDC、125VDC 和 120VAC 等几种规格的输入，允许输入误差在±10%左右。

SI 模件一般由端子板、保护电路、隔离电路、信号处理器、数字缓冲器、控制器、地址开关与地址译码器、LED 指示器等组成。SI 模件基本原理方框图如图 2-12 所示。

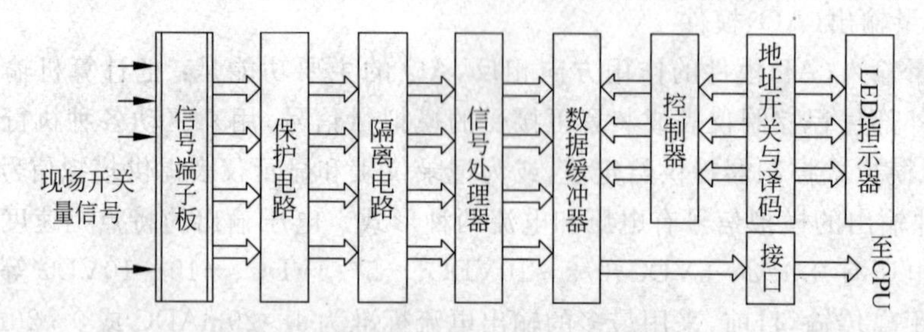

图 2-12 SI 模件基本结构图

开关量输入(SI)模件各组成部分器件介绍如下。

端子板是用来连接传送现场开关量信号的电缆，接收各路开关量输入信号；保护电路对各路输入信号进行限制，实现过流、过压的保护，以避免输入信号过大而烧坏模件；隔离电路将模件与现场信号实现电气隔离，这种隔离通常采用光电隔离方式，且存在于每个输入通道和各通道之间，从而提高了信号的可靠性；信号处理器承担消除各路输入信号的抖动噪音，检测输入电压是否超过规定的阈值，判断现场设备的开、关状态等任务；数据缓冲器用来存放信号处理器送来的状态判断结果，每一路开关的状态，相应的由二进制缓冲器内的一位数字的 0 或 1 来表示；地址开关是用来设置 SI 模件地址编码的装置，总线上的板选信号通过地址开关和地址译码器传至控制器；控制器则根据模件选通信号的控制信号，读取数字缓冲器中各输入通道的状态值，并通过接口送至总线，供有关微处理器使用；LED 指示器是由每路输入一个 LED 指示灯而组成，用来反映各路现场设备的当前状态(闭合时 LED 点亮，断开时 LED 熄灭)或反映数字缓冲器的开关量输入状态。

除上述基本组成和功能外，有的 SI 模件还设有中断申请电路，当某些输入通道的开关状态发生变化时，模件可向有关微处理器发出中断申请，提请微处理器及时作出处理。

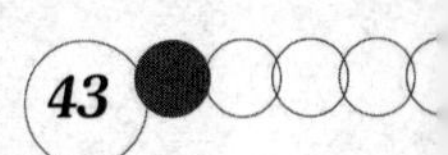

SI模件的开关量输入数目随模件型号不同而异,一般为8～64路不等,最常见的为16路。模件对输入信号的响应时间一般在0.1～17ms之间。有的模件的响应时间为某一固定值,有的则可调整选择,以适应不同的输入。

4) 开关量输出(SO)模件

SO模件的基本功能是把计算机输出的二进制代码所表示的开关量信息,转换成能对生产过程进行控制或状态显示的开关量信号,以控制现场有关电动机的启/停、继电器的闭/断、电磁阀门的开/关、指示灯的亮/灭以及报警系统等的开关状态,可用来实现局部功能组甚至整个机组自动启/停的控制。

SO模件输出的开关量信号,随模件的生产厂家和型号不同而异,通常有20VDC(10mA,16mA)、24VDC(250mA)、60VDC(300mA)等电压等级的输出。当然,也存在其他电压(电流)等级的SO模件,它们决定了输出通道的负载能力。

SO模件一般由端子板、输出电路、输出寄存器、控制器、地址开关与地址译码器、LED指示器等基本部分组成,SO模件的基本原理方框图如图2-13所示。有的SO模件还设有故障检测和处理功能,用来检测和处理与SO模件联系的微处理器的故障。

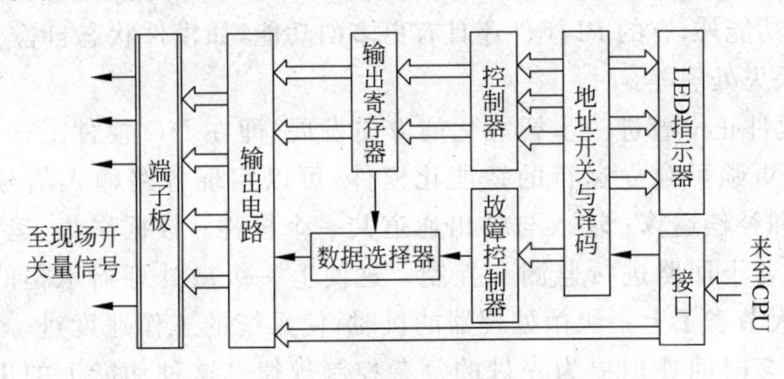

图2-13 SO模件基本结构图

开关量输出(SO)模件各组成部分器件介绍如下。

端子板用来连接现场电缆,向现场有关设备输出开关量信号,端子板一般设有过压、过流保护电路,以保证输出信号的可靠性;输出电路由隔离电路和驱动电路组成,其主要作用是使SO模件与生产过程控制设备之间实现电气隔离,并为输出的开关量信号提供合适的驱动功率,使之具有一定的带负载能力;数据选择器用来选择模件的输出,当与SO模件相连的微处理器系统正常工作时,数据选择器从输出寄存器中读取数据,当微处理器系统发生故障时,数据选择器则从故障寄存器中读取数据,数据选择器的工作状态由故障控制器决定;故障控制器通常是一个1位锁存器,用来存放当前微处理器系统正常/故障的状态信息,并控制数据选择器,而故障的判断与识别则由故障检测器来完成;控制器根据地址译码器输出的模件选通信号和总线上的读/写控制信号,可将总线上的数据信息写入故障检测器、故障寄存器或输出寄存器,并根据故障检测结果设置故障控制器的状态,也可以将状态缓冲器中的SO模件的输出状态和模件状态信息传送到总线上,供相关微处理器系统读取和检测SO模件的状态;LED指示器是由每路输出的一个LED指示灯组成,用来反映各输出通道的当前状态。

一个SO模件的开关量输出数目,随模件型号不同而异,目前最常见的为16路输出。每路输出具有相互独立的通道,各通道的隔离电路一般采用光电隔离方式。

SO模件的输出可直接控制直流电路中设备的开/关，也可以通过双向可控硅（或固态继电器）控制交流电路中设备的开/关，还有可以通过小型继电器控制交、直流电路设备的开/关。

5）脉冲量输入（PI）模件

在生产过程中，有许多测量信号为脉冲信号，例如，转速计、罗茨式流量计、涡街流量计、涡轮流量计、计数装置等的输出。PI模件的基本功能是：将输入的脉冲量转换成与之对应的且计算机可识别的数字量。

各种PI模件结构各异，但模件的基本功能是相同的。一个PI模件可接受1路、4路或8路脉冲信号输入，每路输入信号经限幅限流、整形滤波、光电隔离后送入各自的可编程定时计数器。定时计数器根据编程的要求，周期性地测量某一定时间间隔内信号的脉冲数量，并及时将脉冲的计数值和相关的时间信息送至数据缓冲寄存器。模件中的定时计数器和数据缓冲寄存器所需的时间信息由标准时钟电路提供。与PI模件联系的微处理器通过总线可读取数据缓冲寄存器中各输入通道的数字信息，根据这些信息和用户定义，可计算出每个输入通道对应某一工程量的数字值，如转速值、流量累积值、速率值、脉冲间隔时间、频率等。

除上述基本功能外，有的PI模件还具有更多的功能，如模件状态自检、超时复位、数据有效检验、数据丢失处理等。

当前，I/O模件正沿着进一步智能化的方向发展，即在I/O模件上嵌入微处理器，使其成为一个功能更强可独立运行的智能化模件，可以实现各路输入信号的自动巡回检测、非线性校正和补偿运算；输入与输出通道共一个模件；数据采集、运算处理、控制输出等集为一体对若干回路进行监测和控制。这使上一级微处理器承担的工作得到进一步分散，从而大大节省了上一级微处理器的机时，使系统的工作速度进一步提高，使上一级微处理器有更多时间处理更为先进的复杂控制规律。这种功能上的进一步分散会使系统的可靠性再度提高。如今，应用的I/O模件不仅具有丰富完善的功能，而且拥有众多的模件型式。

5. 供电电源

1）交流电源

现场控制单元的供电来自220V或120V交流电源，这个交流电源一般是由DCS的总电源装置分配提供的。交流电源经现场控制单元内的配电盘、断路器给直流稳压电源及系统供电。为保证交流供电的稳定和系统的正常工作，DCS通常采取以下5种可靠性措施。

① 每一个现场控制单元均采用两路单相交流电源供电，两路互为冗余，即一路工作时另一路处于热备用状态。机柜内配置的冗余电源切换装置负责自动切换。

② 采用交流电子调压器，防止电网电压波动，保证提供的交流电源有稳定的电压。

③ 供电系统采取正确、合理的接地方式，避免产生环路电流所引起的电噪声，防止共模电压干扰以及对信号幅值的影响。通常是将供电系统的接地线与金属机柜相接后一并接地，以保证现场控制单元良好的屏蔽效果。

④ 现场控制单元尽量远离经常开关的大功率用电设备。在不可避免的情况下，供电系统中应考虑采用超级隔离变压器，这种特殊结构的变压器在初级、次级线圈间有额外的屏蔽层，将其屏蔽层可靠接地，能有效隔离电源共模干扰。

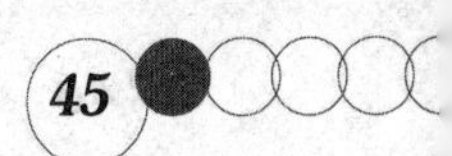

⑤ 在控制过程的连续性要求较高的应用场合，采用不间断电源 UPS，使现场控制单元的两路供电电源中的一路经过 UPS 后再与现场控制单元相接。UPS 包括蓄电池、充电器，直流-交流逆变器。

2）直流电源

不同厂家生产的现场控制单元内部各模件的供电，均采用直流电源，但对直流电源的等级要求不一，常见的有＋5V、＋12V、－12V、＋15V、－15V、＋24V，也有更高直流电压要求的情况。因此，现场控制单元内必须具备直流稳压电源，将送来的交流电源转换为适应内部各种模件需要的直流电源。设备生产厂家不同，实现直流稳压电源的方式也有异，一般有以下 3 种稳压电源的形式。

① 采用集中的直流稳压器，将交流电转换成一定电压的直流电，经柜内直流母线送至各层机架的每个用电模件，即每个模件所要求的输入电压是相同的。这种直流稳压电源一般采用 1∶1 冗余配置，两个电源一个为主电源一个为后备电源，主电源或后备电源的选用由模件上的仲裁电路决定。

② 采用主、从直流稳压电源，主电源单元负责将交流电转换成一定电压的直流电。设在各层机架内的从电源单元，将柜内直流母线上主电源输出的直流电再度转换成本层机架内用电模件所需的各种不同电压的直流电。一般主电源采用 1∶1 冗余配置，从电源采用 1∶1 或 N∶1 冗余配置。

③ 采用分立的直流稳压电源，这种电源以模件的形式可插入机柜内各层的模件槽位中。交流电经机柜内的电源引入盘直接送到这些电源模件上，由此转换成所需电压的直流电供其他模件使用，这种电源模件可按机柜内用电模件的数目和电压要求，进行一定数目和规格的选配，并可分散（也可集中）地插放在柜内的任意模件槽位上，电源模件的体积小、效率高、配置灵活，可采用 N∶1 冗余配置方式。

除上述 3 种直流供电形式外，不排除其他形式的直流供电方式。各种直流供电形式是设计者根据 DCS 的整体需求所形成的。

2.3.2 人机接口设备

人机接口设备是人与系统互通信息、交互作用的设备，属于 DCS 的监控级（层）。在生产过程高度自动化的今天，仍需要操作人员对生产过程、设备状态进行监视、判断、分析、决策和某些干预，特别是生产过程发生故障时更是如此。操作人员的决策依赖于生产过程的大量信息，操作人员的干预又是通过控制信息的传递作用于生产过程的，人机接口设备正是承担这种信息相互传递任务的装置。

人机接口设备包括输入设备和输出设备。输入设备用来接受操作人员的各种操作控制命令，而输出设备则用来向操作、管理人员提供生产过程和设备状态的有关信息。DCS 的人机接口设备一般有两种形式，一种是以 CRT（或 LED）为基础的显示操作站，从它的功能上看可划分为操作员工作站（OWS）和工程师工作站（EWS）；另一种是具有显示操作等功能的特殊功能装置。

下面分别介绍操作员工作站、工程师工作站和特殊功能装置。

1. 操作员工作站

操作员工作站(OWS)是操作员与系统的接口,常称人机接口。它是一个集中的运行操作人员的工作平台,设置在生产现场的集控室内,是运行操作人员与生产过程之间的一个交互窗口。在现代化的大生产过程中,需要监视和收集的信息量很大,要求控制的对象众多。为了能使运行操作人员方便地了解各种工况下的运行参数,及时掌握设备操作信息和系统故障信息,准确无误地作出操作决策,提供一种现代化的监控工具是十分必要的。为此,DCS普遍设立了以CRT(或LED)为基础的操作员工作站,它把系统的绝大多数显示内容集中在CRT(或LED)的不同画面上,操作内容集中在操作键盘上,这样,使运行操作人员的控制台体积和人工监视画面大大减少,对系统操作更便利。下面从基本组成和功能两方面来介绍操作员工作站

1) OWS的基本构成

操作员工作站在结构上,主要由高档微处理器(CPU)、信息存储设备(RAM、ROM、硬磁盘、软磁盘、光盘等)、CRT(或LED)显示器、操作键盘、记录设备(打印机、拷贝机)、鼠标或轨迹球、通信接口以及支撑和固定这些设备的台架(操作台)等构成。

操作员工作站实际上是一个集计算机技术、CRT(或LED)图形显示技术、内部通信技术为一体的适应过程控制需要的专用计算机控制子系统。操作员工作站的主要部件介绍如下。

(1) 操作台。它是操作人员时刻进行生产过程监视和运行操作的设备。它既是固定的保护计算机和各种外设的设施,又是运行操作人员经常性工作的台面。因此,操作台的设计既要满足设备固定和保护的要求,又必须为操作人员提供工作的便利和舒适的条件。

操作台由金属的骨架和板材制作,呈桌子式样,桌台面上放置两个LED显示器(双屏操作台)、操作键盘、鼠标等,微处理机系统及其电源系统置于桌面下方机柜内。另外,还有集成式操作台,即操作台将LED显示器、微处理机系统及其电源系统等集成在一体,整体感强。该操作台没有考虑放置打印机、拷贝机等外设的位置,这是基于控制室的整体布局和利于操作管理的设计思想,将打印机、拷贝机等有关外设置于专用的台架上,这些外设通过电缆与操作台交换信息。

由于DCS的控制部件广泛采用模块结构,组态十分灵活,因此,可根据不同的用户要求选用不同的电子模件安装在操作台内,并配置相应的外设,构成实现不同功能的操作员工作站。每个操作员工作站在系统通信网络中都是一个节点,而每个节点上可配置一个到几个CRT(或LED)显示器和操作键盘,这样,一个操作员工作站可能有几个操作台。用户可在基本硬件配置的基础上,随着系统规模的扩大而增选所需的硬件,使操作员工作站能适应新的功能要求。在适当的组态下,一个操作员工作站可以包括另一个操作员工作站的全部功能,通常利用这一特点实现操作员工作站的冗余,以提高DCS的可靠性。

(2) 微处理器。操作员工作站是DCS中较为复杂的一个子系统,生产过程控制要求微处理器具有很强的处理功能、很快的运算速度和很大的数据存储量。因此,对操作员工作站内的微处理器系统提出了很高的要求。一般操作员工作站大都使用32位微处理器、主频≥2.4GHz、内存≥512MB、硬盘≥80GB。许多DCS的操作员工作站,常采用多处理器结构形式。

(3) 显示处理输出设备。DCS 系统安装的显示处理设备大多采用液晶显示器，部分先进显示处理设备更是采用了大屏幕显示。CRT(或 LED)显示器是 DCS 中最常用的主要显示设备、人机对话的重要工具，它是操作员工作站不可缺少的组成部分。由于 CRT 显示设备将逐步被 LED 显示设备取代，LED 显示屏是由发光二极管排列组成的一显示器件。它采用低电压扫描驱动，具有耗电少、使用寿命长、成本低、亮度高、故障少、视角大、可视距离远等特点。

(4) 输入设备。操作员工作站常用的输入设备有键盘、触摸屏、鼠标或轨迹球等，其中键盘是最为主要的输入设备。下面分别介绍各个输入设备。

① 键盘。键盘与显示器有着同等重要的地位，是人机交互不可缺少的桥梁和纽带，是运行操作人员进行各种操作的主要设备。操作员键盘上的按键是根据系统操作的实际需要设立的。不同系统、不同型号的键盘在按键的多少、按键的功能和按键的排列设计上各有不同，各具风格，通常具有数字和字母输入键、光标控制键、显示操作键、报警确认和消音键、运行控制键、专用或自定义功能键等几类基本按键，按键在键盘上一般是按功能相似的方法分组排列的。

② 触摸屏。随着显示技术的发展，DCS 厂家引入了触摸屏显示技术应用于操作员站。触摸屏安装在 CRT 屏幕表面上的一个细网格状敏感区(敏感区一般采用透明接触线，红外线发射/接收器，薄膜导体或电容敏感元件)，它与相应的外围电路(触摸屏控制卡)配合起来可以识别运行操作人员的手指接触屏幕的位置，它可以看做是装在 CRT 屏幕上的一个“透明键盘”。运行操作人员只要用手指接触该屏幕上的某一区域，就可以达到操作该区域显示内容的目的。

触摸屏是键盘的一种新的补充形式，它提供了一种新的显示操作方法，可直接通过触摸屏幕上的某个区域来选择所需的显示画面。因此，触摸屏的显著特点是把操作与画面显示统一起来，使操作更为直观化。

③ 鼠标或轨迹球。它们也是系统的输入设备之一，尽管在输入键盘上设有光标移动键，但应用鼠标或轨迹球移动光标更为便捷。所以，操作员工作站一般都配备这种输入设备。鼠标或球标是计算机的光标定位装置。

(5) 外部存储设备。通常计算机控制系统中有大量的信息需要记录和保存。外部存储设备作为主机内存(ROM、RAM)的补充，是操作员工作站的一个重要组成部分。目前，在 DCS 中应用的外存主要有硬盘、软盘和光盘等，其中硬磁盘和软磁盘的应用最为普遍。实际上，任何一种形式的外存大都由存储控制器、驱动器和存储介质三大部分组成。

① 磁盘是用铝合金作为盘基、盘表面涂(镀)磁记录材料层(氧化铁)的存储器，软盘盘片通常包装在一个具有条形小槽的纸或塑料制成的封套内，使用时将整个封套插入驱动器内，盘片将会在保护性封套内旋转，驱动器的磁头将通过条形小槽对磁盘进行读写操作。

② 光盘存储技术与磁盘的磁记录原理不同，光盘是采用光记录原理实现信息存储的。光盘存储技术在操作员工作站的应用日益普及，它作为辅助存储手段，主要用于文件、软件的备份和历史性数据、资料的存储。随着技术的不断进步，光盘的存储容量将会进一步增大，它将在 DCS 中发挥更大的信息存储作用。

(6) 打印/拷贝输出设备。为了提供永久性的、供多数人阅读的信息记录，操作员工作站都配置了打印机，有的还配置了专用的拷贝机。打印机是操作员工作站不可缺少的输出设备。每个操作员工作站至少要有两台打印机,一台用于输出生产记录及报表,一台用于输出报警和突发事件的记录。现在激光打印机的性能不断提高,价格逐渐下降,它以高清晰的打印质量、低噪声和高速度的打印性能等优势在操作员工作站得到了广泛应用。

目前,CRT画面的记录已开始采用专门的彩色视频拷贝机。这种拷贝机内部具有画面存储器和视频处理器,它可以通过多路开关与多个CRT相连接,可以记忆多幅CRT画面信息,在视频处理器的作用下,所存储的画面可以一幅接一幅地拷贝出来。每当拷贝完一幅画面时,拷贝机将自动调整准备拷贝下一幅画面,同时在分页处将纸切断,所拷贝出来的画面失真小,清晰度高,彩色效果好。由于这种画面拷贝信息直接来源于CRT屏幕,通常称为"硬拷贝"。一般情况下,拷贝机可在3~5秒钟内记录一幅完整的CRT画面信息。

拷贝机的突出特点是能将CRT上显示的全部瞬时信息及时地记录下来。它是较为理想的视频图像输出设备,已在DCS的操作员站中得到了应用。

(7) 通信接口。操作员工作站与其外界网络的联系,是利用专用的电子模件——通信接口实现的。通信接口是操作员工作站的必备硬件,尽管不同的DCS有着不同结构的通信接口,但在此它们最基本的作用是一致的,即沟通操作员工作站与现场控制单元之间的信息交流,沟通操作员工作站与外界网络上的其他工作单元之间的信息交流,从而获取系统控制过程和设备状态的实时数据,并对生产过程进行必要的控制操作。

一般通信接口由三个电子模件(即通信处理模件、环路模件、通信环路模件)构成,它们安装在操作台的下部机柜内,三者之间采用扁平电缆相连。其中:

① 通信处理模件为核心模件,它直接接受操作员工作站发出的"请求发送数据"或"请求接收数据"的命令,处理和传输有关数据。该模件上包含了一个数据传送的库,以便与操作员工作站和网络上的其他工作单元(如现场控制单元等)进行通信。

② 环路模件是一个通信组态模件。模件上设有组态开关,通过这些组态开关的位置(断/通),可以实现指定操作员工作站在环形网络上的节点号、确定本站所挂接网络的网络编号和网络类型、选择环网断开指示允许或禁止、建立I/O扩展总线地址,以及设置该模件的正常/测试运行方式等功能,以保证通信处理模件与环形网络正确通信。

③ 通信环路模件是一个端子单元,它是操作员工作站与网络通信的物理接口。

2) OWS的基本功能

操作员工作站(OWS)是运行操作人员与生产过程之间的一个交互窗口,操作员工作站中的相关设备是运行操作人员用来监视和干预DCS的,它在生产现场的自动化过程中主要用来完成各种设备的启动、停止(或开、闭)操作,物质或能量的增、减操作以及生产过程的监视等任务。其基本功能包括如下:

(1) 收集各现场控制单元的过程信息,建立数据库;

(2) 自动检测和控制整个系统的工作状态;

(3) 在CRT显示器上进行各种显示,如总貌、分组、回路、细目、报警、趋势、报表、系统状态、过程状态、生产状态、模拟流程、特殊数据、历史数据、统计结果等各种参数和画面的显示以及用户自定义显示;

(4) 进行生产记录、统计报表、操作信息、状态信息、报警信息、历史数据、过程趋势等的制表打印或曲线打印以及CRT显示器的屏幕拷贝;

(5) 可进行在线变量计算、控制方式切换,实现DDC控制、逻辑控制和设定值指导控制等；

(6) 利用在线数据库进行生产效率、能源消耗、设备寿命、成本核算等综合计算，实现生产过程管理；

(7) 具有磁盘操作、数据库组织、显示格式编辑、程序诊断处理等在线辅助功能。

实际上，操作员工作站是一个融当代先进的计算机技术、CRT 图形显示技术、内部通信技术为一体的，适应过程控制需要的专用计算机子系统。

2. 工程师工作站

工程师工作站(EWS)是一个软、硬件一体化的设备，是 DCS 中的一个重要人机接口，是专门用于系统设计、开发、组态、调试、维护和监视的工具，是系统工程师的中心工作站。EWS 提供各种设计工具，使系统设计工程师能利用它们来组合 DCS 提供的控制算法或画面，调用 DCS 的各种资源，而不用编制具体复杂的程序或软件。下面分别介绍工程师工作站的基本组成和功能。

1) EWS 的基本构成

在不同的 DCS 中，工程师工作站的配置各具特点，所包含的功能范围也有差别，结构上也有所不同。工程师工作站(EWS)有两种基本形式。

(1) EWS 与操作员工作站(OWS)合为一体。该系统通过 OWS 操作员键盘上的钥匙式切换开关，来实现工程师工作模式与操作员工作模式的切换，即当切换开关处于 OPERATE 位置时进入操作员工作模式，可实现对生产过程的监视和控制；当切换开关处于 CONFIG 位置时进入工程师工作模式，可实现应用程序的开发、调试和维护，或向系统其他工作站下载工作程序。

(2) EWS 相对独立。这种 EWS 是在个人计算机基础上形成的专用工具性设备，因此，它具有普及面宽、便于掌握、使用灵活等优点。其早期产品是普通微机加装图形控制卡形成的专用微机，而新一代产品则采用的是通用微机，它的硬件结构无任何变化，仅需装载特定的软件包即可。

如果所采用的操作系统、软件工具、专用软件包等不同，工程师工作站将有不同的面貌、不同的特点、不同的功能和不同的系统设计(组态)方式。因此，EWS 的功能建立与发挥在很大程度上决定于所配置的软件系统。

2) EWS 的基本功能

(1) 系统组态功能。该功能主要用来确定硬件组态、连接关系、控制逻辑和控制算法等。其基本组态任务有以下几种。

① 确定系统中每一个输入、输出点的地址。例如，确定它们在通信系统中的机柜号、模件号、点号，以便系统准确识别每一个输入、输出点。

② 建立(或修改)测点的编号及说明字，确定编号及说明字与硬件地址之间的一一对应关系。即标明每一个测点在系统的唯一身份，以便通过编号及说明字来识别每个测点，从而避免出现数据传输上的混乱。

③ 确定系统中每一个输入测点和某些输出的信号处理方式。例如，输入信号的零点迁移、量程范围、线性化、量纲变换；对调节机构进行非线性校正输出。

④ 利用 EWS 内的组态软件进行系统控制逻辑的在线或离线组态，或利用面向问题的

语言和标准软件开发、管理、修改系统其他工作站的应用软件。

⑤ 选择控制算法，调整控制参数，设置报警限值，定义某些测点的辅助功能。例如，打印记录、趋势记录、历史数据存储与检索等。

⑥ 建立系统中各个设备之间的通信联系，实现控制方案中的数据传输、网络通信、系统调试以及将组态或应用软件下载到各个目标站点上去等。

上述组态信息输入系统且进行正确性检查之后，以数据库的形式全部存储到系统设置的大容量存储器中。

控制系统设计人员可方便地在EWS进行DCS的系统及控制组态，当系统投运后，还可支持系统的在线维护。

(2) 操作站组态功能。EWS除对DCS的控制功能进行组态外，工程师还要对操作员工作站进行组态，EWS的OWS组态功能正是为此而设立的。对的OWS组态功能包括以下几种。

① 选择确定系统运行时操作员工作站所使用的设备和装置。如操作、显示、报警、记录、存储等设备。

② 建立操作员工作站与其相关设备之间的对应关系。如用编号及说明字指明设备和画面，为测点选择合适的工程单位等。

③ 利用EWS提供的标准软件，对监视和记录等所需的数据库、CRT监控图形和显示画面进行设计与组态。组织与形成OWS的CRT显示画面是EWS中的一个重要内容。

(3) 在线监控功能。EWS一般具有OWS的全部功能。它在在线工作时，作为一个独立的网络节点，能够与网络互换信息。因此，它在相关软件的支持下可以做到以下几点。

① 在线监视和了解现场设备当前的运行情况(量值或状态)，利用存储设备内的数据，在CRT显示设备上进行趋势在线显示。

② 在线显示应用程序及其当前的参数和状态。

③ 提供在线调整功能，使EWS具有及时调整生产过程的能力。

(4) 文件编制功能。过程控制系统的硬件组态图、功能逻辑图的编制，是一项艰巨、复杂、费力费时、耗资巨大的工作，在常规控制系统中这些工作几乎全部由人工完成，但在DCS中，EWS的设立大大改善了这种局面。文件处理系统具有以下功能。

① 支持表格数据和图形数据两种格式的文件系统(数据格式是可变的，以满足各种用户的不同要求)。

② 支持工程设计文件建立和修改的文件处理功能。

③ CRT的拷贝和支持文件编制的硬件设备(如打印机、彩色拷贝机)，可以输出所感兴趣的文档资料。

工程师通过利用EWS的文件处理系统输入和存储的大量组态信息以及硬拷贝，可方便地实现系统众多文件的自动编制和必要的修改功能。

(5) 故障诊断功能。在DCS中，EWS是系统调试、查错和故障诊断的重要设备之一。DCS中的大多数装置都是以微处理器为基础的，利用这些装置的“智能化”特点，可以实现：

① 自动识别系统中电源、模件、传感器及通信设备的任何故障；

② 确定某设备的局部故障，以及故障的类型和故障的严重性；

③ 系统处于启动前检查或在线运行时，能快速处理查错信息。

DCS的故障诊断功能为及时发现系统故障、准确确定故障位置和类型,以便寻找最好的解决方法迅速排除系统故障提供了有力的工具。应该指出,此处讨论的故障诊断是指控制系统的故障诊断,并非是过程设备的故障诊断。过程设备的故障诊断现已成为一项相对独立的重要工作,它在很大程度上取决于对过程设备的构造、特性和运动规律等的了解,而不取决于DCS本身。

3. 特殊功能装置

特殊功能装置是指除操作员工作站和工程师工作站外,具有实现某些特定操作功能的另一类人机接口设备。这类人机接口设备有两种典型的结构形式：一种是安装在控制盘台(或机架)上的模件式装置；另一种是手持的便携式装置。它主要是为方便现场组态、参数调整、专项监视和实现手动直接控制等而设置的。特殊功能装置一般有组态调整装置、模拟量控制站、数字逻辑站和数字指示站等。下面分别介绍几种特殊功能装置。

(1) 组态调整装置

组态调整装置是DCS工程设计和维护的一种终端设备。它是对DCS进行控制策略更改、控制回路组态、控制参数调整和系统故障诊断的工具,是一种低层工程师接口。

组态调整装置是以微处理器为核心的智能终端,一般由微处理器、存储器、显示器及接口、键盘及接口、通信接口、外设接口等组成。模件式组态调整装置安装在机柜的一个槽位上,其通信接口通过槽位上插接部件与总线以及目标单元(被组态的控制单元或输入/输出装置)连接；便携式组态调整装置的通信接口则通过专用的电缆、插头直接或间接与总线以及目标单元连接,实现双向通信。组态调整装置可在目标单元带电工作时接入和拔除。

组态调整装置的键盘和显示器,是工程师输入或读取有关数据的直接人机接口。通过键盘输入可以进行以下基本操作。

① 组态调整装置的开/关,以启动或停止使用本装置。

② 指示有关地址、代码和输入所需的数据。

③ 结束一个数据输入序列,清除前一次输入目标单元的记录。

④ 装置工作方式的选择和确认。使目标单元进入组态工作方式；或进入执行方式使目标单元执行其组态。

⑤ 目标单元地址输入的确定。使下一个序列输入数据对应通信目标单元的地址。

⑥ 系统组态过程中功能块的增加、删除、修改、监视及指定参数调整的操作。

⑦ 新组态送入。

通常,模件式组态调整装置的显示器采用多段LED发光二极管组成,而便携式组态调整装置采用的是液晶显示器。当进行组态和调整时,显示器显示包括目标单元号、选择方式、动作要求、块号、规格号、数字值、状态代码、出错代码、功能码、提示符等内容。

组态调整装置的输入和显示能力是十分有限的,其人机联系远不如工程师工作站那样方便。它不支持高级语言程序的编制和编辑,通常,采用大量的符号、代码或专用功能键来实现人机通信；组态调整装置可以对输入数据和组态方案进行合理性、一致性检查,当发现问题时显示出错信息。

组态调整装置具体的使用操作方法,随系统、产品不同而异。有些组态调整装置可以连接大容量存储设备,以便用来存储控制系统的组态。工程师利用大容量存储设备,可以方便地开发和编辑控制方案，可以使存储的控制组态加载到目标单元中去，也可以将目标单元中的组态信息装入存储设备。

组态调整装置通常具有一定的系统故障诊断功能。例如，可查询已发生故障的目标单元；可在故障单元通信正常的情况下显示故障原因；可跟踪检查控制组态以发现问题；有的还可以将目标单元的实际组态与大容量存储器内的正确组态进行比较，实现系统调试和投运前以及运行一段时间后的组态检查。这些功能对工程师识别故障的位置和类型帮助很大。

应该指出，并不是所有的DCS都提供上述组态调整装置，因此，系统的所有工程师人机联系功能均由工程师工作站予以实现。

(2) 模拟量控制站

在常规控制系统中，设置有许多模拟量控制的自动/手动切换操作器，当模拟量自动控制设备出现故障时，可以通过这些操作器手动控制生产过程。而在DCS中，这一功能是由模拟量控制站来实现的，作为系统的后备控制手段。

不同的DCS，模拟量控制站的实现手段、硬件结构、功能及特点都有所不同。其中，比较常见是一种结构与现场控制单元分开的独立式控制站。

独立式模拟量控制站实际上是一个模件式装置，通常安装在现场控制室的操作台或立盘上，它与外部的所有联系均通过其尾部连接器实现。正常情况下，它通过预制电缆线时刻与现场控制单元中的功能模件保持着联系，此时模拟量控制站上的操作均经过通信线进入功能模件，再由功能模件的内部组态予以实施；一旦模拟量控制站失去与现场控制单元的联系，模拟量控制站可自动切换到“旁路”工作方式；不经过现场控制单元直接指挥执行机构动作。

模拟量控制站具有以下主要功能：

① 对模拟量控制站的运行方式进行选择；

② 对模拟量控制回路进行自动/手动方式无扰切换、给定值设置和远方手动控制；

③ 对模拟量过程变量、给定值、控制输出以及模拟量控制站运行方式等进行监视；

④ 对模拟量参数超限、通信故障等进行报警。

为保证模拟量控制站可靠地工作，其电源不能与现场控制单元合用，以避免现场控制单元的电源故障影响手动后备操作功能的实现。模拟量控制站最好与控制驱动装置使用同一电源。

应该说明的是，此处的模拟量控制站所指的是一个模件式功能仪表，它一般只对一个驱动装置进行后备控制。

(3) 数字逻辑站

数字逻辑站是一个开关量操作站，是可以对逻辑系统进行操作的带按钮和指示器的逻辑控制器，它是由一块面板和一块与面板相连的印刷电路板组成的盘装仪表。

数字逻辑站与现场控制单元中的功能模件、逻辑主模件的通信均通过其尾部连接器、电缆、数字子模件等予以实现。数字逻辑站的主要作用为：

① 控制开关量系统的启停；

② 作为顺序控制系统的输入指令或确认信号；

③ 作为系统中重要开关量的手动后备操作工具。

(4) 数字指示站

数字指示站是一个模件式盘装仪表,它只能显示确定的接入信息,但不能干预生产过程,其作用相当于常规控制系统中的显示仪表。在DCS中,数字指示站用来监视一些与闭环控制回路无关的过程变量,进行报警显示和故障显示。

在大型DCS控制系统应用中,数字指示站一般作为DCS操作员接口站的后备显示装置,也可直接用于无操作员接口站控制系统的参数显示。

2.3.3 系统通信设备

数据通信是DCS的重要组成部分之一,它是将生产过程的检测、监视、控制、操作、管理等各种功能有机地组成一个完整实体的必要纽带。在DCS中,数据通信必须满足过程控制可靠性、实时性和适用性的基本要求。数据通信是借助于通信设备来实现,通信设备是由通信接口和通信介质组成。有关数据通信的详细内容参见本书的第5章内容。本节概括介绍DCS的通信设备。

DCS各节点(现场控制单元、操作员工作站、工程师工作站、特殊功能装置等)之间的连接是依靠通信接口通过系统网络来实现的。通信接口提供各节点对网络的访问功能,通过通信接口各节点可以从网络中获取所需的信息,也可向网络发送自己的信息,实现与网络的信息交换。

虽然通信接口设备各异,实现方法也有所不同,但通信接口设备是DCS必备的基本硬件。一般DCS系统提供的通信接口设备包括网络通信子模件、计算机的通信传输模件、现场控制单元的网络处理模件、网络与网络间的本地接口模件、网络与网络间的远程接口模件。其中,网络通信子模件是核心模件,它与以上其他模件有机地组合,形成满足不同通信需要的通信接口单元,从而实现以下通信功能。

(1) 现场控制单元与网络的通信。它是由一个网络通信子模件和一个现场控制单元的网络处理模件所组成的通信接口单元实现的,使现场控制单元的各种主模件可与网络进行信息交换,完成其控制策略。

(2) 计算机与网络的通信。它是由一个网络通信子模件和一个计算机的通信传输模件所组成的通信接口单元实现的,使系统的主计算机以及网络以外的PC、可编程序控制器(PLC)等与网络进行信息交换。

(3) 本地网络之间的通信。它是由两个网络通信子模件、一个网络与网络间的本地接口模件所组成的通信接口单元实现的,使两个距离较近的网络进行信息交换。

(4) 远程网络之间的通信。它是由两个网络通信子模件和两个网络与网络间的远程接口模件所组成的通信接口单元实现的,使两个距离较远的网络进行信息交换。

新一代DCS正向着开放式的系统发展。而开放式系统的主要特性之一是通信技术上采用开放式结构,使之可与早期的、在用的、其他公司的、不同系列的DCS产品或各种控制设备进行通信。开放式结构能将多种控制设备集成为一体化,形成统一的管理数据库和控制系统,为实现全厂控制与管理的综合自动化以及目标管理奠定了基础。

2.4 DCS典型产品结构实例

随着过程控制技术和计算机技术的迅猛发展，传统的DCS系统已经不能满足现代过程控制系统的设计标准和要求，现代工业生产过程对过程控制系统的可靠性、复杂性、功能的完善性、系统的可维护性、人机界面的友好性、数据的可分析性及信息可管理性等各个方面都提出了越来越高的要求，同时，为过程控制系统的发展指明了方向。本节通过对不同时期的4种典型DCS结构体系进行实例描述，可以使读者进一步了解DCS典型产品的系统结构及特性。

2.4.1 INFI-90 DCS系统

INFI-90系统是贝利公司早期的DCS，接纳了当时的新技术，具备适应新技术发展的特性。这种DCS被称为过程决策管理系统（stratagem process management system），如图2-14所示。

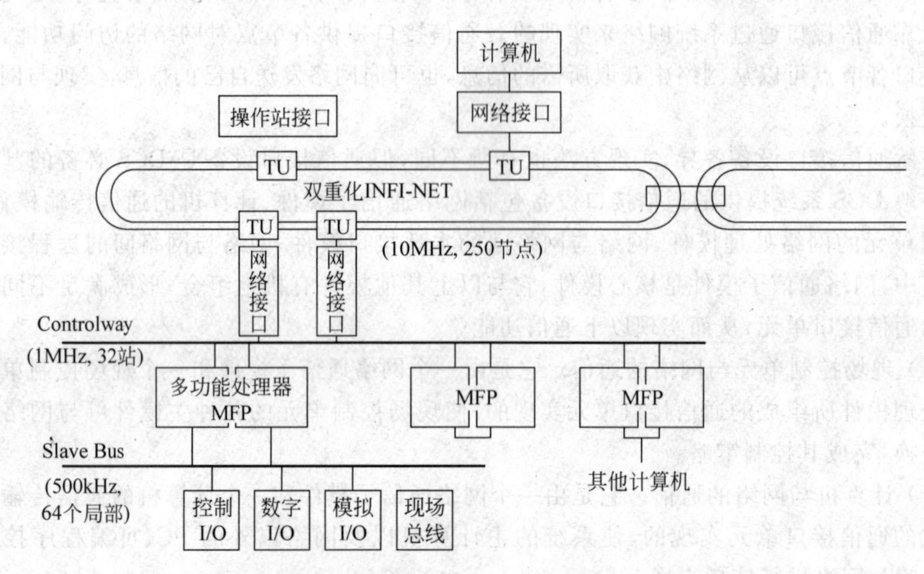

图2-14 INFI-90 DCS的系统结构

INFI-90采用当时先进的微处理器、CRT图形显示技术、高速安全通信技术和现代控制理论及相应的控制算法，以过程控制站（PCU）、操作员接口站（OIS）、操作管理显示站和计算机接口站（CIU）与其他通信设备为基础，形成了物理位置分散、系统功能分散、控制功能分散以及操作显示管理集中的过程控制与决策管理的大型智能控制网络系统。

INFI-90的通信结构分四层，它是能单独进行配置和保护的网络。

（1）第一层网络为INFI-NET中央环，可带载250个节点，传输速率为10Mb/s。

（2）第二层网络有两类：

INFI-NET环，可带载250个节点，传输速率为10Mb/s；

INFI-90工厂环，可带载63个节点，传输速率为500kb/s。

(3) 第三层网络为总线结构，名称为控制公路(control way)。可带载 32 个站(智能模件)，传输速率为 1Mb/s，采用无指挥器的自由竞争协议。

(4) 第四层网络为总线结构，名称为受控总线(Slave-11S)。它是一个并行总线，主要支持智能化模件的 I/O 通道。每个智能模件可带载 64 个 I/O 子模件，传输速率为 500kb/s。

INFI-90 使用无通信指挥器的存储转发通信协议，做到环路上的节点在通信中地位是平等的，在同一时刻，每一节点均能接受和发送信息，并且依次传递，直至信息回到源节点，从而提高了环形网络的利用率、可靠性和可扩展性。

INFI-90 还使用了例外报告技术。所谓的“例外报告”与数据信息的有效变化值有关。一个数据点被传送必须是这个数据有“明显”改变时，这个明显改变是用户设定的，此参数称为“例外死区”(即无报告区)。采用例外报告，减少了不变化数据的传送，因而大大降低了传送信息量，提高了响应速度和系统的安全性。

INFI-90 硬件结构遵循模件结构的原则，过程控制站有四类模件：通信模件、智能化的多功能处理模件、I/O 子模件、电源模件。由这四类模件可以组成适应工艺要求的过程控制站，去完成过程控制、数据采集、顺序控制、批量处理控制以及优化等高级控制。

INFI-90 软件结构遵循模块化原则，做到高度模块化。在 MFP 的 ROM 中装入 11 大类 200 多种功能码(标准算法)，用户可以方便地加入自定义的功能码。用户还可以利用工程师站(EWS)，选用适当的功能码，组成各种功能的组态控制策略，存入 BATRAM 中。Expert-90 这一专家系统的引入，构成优化策略，把过程控制提高到一个新的水平。

INFI-90 的 OSI 操作员接口站是一个软、硬件集于一体的计算机设备，它支持多种外部设备，包括触摸屏、球标仪、键盘图形及打印机、彩色图形复印机、光盘存储器。操作员接口站选用 DEC 公司的 VAX 计算机，运行 VMS 操作系统，能与 DEC net/Ethernet 通信网络连接。

INFI-90 使用 CIU、MPF 的对外通道，可以和其他计算机、PLC 等设备通信，使该系统更具有开发性以及可用性。

2.4.2 MACS DCS 系统

MACS(meet all customer satisfaction)集散控制系统是 HollySys(和利时)公司的产品，如图 2-15 所示。冗余的系统网络(S-net)和管理网络(M-net)之间通过冗余服务器互联，这两条以太网的通信速率为 100Mb/s。控制站挂在 S-net 上，工程师站和操作员站挂在 M-net 上。冗余服务器的功能是进行实时数据库和历史数据库的管理和存取以及系统装载服务和文件存取服务。工程师站、操作员站和服务器选用工业 PC，采用 Windows NT/2000 操作系统及配套软件，执行 IEC 61131-3 规定的功能块图、梯形图、顺序功能图和结构文本语言等组态方式。

MACS 的控制站由主控单元(MCU)和输入输出单元(IOU)两部分组成。两者之间通过控制网络(C-net)互连。两个主控单元(MCU)构成冗余控制站，MCU 内有 3 块以太网(Ethernet)卡，其中第 1、2 块卡接冗余 S-net，第 3 块作为双机数据备份线接口。MCU 内还有 1 块 CPU 卡、1 块 PROFIBUS-DP 总线卡和 1 块多功能卡。C-net 选用 DP 总线，通信速率为 9.6kb/s～12Mb/s，其快慢取决于传输介质和传输距离。IOU 的各类 AI、AO、DI、DO

等模块挂在C-net上，采用DIN导轨模块式结构形式，I/O模块和接线端子分离，便于带电插拔维护，I/O模块也可以冗余配置。控制站选用QNX实时多任务操作系统。

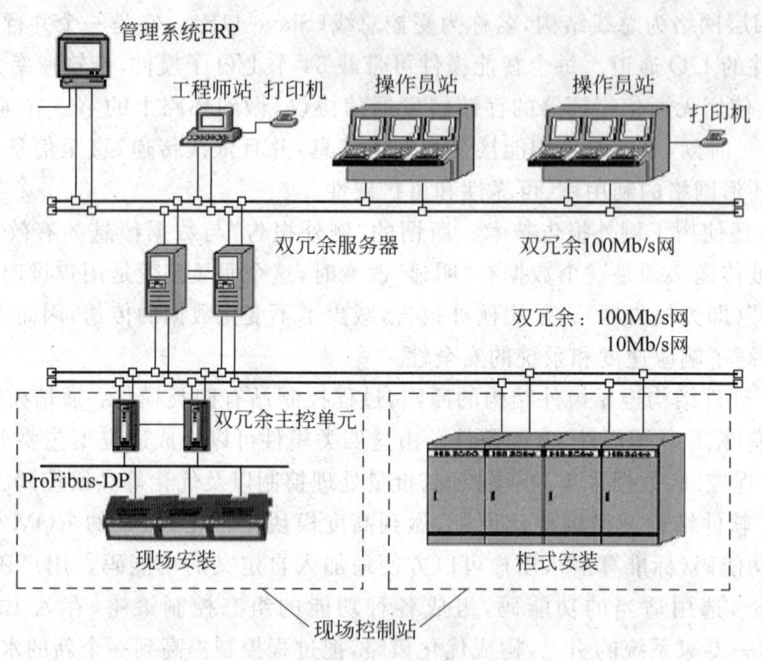

图2-15 MACS DCS系统结构图

2.4.3 Freelance 800F DCS系统

ABB Freelance 800F是灵活的DCS控制系统，它将简单的工程思想实现到一个开放的、技术领先的系统中。ABB Freelance 800F是面向未来新一代的过程控制系统，它具有很好的兼容性和控制能力，并能够充分发挥标准技术优势，不断融进技术的特征。这一系统不仅随着硬件成本的降低，依旧保持着很高的质量及结构的灵活性，而且还不断地完善着系统功能，逐步降低软件编制和工程费用，使整个系统更具有市场竞争力。ABB公司的Freelance 800F的控制系统的结构如图2-16所示。

ABB Freelance 800F控制系统允许集成所有标准现场总线，给用户最大自由选择空间FOUNDATION Fieldbus、PROFIBUS或HART。它还支持自动化系统普遍使用的国际标准，范围覆盖底层传感器设备直至管理层软件。整个系统具有很长的生命周期，同时性能也在不断地完善，来满足用户不断增长的实际需求。ABB Freelance 800F分为操作员级和过程控制级。

(1) 操作员级。包含了用于操作和显示、归档和记录、趋势及报警等功能；控制器执行开环和闭环回路控制功能。操作员级中的DigiVis操作员站使用PC硬件，即可以是标准商务用PC也可以采用工业级PC，并运行在Microsoft Windows操作系统下。DigiVis支持双屏现实操作技术。操作员级可以安装一个工程师站和几个操作员站。Control Builder F工程师站对系统进行组态和调试。工程师站在系统正常运行期间可以关闭，无须永久与系统连接。

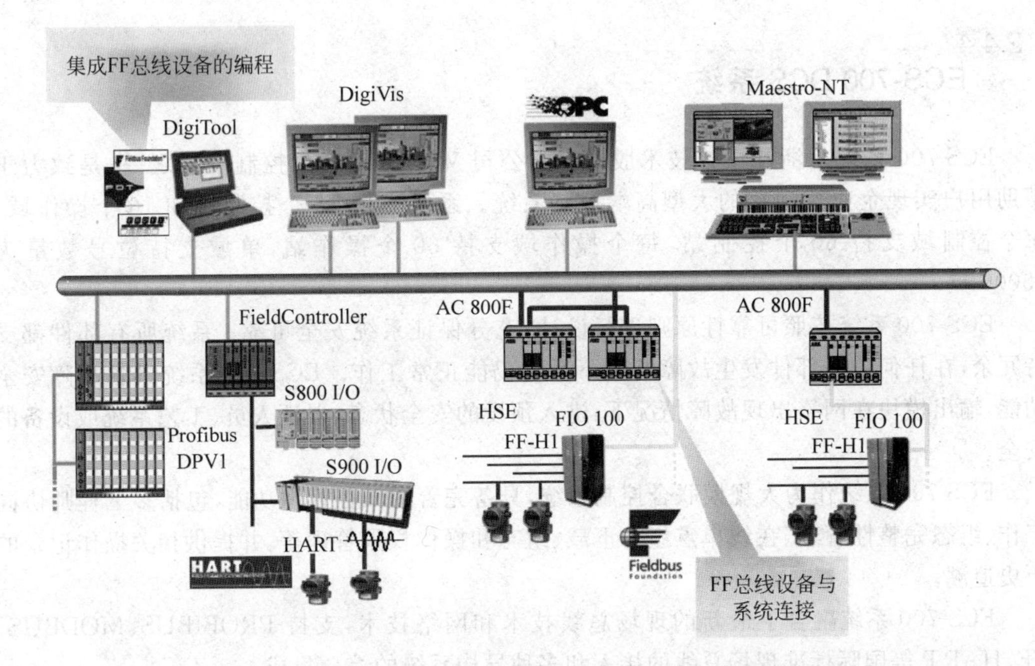

图 2-16 ABB公司的 Freelance 800F DCS 系统结构

(2) 过程控制级。由许多连接 I/O 单元的过程控制站组成。可以选择 CPU 冗余、现场总线模块冗余或非冗余模式。模块化的可插拔式输入/输出模块依照系统过程信号的类型和数量自由选择使用。AC 800F 控制器通过现场总线连接远程 I/O 或现场设备。操作员级和过程控制级之间通信使用 TCP/IP 协议系统总线(基于以太网),可以选择不同的传输介质,例如,双绞线、同轴电缆或光纤。Freelance OPC 服务器用于连接更高一级的操作员站(800xA)或其他 OPC 客户端。Freelance 控制系统中的实时过程值和报警可以通过 OPC 进行访问。同时提供一个 C 语言编程接口嵌入到外部基于 Windows 操作系统的应用程序中,适用于实现用户使用非标准 OPC 通信。Freelance 800F 系统通过系统总线将系统中的过程站、操作员站和工程师站连接在一起。系统总线完全依照 DIN/ISO 8802,Part3(IEEE 802.3)以太网标准,可以使用双绞线、光纤或同轴电缆。系统总线也可以使用该标准接入到 100Mb/s 网络设备提升系统骨干网的通信速度。

AC800F 控制器是一个模块化的结构。CPU 集成在控制器的底板上,控制器中可以插入不同的模块,诸如电源模块、以太网模块和符合各种应用的现场总线模块。现场总线模块支持 PROFIBUS-DPV1、FOUNDATION Fieldbus HSE、MODBUS(主站/从站,RTU 或 ASCII)、IEC 60870-5-101 和用于机架式 I/O 的 CAN 总线。现场总线和连接的 PROFIBUS 从站完全通过 Control Builder F 工程工具组态并进行参数设置。在编程组态中无须更多的外部工具,也就是说,通过使用一个完整的工程工具(Control Builder F)来配置组态整个控制系统,包括自动化功能、操作员界面显示和记录,以及组态现场总线设备(PROFIBUS、FOUNDATION Fieldbus、HART 等)和设备参数设定。在过程控制站和操作员站之间自动生成全局的数据通信。对于现场设备、过程控制站和操作员站,整个控制系统采用了一个统一的全局数据库,从而降低了建立数据通信及交互访问的成本,并保证整个系统范围内数据的一致性。

2.4.4 ECS-700 DCS 系统

ECS-700 系统是浙江中控技术股份有限公司 WebField 系列控制系统之一，是致力于帮助用户实现企业自动化的大型高端控制系统。系统支持 16 个控制域和 16 个操作域，每个控制域支持 60 个控制站，每个操作域支持 60 个操作站，单域支持位号数量为 65000 点。

ECS-700 系统按照可靠性原则进行设计，充分保证系统安全可靠；系统所有部件都支持冗余，在任何单一部件发生故障情况下系统仍能正常工作。ECS-700 系统具备故障安全功能，输出模块在网络出现故障情况下，进入预设的安全状态，保证人员、工艺系统或设备的安全。

ECS-700 系统作为大规模联合控制系统，具备完善的工程管理功能，包括多工程师协同工作、组态完整性管理、在线单点组态下载、组态和操作权限管理等，并提供相关操作记录的历史追溯。

ECS-700 系统融合了最新的现场总线技术和网络技术，支持 PROFIBUS、MODBUS、FF、HART 等国际标准现场总线的接入和多种异构系统的综合集成。

ECS-700 控制系统整体结构图如图 2-17 所示。

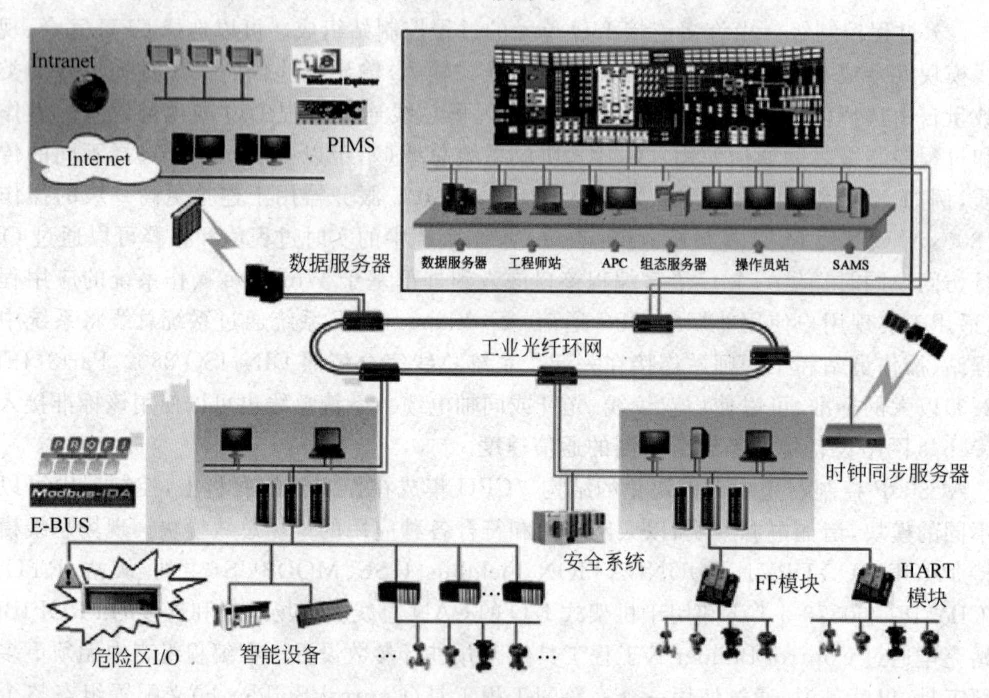

图 2-17　ECS-700 控制系统整体结构图

ECS-700 系统基于国际标准和行业规范进行设计和研制，保证了系统的可用性、可靠性和开放性。系统具有以下鲜明的特性。

(1) 开放性

融合各种标准化的软、硬件接口，兼容符合现场总线标准的数字信号和传统的模拟信

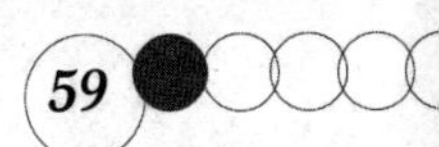

号，提供符合 MODBUS、HART、FF 和 PROFIBUS 等标准协议的开放接口。

(2) 安全性

系统安全性和抗干扰性符合工业使用环境下的国际标准。全系统包括电源模块、控制器、I/O 模块和通信总线等，均实现冗余。I/O 模块具有通道级的故障诊断，具有完备的故障安全功能。系统具备组态单点在线下载和在线更改功能，确保现场安全连续运行。

(3) 易用性

控制站采用 19 吋国际标准机械结构，部件采用标准化的组合方式，方便在各种应用环境下的安装。控制柜采用双面垂直结构，独特的柜内布局兼顾混装灵活性、I/O 容积率以及维护方便性。I/O 模块功能选择通过软件配置实现，无须跳线设置。精致封装的 I/O 模块及模块基座均采用免螺钉的快速装卸结构。软件采用最新人机工程设计技术，符合工业控制操作习惯。

(4) 实时性

系统提供快速逻辑控制功能，支持 20ms 的高速扫描周期。系统具有顺序事件记录功能，精度达到 1ms。

(5) 强大的联合控制

ECS-700 系统具有矩阵式的分域控制和实时数据跨域通信管理功能，满足用户对大型生产工艺过程分段控制、集中管理的需求。在过程控制网络进行域间数据共享而不是通过服务器进行域间访问，确保域间控制与域内控制具有相同的控制效果，将整个工艺过程作为一个整体进行控制管理。

(6) 高效的多人组态

ECS-700 系统具备了多人协同工作的能力。分布式组态平台允许多个工程师在各自权限范围内同时管理一个项目，从而提高工作效率和缩短工程周期，保证设计的一致性和安全性。

(7) 完备的系统监控

ECS-700 系统除了具有强大的报警功能和丰富的故障诊断功能外，还可以全面地实时监控超量程、强制、禁止、开关量抖动、故障等各种系统状态信息。所有这些状态信息都记录在历史数据库中，可以按照多种查询模式进行查询。

本章小结

本章主要介绍了 DCS 的体系结构、DCS 的构成和 DCS 的硬件系统及功能。DCS 体系结构及功能分四层介绍，自下而上分别是现场级、现场过程控制层、集中操作监控级和综合信息管理级。DCS 分散方式强调了功能分散、物理分散和地理分散。其次介绍了 DCS 的构成及联系，阐述了现场控制站(过程控制单元)、现场数据采集站(过程接口单元)、操作员工作站、工程师工作站、各种功能站(如记录数据站、高级控制站、管理计算站等)和高速数据通道(通信网络)等主要部分组成和功能。着重强调了网络通信在 DCS 中的核心作用。最后，列举了不同时期的 DCS 典型产品结构。

习　　题

2-1　DCS的体系结构是指什么？

2-2　DCS的体系结构分哪四级(层)？各层分别对应什么网络？并概述每层的功能。

2-3　DCS的主要特征表现有哪些？

2-4　操作员工作站(OWS)的基本结构(组成)是什么？

2-5　OWS的基本功能有哪些？

2-6　工程师工作站(EWS)的主要功能是什么？

第3章 DCS软件体系及功能

DCS的硬件和软件，都是按模块化结构设计的，所以DCS的开发实际上就是将系统提供的各种基本模块按实际的需要组合为一个系统，这个过程称为系统的组态。采用组态的方式构建系统可以极大限度地减少许多重复的工作，为DCS的推广应用提供了技术保证。DCS的硬件组态就是根据实际系统的要求和规模对计算机及其网络系统进行配置，选择适当的工程师站、操作员站和现场控制站。

由于DCS软件体系是依附于DCS硬件体系和系统的，因此，DCS软件体系的构成是按照DCS硬件体系的划分而形成的。DCS软件体系按功能划分为控制层软件、监控层软件、组态软件及通信软件。其中，运行于各个工作站的网络通信软件，作为各工作站之间信息交互的桥梁，使DCS功能各异，分而自治的各部分形成一个相互协调的有机整体。本章以功能层次划分的形式对DCS软件体系及功能做一介绍。

3.1 DCS的软件体系

DCS是计算机DDC的数字处理技术与单元组合仪表的分散控制、集中监视体系结构相结合的产物，其软件跟随硬件在系统中担负着重要的作用。DCS的软件可分为系统软件和应用软件两大部分。其中组态软件、通信软件也可以从应用软件中分列出来，如图3-1所示。

DCS的系统软件指通用的、面向计算机的软件，它是一组支持开发、生成、测试、运行和程序维护的工具软件，一般与应用对象无关。DCS的系统软件由实时多任务操作系统、面向过程的编程语言和工具软件等3个主要部分组成。

DCS的应用软件主要由控制层软件、监控层软件、组态软件和通信软件组成。本章只介绍DCS的前三种应用软件，通信软件在本书的第5章介绍。

控制层软件是运行在现场控制站的软件，包括过程数据的输入/输出、数据表示(又称实时数据库)、连续控制、顺序控制以及报警检测等，主要完成如PID回路控制、逻辑控制、顺序控制和混合控制等多种类型的控制功能。现场控制站中的控制层软件主要直接针对现场I/O设备处理的数据，完成DCS的控制功能。

监控层软件是运行于操作员站或工程师站上的软件，包括历史数据的存储、过程画面显示和管理、报警信息处理、生产记录报表的管理和打印、参数列表显示、各类实时检测数据的集中处理等功能。监控层软件完成操作人员所发出各个命令的解释与执行，实现人机接口控制功能。

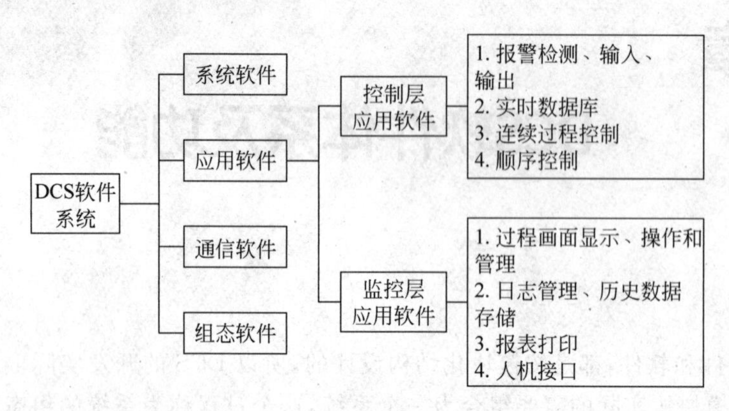

图 3-1 DCS 软件体系结构图

组态软件的功能是完成系统的控制层软件和监控层软件的功能组态。组态软件安装在工程师站中，它是一组软件工具。其目的是将通用的、有普遍适应能力的 DCS 系统，设计组成具有针对某个具体应用控制工程的专门 DCS 控制系统。

组态软件是根据具体的控制任务，组态生成满足具体过程控制要求的工具软件。DCS 的组态功能受如下情况支持，即用户应用的方便程度、用户界面的友好程度、组态功能的齐全程度等，这些情况都是影响组态软件是否受用户欢迎的重要因素。几乎所有的 DCS 都在不同程度上(或以不同的表现形式)支持组态功能。但是，不同型号的 DCS 其组态方法是不相同的。利用组态软件，用户在不必编写代码程序的情况下，便可生成自己需要的应用"软件"功能。

组态在国外是一个约定俗成的概念，并没有明确的定义。"组态"(configure)的含义是"配置"、"设定"和"设置"等，通常，组态是指用户通过类似"搭积木"的简洁方式来完成自己所需要的软件功能，而不需要编写计算机程序。"组态"也称为"二次开发"，组态软件也就称为"二次开发平台"。而"监控"(supervisory control)，即"监视和控制"，是指通过计算机对自动化设备或过程进行监视、控制和管理。DCS 通过组态可以形成具有针对性的监控系统及功能。

组态软件的应用者是自动化工程设计人员，组态软件的主要目的是使用户在生成适合需要的应用系统时，不需编写和修改软件程序的源代码。因此，在设计组态软件时，应充分了解自动化工程设计人员的基本需求，并加以总结提炼，重点解决共性问题。

组态软件的专业性是很强的，某种组态软件只能适合某种领域的应用。工业控制中形成的组态结果是用在实时控制和监控的。从表面上看，组态工具的运行程序就是执行自己特定的任务。工控组态软件提供了编程手段，如内置编译系统，也提供类似 BASIC 语言、VB 或 C 语言。目前，流行的是国际电工委员会 IEC 61131-3 标准中的 5 种组态工具，即结构化文本语言(ST)、指令表(IL)、功能块图(FBD)、梯形图(LD)和顺序功能流程图(SFC)。

3.2 DCS 的控制层软件

DCS 的控制层软件特指运行于现场控制站中的软件。现场控制站的软件可分为执行代码部分和数据部分，数据采集、输入输出和有关控制的软件程序执行代码部分都固化在现场控制站的EPROM中，而相关的实时数据则存放在RAM中，在系统复位或开机时，这些数据的初始值从网络上装入。执行代码分周期性和随机性两部分。周期性代码有数据采集、转换处理、越限检查、控制算法、网络通信和状态检测等，这些周期性执行部分是由硬件时钟定时激活的；另一部分是随机执行部分，如系统故障信号处理、事件顺序信号处理和实时网络数据的接收等，是由硬件中断激活的。

现场控制单元的RAM是一个实时数据库，它是现场控制站的核心，实现数据共享，各执行代码都与它交换数据，用来存储现场采集的数据、控制输出以及某些计算的中间结果和控制算法结构等方面的信息。

3.2.1 控制层软件的功能

控制层软件主要完成如PID回路控制、逻辑控制、顺序控制和混合控制等多种类型的控制功能，而控制运算数据必须首先经过现场设备连接的I/O通道处理。因此，控制层软件的基本功能可以概括为对现场信号进行数据采集、数据处理、数据运算和数据的I/O输出。用户通过组态可完成对数据组织的管理和控制运算等功能，这样DCS的现场控制站就可以独立工作，完成现场控制站的控制功能，其功能流程如图3-2所示。除此之外，DCS的控制层软件还要完成一些辅助功能，如控制器和重要I/O模块的冗余功能、网络通信功能及自诊断功能等。

现场数据的采集与控制信号的输出是由DCS系统的I/O模件来实现的，对于多个I/O模件，计算机(CPU)接收工程师工作站下装的硬件配置信息，完成各I/O模件的信号采集与输出。I/O模件信号采集后还要经过一个数据预处理过程，通常是由I/O模件实现的。I/O模件上的处理电路对这些数据进行判断、调理、转换为有效数据后，送入计算机(CPU)中，作为控制运算程序使用。

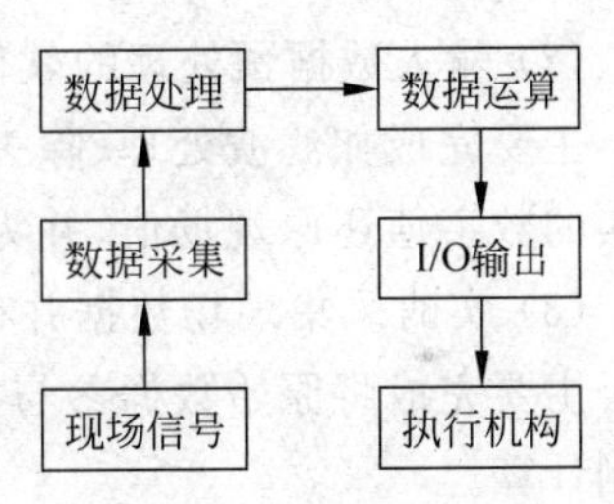

图3-2 控制层软件功能流程图

DCS的控制功能是由现场控制站中的计算机(CPU)实现的。一般在控制站的存储器中保存有各种基本控制算法程序，例如PID(比例、积分、微分)、超前滞后、加、减、乘、除、三角函数、逻辑运算、伺服放大、模糊控制及先进控制等。通常，控制系统设计人员(控制工程师)是通过控制算法组态工具，将存储器中的各种基本控制算法按照生产工艺要求的控制方案顺序连接组合起来，并填进相应的参数后下装给控制计算机，这种连接组合起来的控制方案称为用户控制程序，或统称为程序组织单元(program organization units，POU)。控制计算机运行时，控制层软件从I/O数据区获得与外部信号对应的工程数据，例如流量、压力、温度和液位数字信号以及电器的通/断、设备的起/停等开关量信号等，根据组态好的用户控制算法程序，执行运算处理，并将运算处理的结果输出到I/O数据区，由I/O驱动程序转换给I/O模件输出，从而实现自动控制。I/O模件的输出信号一般包括电流、电压等模拟量输出信号以及设备的开/关、启/停等开关量输出信号。

控制层软件的程序组织单元要作如下处理：

(1) 从I/O数据区获得输入数据；

(2) 执行运算处理；

(3) 将运算结果输出到I/O数据区;

(4) 由I/O驱动程序执行外部输出。

上述过程是一个理想的控制过程,如果只考虑变量的正常情况,功能还缺乏完整性,控制系统还不够安全。在较完整的控制方案执行过程中,还应考虑到各种无效变量的情况。例如,模拟输入变量超量程的情况、开关输入变量抖动的情况、输入变量的接口设备或通信设备发生故障的情况等,这些将导致输入变量成为无效变量或不确定数据。此时,针对不同的控制对象应能设定不同的控制运算和输出策略,例如可定义:变量无效则结果无效,保持前一次输出值或控制倒向安全位置,或使用无效前的最后一次有效值参加计算等。所以现场控制站I/O数据区的数据都应该是预处理以后的数据。

3.2.2 控制层软件的组成

现场控制站中的控制层软件的最主要功能是直接针对现场I/O设备,完成DCS的控制功能,包括PID回路控制、逻辑控制、顺序控制和混合控制等多种类型的控制。为了实现这些基本功能,现场控制站中的主要软件是由能完成如下功能的软件组成的。

(1) 现场I/O驱动软件

主要完成I/O模件的驱动,完成过程量的输入/输出,采集现场数据,输出处理后的控制信号数据。

(2) 输入数据预处理的软件

主要完成如滤波处理、除去不良数据、工程量的转换、统一计量单位等工作,以便尽量用真实的数字值还原现场值,并为下一步的计算做好准备。

(3) 实时采集现场数据并存储在本地数据库中的软件

主要完成将原始数据参与控制计算,或将原始数据通过计算处理成为中间变量,并参与控制计算。

(4) 完成组态功能的控制软件

按照组态好的控制程序进行控制计算,根据控制算法、检测数据和相关参数进行计算,得到实施控制量。

为了实现现场控制站的功能,在现场控制站中建立与本站的I/O接口和控制相关的本地实时数据库,这个数据库中只保存与本站相关的I/O接口点及与这些I/O接口点相关的、经过计算得到的中间变量。本地数据库可以满足本现场控制站的控制计算和I/O接口对数据的需求,有时除了本地数据外还需要其他现场控制站上的数据,这时可从网络上将其他节点的数据传送过来,这种操作被称为数据的引用。

3.2.3 控制编程语言

在集散控制系统(DCS)应用中,控制工程师首先要在工程师工作站软件上通过组态完成具体应用需要的控制方案,编译生成计算机需要执行的运算程序,安装给计算机运行软件,通过计算机运行软件的调度,实现运算程序的执行。本质上,控制方案的组态过程就是

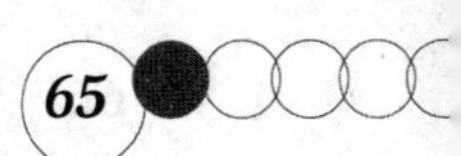

一个控制运算程序的编程过程。DCS厂商为了给控制工程师提供一种比普通软件编程语言更为简便的编程方法,发明了各种不同风格的组态编程工具,现在各式各样的组态编程方法,经国际电工委员会(International Electrotechnical Commission,IEC)标准化,统一到了IEC 61131-3控制编程语言标准中。风格相同的编程方法为用户、系统厂商及软件开发商都带来了极大的方便。

在IEC 61131-3国际标准的编程语言中,包括图形化编程语言和文本化编程语言。图形化编程语言包括梯形图(ladder diagram,LD)、功能块图(function block diagram,FBD)和顺序功能图(sequential function chart,SFC)。文本化编程语言包括指令表(instruction list,IL)和结构化文本(structured text,ST)。

IEC 61131-3的编程语言是IEC工作组在对世界范围的PLC厂家的编程语言合理地吸收、借鉴的基础上形成的一套针对工业控制系统的国际编程语言标准,它不但适用PLC系统,而且还适用DCS更广泛的工业控制领域。简单易学是它的特点,并且很容易为工程技术人员掌握,这里简单介绍典型的五种编程语言。

1. 结构化文本语言

结构化文本(ST)是一种高级的文本语言,表面上与PASCAL语言很相似,但它是一个专门为工业控制应用开发的编程语言,具有很强的编程能力,用于变量赋值、回调功能、功能块、创建表达式、编写条件语句和迭代程序等。ST语言易读易理解,特别是采用有实际意义的标识符、批注来注释时,更为方便。

2. 指令表

IEC 61131-3的指令表(IL)语言是一种低级语言,与汇编语言很相似。它是在借鉴、吸收世界范围的PLC厂商的指令表语言的基础上,形成的一种标准语言,可以用来描述功能、功能块和程序的行为,还可以在顺序功能流程图中描述动作和转变的行为。现在仍广泛应用于PLC的编程。

3. 功能块图

功能块图(FBD)是一种图形化的控制编程语言,它通过调用函数和功能块来实现编程。所调用的函数和功能块可以是IEC标准库当中的,也可以是用户自定义库当中的。这些函数和功能块可以由任意五种编程语言来编制。FBD与电子线路图中的信号流图非常相似,在程序中,它可看做两个过程元素之间的信息流。

功能块用矩形块来表示,每一功能块的左侧有不少于一个的输入端,在右侧有不少于一个的输出端。功能块的类型名称通常写在块内,但功能块实例的名称通常写在块的上部,功能块的输入输出名称写在块内的输入/输出点的相应地方。

4. 梯形图

梯形图(LD)是IEC 61131-3标准中图形化编程语言。它是使用最多的PLC编程语言,来源于美国,最初用于表示继电器逻辑,简单易懂,很容易被电气技术人员掌握。后来随着PLC硬件技术发展,梯形图编程功能越来越强大,现在梯形图在DCS系统也得到广泛使用。

5. 顺序功能流程图

顺序功能流程图(SFC)是 IEC 61131-3 标准中图形化语言中的一种。它是一种强大的描述控制程序的顺序行为特征的图形化语言,可对复杂的过程或操作由顶到底地进行辅助开发。SFC 允许一个复杂的问题逐层地分解为较小的能够被详细分析的顺序,顺序通常以"步"表达。

3.3 DCS 的监控层软件

DCS 的监督控制层软件是指运行于系统人机界面工作站、工程师工作站、服务器等节点中的软件,它提供人机界面监视、远程控制操作、数据采集、信息存储和管理的应用功能。DCS 的监督控制层集中了全部工艺过程的实时数据和历史数据。这些数据除了提供给DCS 的操作员监视外,还应该满足外部应用需要,如全厂的调度管理、材料成本核算等,使之产生出更大的效益。

3.3.1 监控层软件的功能

DCS 监控层软件包括人机操作界面、实时数据管理、历史数据管理、报警监视、日志管理、事故追忆及事件顺序记录等功能。在分布式服务器结构中,各种功能可分散在不同的服务器中,也可集中在同一台服务器中,组织灵活方便、功能分散,可提高系统的可靠性。监控层软件和控制层软件一样,也由组态工具组态而成。

1. DCS 的人机界面功能

人机界面是 DCS 系统的信息窗口。不同的 DCS 厂家、不同的 DCS 系统所提供的人机界面功能不尽相同,即便是同样的功能,其表现特征也有很大的差异。DCS 系统设计的是否方便合理,可以通过人机界面提供的画面和操作体现出来。下面从图形画面和人机界面设计的原则来简要介绍人机界面软件的主要功能。

1) 丰富多彩的图形画面

DCS 系统的图形画面包括工艺流程图、控制操作画面、趋势显示画面、报警监视画面、表格显示画面、日志画面、变量列表画面等内容。

(1) 工艺流程图显示画面。工艺流程图是 DCS 系统中主要的监视窗口,显示工艺流程静态画面和工艺实时数据以及工艺操作按钮等内容。

(2) 控制操作画面。控制操作画面是一种特殊的操作画面,除了含有模拟流程图显示元素外,在画面上还包含一些控制操作对象,如 PID 算法、顺控、软手操控栏等对象。对于不同的操作对象类型,提供不同的操作键或命令。如 PID 算法,就可提供手/自动按钮、PID 参数输入、给定值及输出值等输入方法。

(3) 趋势显示画面。当需要监视变量的最新变化趋势或历史变化趋势时,可以调用趋势画面。曲线跟踪画面显示宏观的趋势曲线,数值跟踪画面是以数值方式提供更为精确的信息。在曲线显示画面中，应提供时间范围选择，曲线缩放、平移及曲线选点显示等操作。变量的趋势显示是成组显示，一般将工艺上相关联的点放在同一组，便于综合监视。趋势显示组由用户离线组态，在操作员工作站可以在线修改。

(4) 报警监视画面。工艺报警监视画面是DCS系统监视非正常工况的最主要的画面，包括报警信息的显示和报警确认操作。报警信息按发生的先后顺序显示，显示的内容有发生的时间、报警点名称、点描述及报警状态等。不同的报警级用不同的颜色显示。有的系统提供报警组态工具，可以由用户定义报警画面的显示风格。确认包括报警确认和报警恢复确认，一般对报警恢复信息确认后，报警信息才能从监视画面中删除。

(5) 表格显示画面。为了方便用户集中监视各种状态下的变量情况，系统一般提供多种变量状态表，集中对不同的状态信息进行监视。比如一个发电站计算机控制系统中，就包含了以下表格：

① 报警表(只记录当前处于报警状态的变量)；

② 模拟量超量程表；

③ 开关量抖动表；

④ 开关量失去电源状态表；

⑤ 手动禁止强制表；

⑥ 变化率超差表；

⑦ 模拟量限值修改表；

⑧ 多重测量超差状态表等。

这些表中记录了进入该状态的时间、变量的有关信息等。

(6) 日志显示画面。日志显示画面是DCS系统跟踪随机事件的画面，包括变量的报警、开关量状态变化、计算机设备故障、软件边界条件及人机界面操作等。为了从日志缓冲区快速查找当前所关注的事件信息，在日志画面中应提供相应的过滤查询方法，如按点名查询、按工艺系统查询及按事件性质查询等。

(7) 变量列表画面。变量列表画面是为了满足对变量进行编组集中监视的要求而设置的画面，可以有工艺系统组列表、用户自定义变量组列表等形式。工艺系统组在数据库组态后产生，自定义组可以由组态产生，也可以由操作员在线定义。

2) 人机界面设计的原则

人机界面设计关系到用户界面的外观与行为，在界面开发过程中，必须贴近用户，或者与用户一道来讨论设计。其目的是提高工作效率、降低劳动强度及减少工作失误，提高生产率水平。人机界面的设计一般应符合以下原则。

(1) 一致性原则。由于DCS系统通常是由多人协作完成的，在界面设计保持高度一致性，使其风格、术语都相同，用户不必进行过多的学习就可以掌握其共性，还可以把局部的知识和经验推广使用到其他场合。

(2) 提供完整的信息。对于工艺数据信息，在人机界面上都应该能完整地反映出来。同时，对用户的操作，在界面上也应该表现出来，如果系统没有反馈，用户就无法判断他的操作是否为计算机所接受、是否正确以及操作的效果是什么。

(3) 合理利用空间，保持界面的简洁。界面总体布局设计应合理，例如，应该把功能相近的按钮放在一起，并在样式上与其他功能的按钮相区别，这样用户使用起来将会更加方便。在界面的空间使用上,应当形成一种简洁明了的布局。

(4) 操作流程简单快捷。调用系统各项功能的操作流程尽可能简单,使用户的工作量减小,工作效率提高。画面尽量做到一键出图,参数设置可以采用鼠标单击对象和键盘输入数据的方式,也可采用鼠标单击对象弹出计算器窗口的方式。

(5) 工作界面舒适性。可任意采用适宜的界面主色调。

2. 报警监视功能

报警监视是 DCS 监控软件重要的人机接口之一。DCS 系统管理的工艺对象很多,这些工艺对象一旦发生与正常工况不相吻合的情况,就要利用 DCS 系统的报警监视功能通知运行人员,并向运行人员提供足够的分析信息,协助运行人员及时排除故障,保证工艺过程的稳定高效运行。

1) 报警监视的内容

报警监视的内容包括工艺报警和 DCS 设备故障两种类型。工艺报警是指运行工艺参数或状态的报警,而 DCS 设备故障指 DCS 系统本身的硬件、软件和通信链路发生的故障。由于 DCS 设备故障期间可能导致相关的工艺参数采集、通信或操作受到影响,因此,必须进行监视。工艺报警一般包括 3 类:模拟量参数报警、开关量状态报警和内部计算报警。

(1) 模拟量参数报警。模拟量参数报警监视一般包括以下内容。

① 模拟量超过警戒线报警。DCS 中可设置多级警戒线以引起运行人员的注意,如上限、上上限或下限、下下限等。

② 模拟量的变化率越限报警。用于关注那些用变化速率的急剧变化来分析对象可能异常的情况,如管道破裂泄漏可能导致的压力变化或流量的变化。

③ 模拟量偏离标准值。有的模拟量在正常工况下,应该稳定在某一标准值范围内,如果该模拟量值超出标准值范围,则说明偏离了正常工况。

④ 模拟量超量程。可能是计算机接口部件的故障、硬接线短路或现场仪表故障等。

(2) 开关量状态报警。开关量报警监视一般包括以下内容。

① 开关量工艺报警状态。如在运行期间的设备跳闸、故障停车、电源故障和 DCS 输出报警信号等。

② 开关量摆动。正常情况下,一个开关量的状态不会在短时间内频繁地变化,开关量摆动有可能是因设备的接触不良或其他不稳定因素导致,开关量摆动报警能及时提醒维护人员关注现场设备状态的可靠性。

(3) 内部计算报警。内部计算报警是通过计算机系统内部计算表达式运算后产生的报警,一般用于处理更为复杂的报警策略。较为先进的 DCS 系统能提供依据计算表达式的结果产生报警信息的功能。例如,液压机给水泵出口流量低报警的情况,当流量低时,要考虑泵是否停运而不能送水出现的低水流。如果是,则低水流就没有必要报警了,可采用表达式运算来考虑上述报警情况。

2) 报警信息的定义

不同的 DCS 厂家提供的报警处理框架会有些不同,报警监视的人机界面也会有些差异,即使是同一个 DCS 系统平台,也会因报警组态的不同而有不同的处理和显示格式。下面是常规的工艺报警信息定义。

(1) 报警限值。可根据工艺报警要求设置报警上限、上上限或下限、下下限等限值，当模拟量的值高于或低于限值时产生报警。有的应用要求设置更多层次的上下限级别。使用报警组态工具可以根据实际需要来设计。

(2) 报警级别。按变量报警处理的轻重缓急情况将报警变量进行分级管理，组态时不同的报警级在报警显示表中以不同的颜色区分，如以红、黄、白、绿表示四种级别的报警程度。

(3) 报警设定值和偏差。当需要进行定值偏差报警时给定设定值和偏差。当模拟量的值与设定值的偏差大于该偏差值时产生偏差报警。

(4) 变化率报警。当需要监视变量的变化速率时设定此项。当模拟量的单位变化率超过设定的变化率时产生变化率报警。

(5) 报警死区。报警死区定义模拟量报警恢复的不灵敏范围，避免模拟量的值在报警限值附近摆动时，频繁地出现报警和报警恢复状态的切换，报警恢复只有在恢复到报警死区外时才认定为报警确实已恢复。如报警死区为 ε，对上限报警恢复，必须恢复到上限 $-\varepsilon$ 以下；对下限报警恢复，必须恢复到下限 $+\varepsilon$ 以上。

(6) 条件报警。条件报警可选择为无条件报警或有条件报警两种报警属性。无条件报警也就是只要报警状态出现，即立刻报警。有条件报警为报警状态出现时，还要检查其他约束条件是否同时具备。如果不具备，则不报警。

例如，水泵出口流量低通常会报警，因为正常运行时如果水流太低泵会被损坏。然而，如果当泵停运或跳闸而不能送水，出现低水流时运行条件不具备，应该屏蔽此时的低流量报警，以避免这种“伪报警”干扰运行人员的思维活动。即应设置泵是否运行作为泵出口低流量报警的条件点。

(7) 可变上下限值报警。这种报警上下限的限值，不在组态时给定，而是在线运行时根据运行工况计算出来的。

(8) 报警动作。报警动作是在报警发生、确认或关闭时定义计算机系统自动执行的与该报警相关的动作，如推出报警规程画面、设置某些变量的参数或状态，或者直接控制输出变量等。

(9) 报警操作指导画面。报警操作指导画面是为了在报警时向运行人员提供报警操作指导的信息画面，如报警操作规程、报警相关组的信息等。报警操作指导画面由人机界面组态工具或专用工具来实现。

3) 报警监视

计算机系统监测到工艺参数或状态报警时，要及时通知运行人员进行处理。通知方法如下所述。

(1) 报警条显示。在操作员屏幕上开辟报警条显示窗口，无论当时显示什么画面，只要有报警出现，都会将报警的信息醒目地显示在窗口中。对于重要的报警还可配置报警音响，启动报警鸣笛，或者通过语音报警系统广播报警信息。

(2) 报警监视画面。报警监视画面是综合管理和跟踪报警状态的显示画面。一般 DCS 应用系统固定一个屏幕显示报警监视画面。报警监视画面具有如下功能。

① 按报警先后顺序显示报警信息，信息中按不同的颜色显示报警的优先级。

② 按报警变量的实时状态更新报警信息，如以不同的颜色或信息闪烁、反显等来表示；

如报警出现，即变量发生报警后未确认前的状态；报警确认，即报警由运行人员确认后的状态；报警恢复，即变量恢复正常的状态。报警恢复由操作员确认后将信息从报警监视画面中删除。

4）报警监视画面信息显示

报警监视画面上，要尽可能为操作员提供足够的报警分析信息，主要包括如下信息：

(1) 报警时间；

(2) 报警点标识、名称；

(3) 报警状态描述；

(4) 当前报警状态；

(5) 报警优先级；

(6) 模拟量报警相关的限值；

(7) 报警状态改变的时间。

5）报警摘要

报警摘要是计算机系统管理报警历史信息的功能，可用于事故分析、设备管理及历史数据分析等。常规的报警摘要包含如下信息：

(1) 报警名称和状态描述；

(2) 报警激活的时间；

(3) 报警确认的时间、人员；

(4) 报警恢复的时间；

(5) 报警恢复确认的时间及人员；

(6) 报警持续的时间。

6）报警确认

报警确认是为了证明工艺报警发生后，运行人员确实已经知道报警了。

3.3.2 监控层软件的组成

监控层软件主要由以下几个部分组成。

(1) 图形处理软件。通常显示工艺流程和动态工艺参数，由组态软件组态生成并且按周期进行数据更新。

(2) 操作命令处理软件。包括对键盘操作、鼠标操作、画面热点操作的各种命令方式的解释与处理。

(3) 历史数据和实时数据的趋势曲线显示软件。

(4) 报警信息的显示、事件信息的显示、记录与处理软件。

(5) 历史数据的记录与存储、转储及存档软件。

(6) 报表软件。

(7) 系统运行日志的形成、显示、打印和存储记录软件。

为了支持上述软件的功能实现，需要建立一个全局的实时数据库，这个数据库集中了各个现场控制站所包含的实时数据及由这些原始数据经运算处理所得到的中间变量。这个全局的实时数据库被存储在每个操作员工作站的内存之中，而且每个操作员工作站的实时数

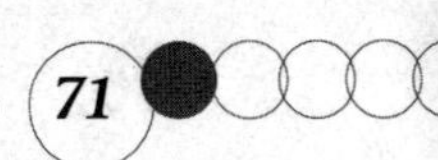

据库是完全相同的复制，因此，每个操作员工作站可以完成完全相同的功能，形成一种可互相替代的冗余结构。各个操作员工作站也可根据运行的需要，通过软件人为地定义其完成不同的功能，而成为一种分工的形式。

3.4 DCS的组态软件

组态软件，又称组态监控软件。它是过程控制与数据采集的专用软件，在DCS系统监控层形成的软件开发平台。它具有方便灵活的组态方式，用户通过组态设计及操作能够快速构建控制系统结构，实现控制和监控功能。组态软件可应用于石油化工、机械、电力等领域的数据监视和过程控制。

3.4.1 组态软件的概念

DCS组态软件是一个便捷的应用开发平台，人们可以不关心软件程序如何编写，采用模块选择、定义、连接以及监控界面定义等的组态方法，来实现所要求的控制和显示等功能，从而完成各种针对性的控制系统工程项目的开发。这种软件组态方法，不仅减轻了应用系统的开发工作量，而且提高了软件的应用水平，保证了系统的可靠性。

组态设计实施前期，根据控制方案应详细了解数据点配置、控制回路及算法的实现以及系统监控信息的要求等，编制系统的组态设计文件。根据组态设计文件，在功能丰富的组态平台下可以进行系统的组态开发工作。

DCS系统提供了功能齐全的组态软件，虽然各厂家的组态软件形式和使用方法存在很大差别，而且各自支持的组态范围也不尽相同，但基本的组态内容以及组态原理是一致的。例如，早期ABB公司的INFI中的SLDG、CAD软件；西门子公司的SIMATIC STEP 7和SIMATIC WinCC软件；和利时公司的Conmaker和Facview软件等。尽管各种时期及厂家的DCS组态操作形式有所不同，但是，通常控制系统组态应包括以下几个方面：

(1) 系统配置组态；

(2) 数据库组态；

(3) 控制算法组态；

(4) 流程显示及操作画面组态；

(5) 报表组态；

(6) 编译和下装等。

下面针对组态软件的使用及组态步骤进行简要的介绍。

通过工程师站中的组态软件能将通用的、有普遍适应能力的DCS控制系统，构建成一个具体工程应用的DCS控制系统。为此，系统针对这个具体工程应用要进行一系列定义。如硬件配置、数据库的定义、控制算法的组态、监控功能的组态、报警报表的组态等。因此，在工程师站上应用组态平台进行定义应包括以下内容。

(1) 硬件配置的定义。根据控制要求配置各类站点的数量、每个站点的网络参数、各个现场I/O站点的I/O配置(如各种I/O模块的数量、是否冗余、与主控单元的连接方式等)和各个站点的功能等。

(2) 数据库的定义。包括历史数据和实时数据。历史数据是按一定的存储周期存储的实时数据，通常将数据存储在硬盘上或刻录在光盘上，以备查用。实时数据是指现场物理I/O点数据和控制计算时中间变量的数据。

(3) 历史数据和实时数据的趋势显示、列表和打印输出等定义。

(4) 控制软件组态定义。包括确定控制目标、控制方法、控制算法、控制周期以及与控制相关的控制变量、控制参数等。

(5) 监控软件组态定义。包括各种图形界面(包括背景画面和实时刷新的动态数据)、操作功能(操作员进行哪些操作、如何进行操作)等。

(6) 报警定义。包括报警产生的条件定义、报警方式定义、报警处理定义(如对报警信息的保存、报警的确认、报警的清除等操作)和报警列表种类的定义等。

(7) 系统运行日志的定义。包括各种现场事件的认定、记录方式及各种操作记录等。

(8) 报表定义。包括报表的种类、数量、报表格式、报表数据来源及报表中数据项运算处理等。

(9) 事件顺序记录和事故追忆等特殊报告的定义。

3.4.2 组态软件的功能

组态软件大多数都支持各种主流工业控制设备和标准通信协议，并且通常都提供分布式数据管理和网络功能。相对原有的人机接口软件(human machine interface，HMI)的概念，组态软件还是一个使用户能快速建立自己的HMI的软件工具或开发环境。在组态软件出现之前，工业控制领域的用户是通过手工编写HMI，其开发时间长，效率低，可靠性差；系统是封闭的，选择余地小，往往不能满足现场实际需求，很难与外界进行数据交互，所以升级和扩展都受到严重的限制。

随着组态软件的快速发展，对于实时数据库、实时控制、通信及联网、开放数据接口和对I/O设备的广泛支持已经成为组态软件的主要任务，因此，组态软件将会不断地被赋予新的内容。总之，组态软件能进行实时数据库组态、生产过程流程画面组态、历史数据和报表组态以及控制组态。下面简要介绍各类组态软件的过程和功能。

1. 实时数据库组态

实时数据库的组态一般分为两部分：控制采集测点的配置组态和中间计算点的组态。控制采集测点的配置组态非常重要，而且工作量比较大，它是通过DCS提供的组态工具来完成的，形成的文件被称为“测点清单”。然后，利用DCS系统提供的导入工具将数据库直接导入系统中。

大部分中间计算点是在算法组态时所形成的中间变量，有的是为了图形显示和报表打印所形成的统计数据，通常，这些点要定义的项少于控制采集测点，但数量却很大，特别是对于那些控制功能、管理要求较复杂的系统尤为突出。因此，在实时数据库组态时，应注意以下几个问题。

(1) 在进行控制采集测点组态之前，先检查一下各点的地址分配是否合理。检查“测点清单”中的测点分配是否超出机柜的配置范围。在进行实时数据组态时，不仅需要掌握系统的组态软件，还应该掌握系统硬件配置、每个机柜的容量限制和每块模块(板)支持的具体点数。应对照各回路用到的实际物理输入和物理输出是否都在一个机柜里，虽然各家的DCS产品都支持控制站间相互传递信息，但是，在具体控制组态和物理点分配时，应尽可能将同一个回路所用的点分配在一个控制站内，这样做不仅可以提高控制运算的速度，而且可以减少网络负担和系统资源的占用，以及提高系统的可靠性和稳定性。

(2) 仔细阅读组态使用说明书，理解"测点清单"中每一项内容的实际含义，特别是物理信号的转换关系中每个系数的具体含义。

(3) 充分利用组态软件提供的编辑功能。一个系统中很多测点信息的内容大部分相同，可以把它们分成若干组，每组出一个量，然后复制生成其他量后，进行个别项的修改就行了，这样可以提高工作效率和减少出错率。

(4) 关于中间计算点(如中间量点、中间变量)的组态应注意，中间计算点往往是在进行控制算法组态和图形显示及报表组态时产生的，因此数量不断增加。在进行组态之前，一定要掌握每个站所支持的中间计算点的最大数目，而且要尽可能地优化中间计算点，适当地分配中间计算点，将中间计算点的数量控制在系统允许的范围内。

2. 控制组态

控制组态采用内部功能模块的软连接来实现。可以用图形或文字的方式表示它们的连接关系，各模块的内部参数可以直接输入或填表输入。控制组态的工作量对于不同的系统差别很大，控制组态往往是DCS组态中最为复杂、难度最大的部分。各公司DCS提供的组态软件应用方法差别也较大，所以，很难统一介绍。通常，控制组态时应注意以下几方面。

(1) 根据系统控制方案确切理解每个算法功能模块的用途及模块中的每个参数的含义，特别是对于那些复杂模块。如PID运算模块，其中的参数有20个左右，每个参数的含义、量纲范围和类型(如整数、二进制数、浮点数)一定要搞清楚，否则，将会给调试带来很多麻烦。

(2) 根据对控制功能的要求和DCS控制站的容量及运算能力，要仔细核算每个站上组态算法的系统内存开销和主机运算时间的开销。不同要求的算法最好在控制周期上分别考虑，只要满足要求就可以了。例如，大部分的温度控制回路的运算周期在1秒甚至几秒就可以了，而有些控制(如流量等)则要求有较快的控制周期。总之，要保证DCS控制站有足够的容量和运算时间来处理组态的算法方案。

(3) 控制组态时要考虑到将来调试和整定的方便。某些系统支持在线整定，功能较强，可以在线显示和整定大部分控制算法的参数；否则，可以通过增加可显示的中间变量来满足在线调整的需求。具体的控制组态实例参见本书的4.4节。

(4) 在控制组态时，实际工业过程控制中安全因素是第一的。因此在系统中每一算法的输出(特别是直接输出到执行机构之前)，一定要有限幅监测和报警显示。

3. 流程画面组态

DCS提供了丰富的画面显示功能，因此，流程画面生成是DCS组态中很重要的工作。在DCS应用组态中，流程画面的组态占据了相当大的组态时间。

在DCS系统中,流程图画面是了解系统的窗口。虽然系统提供了功能很强的工具,但是,不用心去研究如何组态,就做不出实用的画面。因此,在进行画面组态之前,一定要先仔细学习和掌握画面组态工具,认真地分析生产流程,将此分解成一幅幅较为独立的画面,组态前借鉴厂家在系统上所作的流程图画面会有很好启发。

虽然用户在进行画面组态时,要尽量将图形做得美观大方,但是,由于工艺流程画面的主要作用是用来显示各个动态信息,特别是主要工艺参数或趋势曲线显示,所以,首先要保证动态点显示一定是正确的。此外,一定要充分考虑现场操作人员的操作习惯。组态前,应该由相关各方共同制定流程图组态原则。

4. 历史数据和报表组态

DCS作为计算机控制系统具有集中的历史数据存储和管理功能。DCS的历史数据存储用于趋势显示、事故分析及报表运算等。历史数据通常占用很大的系统资源,特别是存储频率较快会给系统增加较大的负担。不同的DCS对历史数据库的存储处理所用的方法是不同的。新一代的DCS用工业计算机作为操作员站,配置了较大容量的内存和硬盘,所以,现在多数将历史数据直接存储在操作员工作站的主机上,对于历史数据存储要求非常多的情况,建议采用服务器作为专用历史服务器,内存和硬盘配置应较高。

DCS产品指标中给出了系统所支持的各种历史点的数量,因此,在进行历史数据库组态之前,控制工程师一定要了解容量指标,然后,仔细地分配各种历史点。资源比较紧张的情况下,应先保证重要趋势点先存入历史数据库。

DCS系统不仅能准确、按时进行数据记录,而且能做到内容丰富。DCS系统不仅可以打印生产工艺参数记录报表,而且,还提供了很强的计算管理功能。常规DCS系统的报表组态可以通过Excel表格导入,使用起来非常灵活方便。这样,用户可以根据自己的生产管理需要,生成各种各样的统计报表。

报表组态功能比较简单,值得注意的是,报表生成过程中会用到大量的历史数据库的数据,产生很多中间变量点,因此,用户在设计报表时一定要分析系统资源是否够用。

3.4.3 组态软件的特点

随着计算机在工控领域的广泛应用和工业自动化水平的迅速提高,人们对工业自动化控制的要求越来越高,种类繁多的控制设备和过程监控装置在工控领域中得到应用,传统的工业控制软件已无法满足用户的各种需求。

在开发传统的工业控制软件时,工业被控对象一旦有变动,就必须修改其控制系统的源程序,导致开发周期长;成功开发的工控软件由于控制项目的不同,使其重复使用率很低,从而导致价格非常昂贵。在修改工控软件的源程序时,倘若原来的编程人员工作变动,源程序的修改更是困难。通用的DCS组态软件出现后,为解决实际工程问题提供了一种崭新的方法,因为它能够很好地解决传统工业控制软件存在的种种问题,使用户能根据控制对象和控制目的任意组态,最终完成自动控制工程。通用的组态软件主要特点如下。

(1) 延续性和可扩充性。采用组态软件开发的应用程序,当现场硬件设备或系统结构以及用户需求发生改变时,不需作很多修改就能方便地完成软件的更新和升级。

(2) 封装性。组态软件所能完成的功能通常用一种方便用户使用的方法包装起来，用户不需掌握太多的编程语言技术(甚至不需要编程技术)，就能很好地完成一个复杂工程所要求的所有功能。

(3) 通用性。用户根据工程实际情况，利用组态软件、开放式的数据库和画面制作工具，就能完成实时数据处理、控制功能组态、数据曲线监控和网络功能的工程项目，并且不受行业限制。

3.4.4 组态软件的发展和变化

组态软件作为监控系统的重要组成部分，比PC监控的硬件系统具有更为广阔的发展空间。首先，很多DCS和PLC厂家主动公开通信协议，加入“PC监控”的阵营。目前，几乎所有的PLC和DCS都使用PC作为操作站。其次，由于PC监控大大降低了系统成本，使得市场空间得到扩大，从无人值守的远程监视、数据采集与计量、数据分析到过程控制，几乎无处不用。再次，各类智能仪表、调节器和PC设备可与组态软件构筑完整的低成本自动化系统，具有广阔的市场空间。最后，各类嵌入式系统和现场总线的异军突起，把组态软件推到了自动化系统主力军的位置，组态软件越来越成为工业自动化系统中的灵魂。自2000年以来，国内监控组态软件技术取得了飞速发展，监控组态软件的应用领域日益拓展，用户和应用工程师数量不断增多，这充分体现了“工业控制技术民用化”的发展趋势。

1. 组态软件的发展

组态软件是在信息化社会的大背景下，随着工业IT技术的不断发展而诞生和发展起来的。在整个工业自动化软件大家庭中，组态软件属于基础型工具平台。组态软件给工业自动化、信息化及社会信息化带来的影响是深远的，它带动着整个社会生产、生活方式的变化，这种变化仍在继续发展着。因此，组态软件作为新生事物尚处于高速发展时期，目前，还没有专门的研究机构就它的理论与实践进行研究、总结和探讨，更没有形成独立、专门的理论研究机构。关于新技术的不断涌现和快速发展对组态软件会产生何种影响，有人认为随着技术的发展，通用组态软件会退出市场，例如，有的自动化装置直接内嵌“Web Server”实时画面供中控室操作人员访问。而用户要求的多样化，决定了不可能有哪一种产品囊括全部用户的所有画面的要求，也就是用户对监控系统人机界面的需求不可能固定为单一的模式。因此，用户的监控系统是始终需要“组态”和“定制”的，这就是组态软件不可能退出市场的主要原因。

近几年来，一些与组态软件密切相关的技术如OPC、OPC-XML、现场总线等技术也取得了飞速的发展，这是对组态软件发展的有力支撑。

(1) 组态软件的通用化

组态软件在DCS操作站软件中所占比重日益提高，继FOXBORO之后，Eurotherm(欧陆)、Delta V、PCS7等DCS系统纷纷在操作站中使用通用监控组态软件。同时，国内的DCS厂家也开始尝试在操作站中使用监控组态软件。

在研究型大学和科研机构，越来越多的人开始从事组态软件的相关技术研究。在国内自动化学术期刊中,以组态软件及相关新技术为核心的研究课题呈上升趋势,这些科研人员的研究成果为组态软件厂商开发新产品提供了有益的经验借鉴,开拓了他们的思路。

基于 Linux 的组态软件及相关技术正在迅速发展之中,很多厂商都相继推出成熟的产品,对组态软件业的格局将产生深远的影响。

(2) 组态软件的集成化和定制化

从软件规模上看,大多数组态软件的代码规模超过 100 万行,它们已经不属于小型软件的范畴了。从其功能来看,数据的加工与处理、数据的管理和统计分析等功能越来越强。

组态软件作为通用软件平台,具有很大的使用灵活性。但实际上很多用户需要"傻瓜"式的应用软件,即需要很少的定制工作量即可完成现场工程的应用。为了既照顾"通用"又兼顾"专用",组态软件拓展了大量的组件,用于完成特定的功能,如批次管理、事故追忆、温控曲线、图组件、协议转发组件、ODBC Router、ADO 曲线、专家报表、万能报表组件、事件管理和 GPRS 透明传输组件等。

(3) 组态软件功能的纵向延伸

组态软件处于监控系统的中间位置,向上、向下均具有比较完整的接口,因此对上、下应用系统的渗透能力也是组态软件的一种本能,具体表现为以下几点。

① 向上其管理功能日渐强大,在实时数据库及其管理系统的配合下,具有部分 MIS、MES 或调度功能。尤以报警管理与检索、历史数据检索、操作日志管理、复杂报表等功能较为常见。

② 向下具备网络管理(或节点管理)功能,在安装有同一种组态软件的不同节点上,在设定完地址或计算机名称后,相互间能够自动访问对方的数据库。组态软件的这一功能,与 OPC 规范以及 IEC 61850 规约、BACNet 等现场总线的功能类似,反映出其网络管理能力日趋完善的发展趋势。

OPC 服务软件,OPC 标准简化了不同工业自动化设备之间的互连通信,无论在国际上还是国内,都已成为广泛认可的互联标准。而组态软件同时具备 OPC Server 和 OPC Client 功能,如果将组态软件丰富的设备驱动程序根据用户需要打包为 OPC Serve 单独销售,则既丰富了软件产品种类又满足了用户的这方面需求,加拿大的 Matrikon 公司即以开发、销售各种 OPC Server 软件为主要业务,已经成为该领域的领导者。监控组态软件厂商拥有大量的设备驱动程序,对 OPC Sever 软件的定制开发具有得天独厚的优势。

工业通信协议网关,它是一种特殊的 Gateway,属工业自动化领域的数据链产品。OPC 标准适合计算机与工业 I/O 设备或桌面软件之间的数据通信,而工业通信协议网关适合在不同的工业 I/O 设备之间、计算机与 I/O 设备之间需要进行网段隔离、无人值守、数据保密性强等应用场合的协议转换。市场上有专门从事工业通信协议网关产品开发、销售的厂商,如 Woodhead、Prolinx 等,组态软件厂商将其丰富的 I/O 驱动程序扩展一个协议转发模块就变成了通信网关,开发工作的风险和成本极小。

(4) 组态软件应用的横向拓展

只要同时涉及实时数据通信(无论是双向还是单向)、实时动态图形界面显示、必要的数据处理、历史数据存储及显示,就存在对组态软件的潜在需求。近几年以下领域已经成为监控组态软件的新增长点。

① 设备管理或资产管理(plant asset management,PAM)。此类软件的代表是艾默生

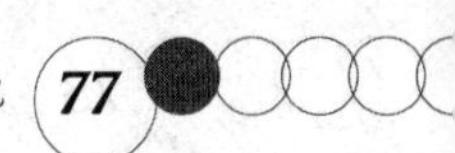

公司的设备管理软件AMS。PAM所包含的范围很广，其共同点是实时采集设备的运行状态，累积设备的各种参数(如运行时间、检修次数、负荷曲线等)，及时发现设备隐患、预测设备寿命，提供设备检修建议，对设备进行实时综合诊断。

② 先进控制或优化控制系统。在工业自动化系统获得普及以后，为提高控制质量和控制精度，很多用户开始引进先进控制或优化控制系统。这些系统包括自适应控制、(多变量)预估控制、无模型控制、鲁棒控制、智能控制的控制软件等。使用监控组态软件主要解决控制软件的人机界面接口和与控制设备的实时数据通信等问题。

③ 工业仿真控制系统。仿真软件为用户操作模拟对象提供了与实物几乎相同的环境。仿真软件不但节省了巨大的培训成本开销，还提供了实物系统所不具备的智能特性。仿真系统的开发商专长于仿真模块的算法，监控组态软件与仿真软件间通过高速数据接口联为一体，在教学、科研仿真中的应用越来越广泛。

④ 电网系统信息化建设。电力自动化是监控组态软件的一个重要应用领域，电力是国家的基础行业，其信息化建设是多层次的，由此决定了对组态软件的多层次需求。

⑤ 智能建筑管理系统。主要是能源管理(节能)和安全管理，这一管理模式要求建筑物智能设备必须联网，有效地解决信息孤岛问题，减少人力消耗，提高应急反应速度和设备预期寿命，智能建筑行业在能源计量、变配电、安防和门禁、消防系统等方面需求旺盛。

2. 组态软件的变化

(1) 组态软件产品的变化

作为通用型工具软件，组态软件在自动化系统中始终处于"承上启下"的地位。用户在涉及工业信息化的项目中，如果涉及实时数据采集，首先会考虑使用组态软件。正因如此，组态软件几乎应用于所有的工业信息化项目当中。应用的多样性，给组态软件的性能指标、使用方式、接口方式都提出了很多新的要求，也存在一些挑战。这些需求对组态软件系统结构带来的冲击是巨大的，对组态软件的发展起到关键的促进作用。

功能变迁：以人机界面为主，数据采集、历史数据库、报警管理、操作日志管理、权限管理、数据通信转发成为其基础功能；功能组件呈分化、集成化、功能细分的发展趋势，以适应不同行业、不同用户层次的多方面需求。

新技术的采用：组态软件的IT化趋势明显，大量的最新计算技术、通信技术、多媒体技术被用来提高其性能，扩充其功能。

注重效率：有的"组态"工作非常烦琐，用户希望通过模板快速生成自己的项目应用。图形模板、数据库模板、设备模板可以让用户以复制方式快速生成目标程序。

组态软件注重数据处理能力和数据吞吐能力的提高：组态软件除了常规的实时数据通信、人机界面功能外，1万点以上的实时数据历史存储与检索、100个以上C/S或B/S客户端对历史数据库系统的并发访问，对组态软件的性能都是严峻的考验。随着应用深度的提高，这种要求会变得越来越普遍。

与控制系统硬件捆绑：组态软件与自动控制设备实现无缝集成，为硬件"量身定做"。这表明组态软件的渗透能力逐渐加强，自动化系统从来就离不开软件的支持，而整体解决方案利于硬件产品的销售，也利于厂商控制销售价格。

(2) 组态软件应用环境的变化

造成组态软件需求增长的另外一个原因是,传感器、数据采集装置、控制器的智能化程度越来越高,实时数据浏览和管理的需求日益高涨,有的用户甚至要求在自己的办公室里监督订货的制造过程。

由于OPC的出现,以及现场总线、尤其是工业以太网的快速发展,大大简化了异种设备间互连、开发I/O设备驱动软件的工作量。I/O驱动软件也逐渐朝标准化的方向发展。

通过近十年的发展,以力控科技等为代表的国内监控组态软件,在技术、市场、服务方面已趋于成熟,形成了比较雄厚的市场和技术积累,具备了与国外对手抗衡的条件。

新技术的出现,会淘汰一批墨守成规、不思进取的厂商。那些以用户需求为中心、勇于创新,采用新技术不断满足用户日益增长的潜在需求的厂商会逐渐在市场上取得主动,成为组态软件及相关工业IT产品市场的主导者。

(3) 组态软件产业的发展

组态软件之所以同时得到用户和DCS厂商的认可有以下原因。

① 个人计算机操作系统日趋稳定可靠,实时处理能力增强且价格便宜。

② 个人计算机的软件及开发工具丰富,使组态软件的功能强大,开发周期相应缩短,软件升级和维护也较方便。

软件是自动化控制系统的核心与灵魂,组态软件又具有很高的渗透能力和产业关联度。在自动化控制系统中,组态软件逐渐渗透到每个角落,占据越来越多的份额。组态软件越来越多地体现着自动化系统的价值。

虽然软件是自动化控制系统的核心与灵魂,但是组态软件还远未承担起这一角色。组态软件的内涵和外延在不断变化,其在自动化控制系统中所扮演的角色会逐渐接近这一标准。

组态软件的市场潜力巨大。一方面,用户对组态软件的要求越来越高,用户的应用水平也在同步提高,相应地对软件的品质要求也越来越高;另一方面,组态软件厂商应该前瞻性地研发具有潜在需求的新功能、新产品。因此,国内组态软件厂商承载着民族工业自动化产业的未来希望。组态软件厂商要想承担起这样的重任,必须在各个层次的软件上拥有自己的核心竞争能力,确立在市场上的足够发言权和主动地位。中国的软件生产公司只要在后续技术创新、延长软件产品线上能够满足用户日益增长的各种需求,并保持原创性创新的长盛不衰,中国的工业自动化软件产业也一定会创造出工业IT界的奇迹。

本章小结

本章介绍了DCS的软件体系及功能。DCS的软件体系划分成控制层软件、监控层软件和组态软件。控制层软件特指运行在现场控制站上的软件,主要完成各种控制功能;监控层软件是运行于操作员站或工程师站上的软件,主要完成运行操作人员发出命令的执行、监控画面的显示、报警信息的处理以及各类检测数据的集中处理等;组态软件主要完成系统的控制功能和监控功能的设计和配置,即作为一个应用软件平台,用类似模块搭接的组态方法,完成具体DCS的结构和功能。另外,本章着重介绍了组态软件的特点、使用和发展变化。

习 题

3-1 DCS 的软件按功能可划分为哪几部分？

3-2 过程控制软件包通常包括哪些内容？

3-3 简述控制层软件的功能。

3-4 DCS 的控制层软件一般由哪些软件组成？

3-5 DCS 的监控层软件一般包括哪些功能？

3-6 组态的含义是什么？

3-7 组态软件的功能包括哪些？

第4章 DCS控制算法及组态

DCS具有完善的控制功能模块，通过组态技术可实现PID单回路控制、串级控制、前馈控制、Smith补偿控制及顺序控制等各种类型的控制策略和结构。随着DCS的发展及应用，工业生产过程可以采用更先进、更完善的控制策略和算法，从而进一步提高产品质量、降低生产成本、增加经济效益。本章介绍DCS常用的控制算法及相应的组态流程及方法。

4.1 PID控制算法

4.1.1 理想PID控制算法

PID控制算法，即比例(P)、积分(I)和微分(D)控制。连续类型的理想PID控制算法的常用表示形式为

$$u(t)=K_{\mathrm{p}}\left[e(t)+\frac{1}{T_{\mathrm{i}}}\int_{0}^{t}e(t)\mathrm{d}t+T_{\mathrm{d}}\frac{\mathrm{d}e(t)}{\mathrm{d}t}\right]$$

或

$$U(s)=K_{\mathrm{p}}\left(1+\frac{1}{T_{\mathrm{i}}s}+T_{\mathrm{d}}s\right)E(s) \tag{4.1}$$

式中，K_{p}——控制器比例增益；

T_{i}——积分时间；

T_{d}——微分时间。

在离散控制系统中，要把连续PID控制算式进行离散化处理，以便实现计算机控制。离散PID控制算法可分为三类：位置算法、增量算法、速度算法。

1. 位置算法

将式(4.1)所示的理想PID控制算式中的各项分别进行离散化，即

$$u(t)\approx u(kT)$$

$$e(t)\approx e(kT)$$

$$\int_{0}^{t}e(t)\mathrm{d}t\approx\sum_{j=0}^{k}e(jT)T$$

$$\frac{\mathrm{d}e(t)}{\mathrm{d}t} \approx \frac{e(kT) - e[(k-1)T]}{T}$$

式中，T 为采样周期（必须足够短，才能保证精度），则式(4.1)可变为

$$u(kT) = K_{\mathrm{p}}e(kT) + \frac{K_{\mathrm{p}}}{T_{\mathrm{i}}}\sum_{j=0}^{k}e(jT)T + K_{\mathrm{p}}T_{\mathrm{d}}\frac{e(kT) - e[(k-1)T]}{T}$$

省略采样周期 T，可得

$$u(k) = K_{\mathrm{p}}e(k) + \frac{K_{\mathrm{p}}}{T_{\mathrm{i}}}\sum_{j=0}^{k}e(j)T + K_{\mathrm{p}}T_{\mathrm{d}}\frac{e(k) - e(k-1)}{T} \tag{4.2}$$

或

$$u(k) = K_{\mathrm{p}}e(k) + K_{\mathrm{I}}\sum_{j=0}^{k}e(j) + K_{\mathrm{D}}[e(k) - e(k-1)] \tag{4.3}$$

式中，$K_{\mathrm{I}} = \dfrac{K_{\mathrm{p}}T}{T_{\mathrm{i}}}$——积分系数；

$K_{\mathrm{D}} = \dfrac{K_{\mathrm{p}}T_{\mathrm{d}}}{T}$——微分系数。

式(4.2)或式(4.3)为理想 PID 位置算法，它的输出与控制阀（或执行器）的开度（位置）是一一对应的。这种算法的输出与过去的状态有关，需要对偏差进行累积，所以容易产生累积误差；另外计算机的任何故障都可能引起 $u(k)$ 的大幅度变化。

2. 增量算法

PID 控制增量算法为相邻两次采样时刻所计算的位置值之差，即

$$\begin{aligned}\Delta u(k) &= u(k) - u(k-1) \\ &= K_{\mathrm{p}}[e(k) - e(k-1)] + K_{\mathrm{I}}e(k) \\ &\quad + K_{\mathrm{D}}[e(k) - 2e(k-1) + e(k-2)]\end{aligned} \tag{4.4}$$

设 $\Delta e(k) = e(k) - e(k-1)$，则

$$\Delta u(k) = K_{\mathrm{p}}\Delta e(k) + K_{\mathrm{I}}e(k) + K_{\mathrm{D}}[\Delta e(k) - \Delta e(k-1)] \tag{4.5}$$

式(4.4)或式(4.5)为理想 PID 增量算法，它的输出 $\Delta u(k)$ 表示阀位的增量，控制阀每次只按增量大小实施动作。

3. 速度算法

PID 控制速度算法是增量算式除以采样周期 T，即

$$v(k) = \frac{\Delta u(k)}{T} = K_{\mathrm{p}}\frac{\Delta e(k)}{T} + \frac{K_{\mathrm{p}}}{T_{\mathrm{i}}}e(k) + \frac{K_{\mathrm{p}}T_{\mathrm{d}}}{T^2}[\Delta e(k) - \Delta e(k-1)] \tag{4.6}$$

式(4.6)为理想 PID 速度算法。它的输出表示阀位在采样周期 T 内的变化率，一般用于不等周期的采样场合。速度算法使用的不多。

上述三种算法的选择，一方面要考虑执行器的形式；另一方面要分析应用时的方便性。

从执行器形式来看，位置算法的输出除非用数字式控制阀直接连接，否则，须经过 D/A 转换为模拟量，并通过保持电路，把输出信号保持到下一个采样周期的输出信号到来时为止。增量算法的输出可通过步进电机等累积机构转换为模拟量。而速度算法的输出须用积分式执行机构。

从应用方面来看，因为增量算法和速度算法可以从手动时的 $u(k)$ 出发，直接求取在投入自动运行时应该采取的增量 $\Delta u(k)$ 和变化速度 $\frac{\Delta u(k)}{T}$，所以这两种算法的手/自动切换都比较方便。另外，这两种控制算法计算出来的是增量和速度，即使偏差长期存在，$\Delta u(k)$ 一次次地输出，使执行器达到极限位置，但只要 $e(k)$ 换向，$\Delta u(k)$ 也即换向，输出立即脱离饱和状态，因此，这两种算法不会产生积分饱和现象。当然，加上一些必要措施，手/自动切换和积分饱和在位置算法中也可以解决。

4.1.2 控制度和采样周期

离散 PID 控制算法与连续类型 PID 控制算法相比，优点如下：首先，P、I、D 三个作用是相互独立的，可以分别整定，没有模拟控制器参数间的关联问题；其次，等效的 T_i 和 T_d 可以在更大范围内自由选择，使得积分作用和微分作用的某些改进更为灵活多变。但是，如果采用等效的 PID 参数，离散 PID 控制品质往往差于连续控制。

图 4-1 中曲线 1 是连续 PID 控制时的控制器输出，在同样偏差与 PID 参数下，离散 PID 控制时的控制器输出如曲线 2 所示。曲线 2 可用通过各线段的中点的连线来近似，可以看出，它比连续控制要延迟 $\frac{1}{2}T$ 时间。这就是说，采用离散 PID 算法时，相当于在连续控制回路中串接了一个 $\tau=\frac{1}{2}T$ 的时滞环节，从而使系统的控制品质变差。

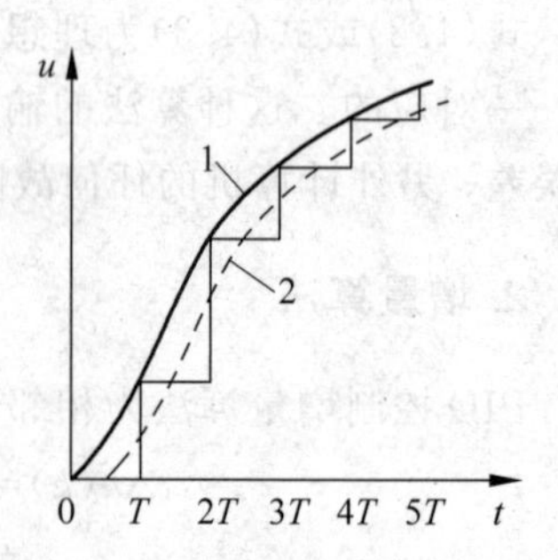

图 4-1 连续与离散控制比较

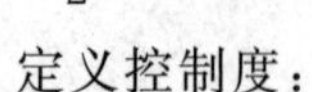

定义控制度：

$$\text{控制度}=\frac{\left[\min\int_0^{\infty}e^2\,\mathrm{d}t\right]_{\mathrm{DDC}}}{\left[\min\int_0^{\infty}e^2\,\mathrm{d}t\right]_{\mathrm{ANA}}}=\frac{\min(ISE)_{\mathrm{DDC}}}{\min(ISE)_{\mathrm{ANA}}} \tag{4.7}$$

式(4.7)中的下标 DDC 和 ANA 分别表示离散控制与连续控制，min 项是指通过参数最优整定而能达到的误差平方积分的最小值。

控制度表明了直接数字控制与模拟连续控制在控制品质上的差异程度。模拟调节器的控制品质好于数字调节器，所以控制度大于 1；控制度越大，表示离散系统的控制品质越差。

采样周期的选择十分重要，香农采样定理规定了采样周期的上限，采样不失真的条件是采样频率不小于信号中所含最高频率的两倍，这样才不会因频谱重叠而引起畸变。因此采样周期必须小于工作周期的一半。

一般应使控制度不大于 1.2(至少不超过 1.5)，通常选择：

$$T=\left(\frac{1}{6}\sim\frac{1}{15}\right)T_p$$

T_p 为工作周期。因为各类控制系统的工作周期是不相同的，所以，采样周期也有差别。表 4-1 提供的数值可供参考。

表 4-1　各种控制系统采样时间

被控变量	T 范围/s	常用 T 值/s
流量	1～5	1
压力	3～10	5
液位	5～8	5
温度	15～20	20
成分	15～20	20

4.1.3 改进 PID 控制算法

1. 积分算法的改进

(1) 积分分离法

连续系统中存在的积分饱和现象，在数字 PID 控制系统中仍然存在，因为当偏差较大时（如大幅度改变设定值时），其偏差就不能很快得到消除。积分项取值很大，会导致系统有较大的超调量和较长的回复时间。为了改善这种情况，引入了逻辑判断功能来限制积分项的作用，这样不仅可以减小超调量，还可以取得积分校正的预期效果。

积分分离法的基本思想是：当偏差大于某个规定的门限值时，取消积分作用，从而使 $\sum e(j)$ 不至于过大；只有当偏差较小时，才引入积分作用，以消除余差。

积分分离 PID 算法可以表示为

$$u(k)=K_{\mathrm{p}}e(k)+K_{\mathrm{e}}K_{\mathrm{I}}\sum_{j=0}^{k}e(j)+K_{\mathrm{D}}[e(k)-e(k-1)] \tag{4.8}$$

其中，K_{e} 为逻辑系数，即

$$K_{\mathrm{e}}=\begin{cases}0, & \text{当}\ |e(k)|>|E_0|\ \text{时，取消积分作用}\\ 1, & \text{当}\ |e(k)|\leqslant|E_0|\ \text{时，加入积分作用}\end{cases}$$

E_0 为门限值，它的大小应根据具体对象及要求确定。若 E_0 过大，达不到积分分离的目的；若 E_0 过小，一旦被控变量无法跳出积分分离区，只进行 PD 控制，将会出现余差。

图 4-2 为采用积分分离 PID 控制算法与理想 PID 控制算法的控制效果比较。由图可见，采用积分分离算法时，在达到同样的衰减比条件下，可显著地降低被控变量的超调量，大大缩短了过渡过程时间，提高了系统的控制品质。

(2) 遇限削弱积分法

遇限削弱积分法的基本思想是：当控制量进入饱和区后，只执行削弱积分项的累加，而不进行增大积分项的累加。为此，在计算 $u(k)$ 时，先判断 $u(k-1)$ 是否达到饱和，若已超过 $u_{\max}$，则只累加负偏差；若小于 $u_{\min}$，则只累加正偏差，从而避免控制量长时间停留在饱和区。

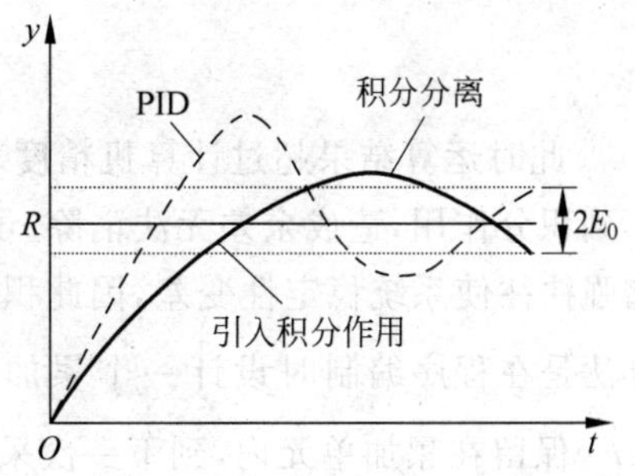

图 4-2　具有积分分离的控制过程

(3) 变速积分法

变速积分法的基本思想是：改变积分项的累加速

度，使其与偏差大小相对应，即偏差越大，积分越小，以致减到全无；偏差越小，积分越大，以利于消除余差。

变速积分 PID 算法可以表示为

$$u(k)=K_{p}e(k)+K_{I}\left\{\sum_{j=0}^{k-1}e(j)+f[e(k)]\cdot e(k)\right\}+K_{D}[e(k)-e(k-1)] \tag{4.9}$$

其中，$f[e(k)]$是偏差 $e(k)$的函数，$0\leqslant f[e(k)]\leqslant 1$，当$|e(k)|$增大时，$f$ 减小；$|e(k)|$减小时，f 增大。

变速积分法与积分分离法有相似之处，但调节方式不同。积分分离法对积分项采用的是"开关"控制，而变速积分法则是缓慢变化，故后者的控制品质会大大提高，它是一种新型的 PID 控制。

增量式 PID 与位置式 PID 相比没有累加积分项，因此，不会由此引起饱和。但是，在增量式算法中，当给定值突变时，比例及微分项的计算值也能引起控制量超过极限值的情况，从而减慢系统的动态过程。

(4) 圆整误差问题

在控制算法中，引入积分作用是为了消除余差。

在位置式 PID 中，积分作用的输出为

$$u_{I}=\frac{K_{p}}{T_{i}}\sum_{j=0}^{k}e(j)T=K_{I}\sum_{j=0}^{k}e(j) \tag{4.10}$$

在增量式 PID 中，积分作用的输出为

$$\Delta u_{I}=\frac{K_{p}T}{T_{i}}e(k)=K_{I}e(k) \tag{4.11}$$

由于工业计算机往往采用定点计算，存在字长精度限制的问题，当计算结果超过机器字长精度所能表示的范围时，计算机就将其作为机器零而把此数丢掉。下面举例说明定点计算机对积分项运算结果的影响。

例如，采用字长为 12 位的计算机：1 位为符号位，11 位表示数字，用它来控制某加热炉的出口温度，假定设定值 R 为 1000℃，信号的变送范围为 0～2047℃。因为 11 位能表示的最大值为 2047，则机器一位正好代表 1℃，当测量值 $y(k)$为 1004℃时，则偏差

$$e(k)=R-y(k)=1000-1004=-4(℃)$$

若采用增量式 PID 算法，当 $K_{p}=1, T=30\text{s}, T_{i}=300\text{s}$ 时，则

$$\Delta u_{I}(k)=K_{I}\times e(k)=\frac{K_{p}T}{T_{i}}\times e(k)$$

$$=\frac{1\times 30}{300}\times(-4)=-0.4$$

此时运算结果超过计算机精度表示的范围而作为"零"丢掉了，即 $\Delta u_{I}(k)=0$，此时起不到积分作用，造成余差无法消除。虽然这可通过加强积分作用，使余差减小，但积分作用的增强往往使系统稳定性变差，因此积分作用的增强是有限度的。为此需要进行改进，常用的办法是在程序编制时设计一个累加单元，存放 $\sum e(j)$。当 $\Delta u_{I}(k)$ 出现机器零时，开始把 $e(k)$ 保留在累加单元内，到下一次采样输入时，把 $e(k+1)$ 与它相加起来，看 $\Delta u_{I}(k+1)$ 是否大于机器零，如仍不行，则一直累加到 $\Delta u_{I}(k+i)$ 不为零为止，此时将 $\Delta u_{I}(k+i)$ 输出，并

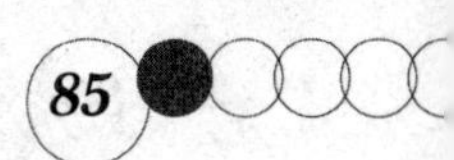

把累加单元清零。这样，通过程序编制的改进，解决了由于定点运算的字长限制而丢掉积分作用的问题。

对于位置式算法来说，虽然一次的 $K_I e(k)$ 可能会出现机器零，但经过若干次累加后，$u_I(k)$ 总会大于机器零。所以圆整误差问题主要是针对增量式算法存在的。

(5) 梯形积分法

虽然 PID 控制算法中积分项对跳码和噪声的敏感性比微分项要小，但是，如果用梯形求积公式

$$\sum \frac{e(j)+e(j+1)}{2}T \tag{4.12}$$

代替矩形积分 $\sum e(j)T$ 来进行数字积分，可提高积分计算的精度且少受噪声的影响。但需要增加计算时间和内存容量。

2. 微分算法的改进

(1) 微分先行

微分先行是只对被控变量进行微分作用，而不对设定值进行微分作用。这样，在改变设定值时，输出不会突变，而被控变量的变化，通常总是比较和缓的。微分先行的 PID 控制结构图如图 4-3 所示。对于位置式 PID，其微分项为

$$\begin{aligned}u_D(k) &= K_D[e(k)-e(k-1)] = K_D\{[r(k)-y(k)]-[r(k-1)-y(k-1)]\} \\ &= K_D[r(k)-r(k-1)]-K_D[y(k)-y(k-1)]\end{aligned} \tag{4.13}$$

去掉式(4.13)中第一项的给定值，则微分项为

$$u_D(k) = -K_D[y(k)-y(k-1)]$$

所以，微分先行的 PID 位置算式为

$$u(k) = K_p e(k) + K_I \sum_{j=0}^{k} e(j) - K_D[y(k)-y(k-1)] \tag{4.14}$$

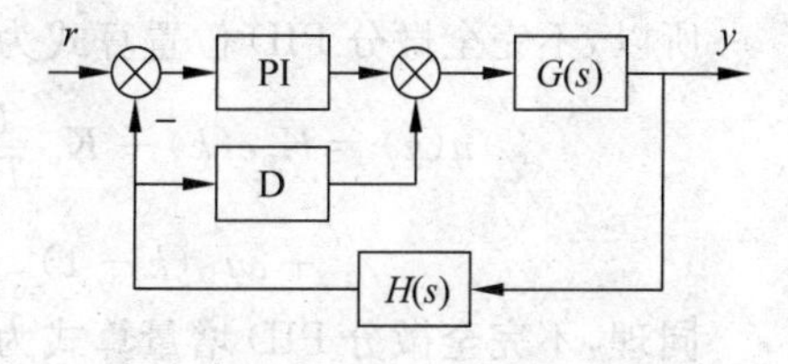

图 4-3 微分先行的 PID 控制结构图

同理，微分先行的 PID 增量算式为

$$\begin{aligned}\Delta u(k) &= K_p[e(k)-e(k-1)] + K_I e(k) \\ &\quad - K_D[y(k)-2y(k-1)+y(k-2)]\end{aligned} \tag{4.15}$$

微分先行的控制算法明显改善了随动系统的动态特性，而静态特性不会产生影响，所以这种控制算法也经常在模拟控制器中使用。

(2) 不完全微分

微分环节具有超前调节作用，常用来改善被控系统的动态性能，但微分作用对信号的高频噪声很敏感，实际使用时通常需要加上惯性环节，如$\frac{T_d s}{T_1 s+1}$($T_1 = rT_d$)。

实际模拟调节器都采用不完全微分 PID 算法，其传递函数为

$$U(s) = K_p\left(1+\frac{1}{T_i s}+\frac{T_d s}{1+T_1 S}\right)E(s) \tag{4.16}$$

将式(4.16)分成两部分，即

$$U(s) = U_{PI}(s) + U_D(s)$$

其中

$$U_{\mathrm{PI}}(s) = K_{\mathrm{p}}\left(1 + \frac{1}{T_{\mathrm{i}}s}\right)E(s) \tag{4.17}$$

$$U_{\mathrm{D}} = K_{\mathrm{p}}\frac{T_{\mathrm{d}}s}{1 + T_{1}s}E(s) \tag{4.18}$$

由式(4.17)可得

$$u(k) = K_{\mathrm{p}}\left[e(k) + \frac{T}{T_{\mathrm{i}}}\sum_{j=0}^{k}e(j)\right] \tag{4.19}$$

对式(4.18),有

$$(1 + T_{1}s)U_{\mathrm{D}} = K_{\mathrm{p}}T_{\mathrm{d}}sE(s)$$

$$u_{D} + T_{1}\frac{\mathrm{d}u_{\mathrm{D}}}{\mathrm{d}t} = K_{\mathrm{p}}T_{\mathrm{d}}\frac{\mathrm{d}e}{\mathrm{d}t}$$

$$u_{\mathrm{D}}(k) + T_{1}\frac{u_{\mathrm{D}}(k) - u_{\mathrm{D}}(k-1)}{T} = K_{\mathrm{p}}T_{\mathrm{d}}\frac{e(k) - e(k-1)}{T}$$

整理得

$$u_{\mathrm{D}}(k) = \frac{T_{1}}{T + T_{1}}u_{\mathrm{D}}(k-1) + K_{\mathrm{p}}\frac{T_{\mathrm{d}}}{T + T_{1}}[e(k) - e(k-1)]$$

令 $T_{*}=T+T_{1}$,$\alpha=\frac{T_{1}}{T+T_{1}}$,则

$$u_{\mathrm{D}}(k) = \alpha u_{\mathrm{D}}(k-1) + K_{\mathrm{p}}\frac{T_{\mathrm{d}}}{T_{*}}[e(k) - e(k-1)] \tag{4.20}$$

所以,不完全微分 PID 位置算式为

$$u(k) = K_{\mathrm{p}}e(k) + K_{\mathrm{p}}\frac{T}{T_{\mathrm{i}}}\sum_{j=0}^{k}e(j) + K_{\mathrm{p}}\frac{T_{\mathrm{d}}}{T_{*}}[e(k) - e(k-1)] + \alpha u_{\mathrm{D}}(k-1) \tag{4.21}$$

同理,不完全微分 PID 增量算式为

$$\Delta u(k) = K_{\mathrm{p}}[e(k) - e(k-1)] + K_{\mathrm{p}}\frac{T}{T_{\mathrm{i}}}e(k) + K_{\mathrm{p}}\frac{T_{\mathrm{d}}}{T_{*}}[e(k) - 2e(k-1) + e(k-2)] + \alpha[u_{\mathrm{D}}(k-1) - u_{\mathrm{D}}(k-2)] \tag{4.22}$$

假设数字调节器输入为阶跃序列 $e(k)=\beta$,$k=0,1,2,\cdots$,则由式(4.20)知,完全微分和不完全微分的微分项输出分别如下。

完全微分:$u_{\mathrm{D}}(k)=K_{\mathrm{p}}\frac{T_{\mathrm{d}}}{T}[e(k)-e(k-1)]$,则

$$u_{\mathrm{D}}(0) = K_{\mathrm{p}}\frac{T_{\mathrm{d}}}{T}\beta$$

$$u_{\mathrm{D}}(1) = u_{\mathrm{D}}(2) = \cdots = 0$$

不完全微分:$u_{\mathrm{D}}(k)=\alpha u_{\mathrm{D}}(k-1)+K_{\mathrm{p}}\frac{T_{\mathrm{d}}}{T_{*}}[e(k)-e(k-1)]$,则

$$u_{\mathrm{D}}(0) = K_{\mathrm{p}}\frac{T_{\mathrm{d}}}{T_{*}}\beta$$

$$u_D(1) = \alpha u_D(0) = \alpha K_p \frac{T_d}{T_*}\beta$$

$$u_D(2) = \alpha u_D(1) = \alpha^2 K_p \frac{T_d}{T_*}\beta$$

$$\vdots$$

因为 $T_* > T$，则不完全微分的 $u_D(0)$ 小于完全微分的 $u_D(0)$，而由 $\alpha<1$ 可知，不完全微分的 $u_D(0)$，$u_D(1)$，$u_D(2)$，…是以 α 倍逐渐递减的。

由上可知，完全微分时的阶跃响应是一个宽度为 T 的大幅度冲击，易引起震荡，而不完全微分的响应是按指数规律下降的，使系统变化缓慢、均匀、不易震荡。这两种方法的阶跃响应比较如图 4-4 所示。

两种微分方法相比较，不完全微分控制的效果较好，因此使用得更加广泛；但完全微分法算式简单，计算中占用内存较少。

(3) 四点中心差分法

为了减小噪音的影响，滤波是必要的，上述不完全微分就是一种滤波。此外，应用很成功的一种方法是四点中心差分法。该方法在组成差分时，不是直接使用前后两次偏差，而是用平均差做基准，再用加权平均的方式构成近似微分项。可参照图 4-5，来推导四点中心差分法。用现在及过去共 4 个采样时刻的偏差的平均值作为基准，即

$$\bar{e}(k) = \frac{1}{4}[e(k) + e(k-1) + e(k-2) + e(k-3)]$$

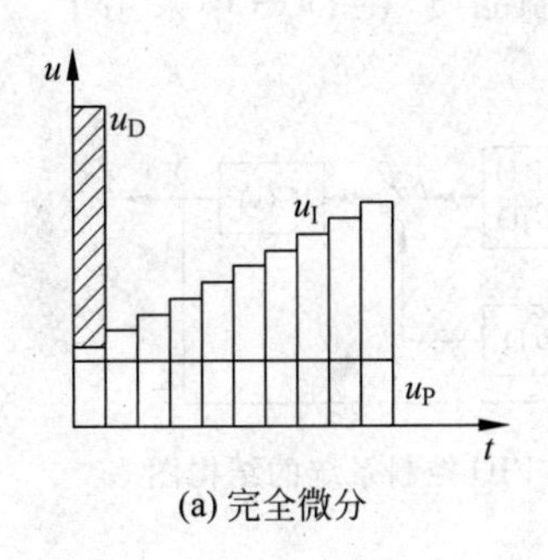

(a) 完全微分

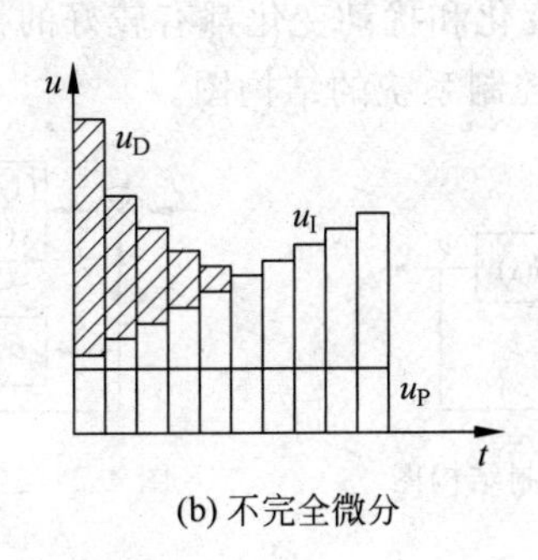

(b) 不完全微分

图 4-4 完全微分与不完全微分 PID 的输出

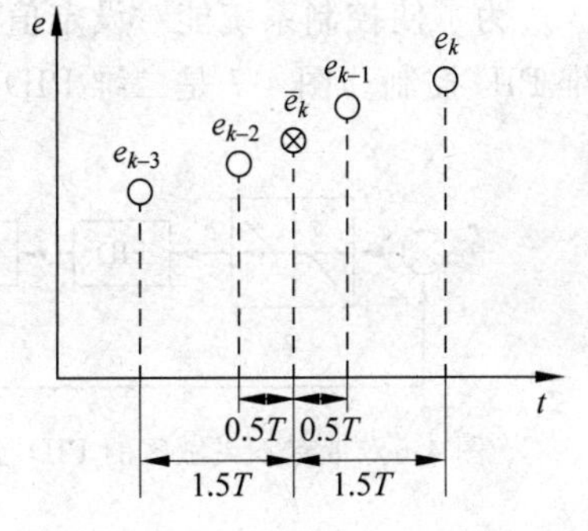

图 4-5 四点中心差分法构成偏差平均值

再用加权平均构成近似微分项

$$\frac{\Delta\bar{e}(k)}{T} = \frac{1}{4}\left[\frac{e(k)-\bar{e}(k)}{1.5T} + \frac{e(k-1)-\bar{e}(k)}{0.5T} + \frac{e(k-2)-\bar{e}(k)}{-0.5T} + \frac{e(k-3)-\bar{e}(k)}{-1.5T}\right]$$

$$= \frac{1}{6T}[e(k) + 3e(k-1) - 3e(k-2) - e(k-3)] \tag{4.23}$$

则采用四点中心差分法的 PID 位置算式为

$$u(k) = K_p e(k) + K_p \frac{T}{T_i}\sum_{j=0}^{k} e(j) + K_p \frac{T_d}{6T}[e(k) + 3e(k-1) - 3e(k-2) - e(k-3)] \tag{4.24}$$

同理，采用四点中心差分法的PID增量算式为

$$\Delta u(k)=K_{\mathrm{p}}[e(k)-e(k-1)]+K_{\mathrm{p}}\frac{T}{T_{\mathrm{i}}}e(k)+K_{\mathrm{p}}\frac{T_{\mathrm{d}}}{6T}[e(k)+2e(k-1)-6e(k-2)+2e(k-3)+e(k-4)] \tag{4.25}$$

3. 其他形式的PID控制算法

(1) 带有不灵敏区的PID控制算法

对于某些对控制要求不高，且希望控制作用尽量少变的系统，可以采用带有不灵敏区的PID控制算法，即

$$u(k)=\begin{cases}u(k), & \text{当 } |e(k)|>B \text{ 时}\\ u(k-1), & \text{当 } |e(k)|\leqslant B \text{ 时}\end{cases} \tag{4.26}$$

其中，B为不灵敏区，$u(k)$为控制器第k时刻的输出，$u(k-1)$为控制器第$k-1$时刻的输出。这种控制系统的结构如图4-6所示。

这种算法实质上属于非线性控制。例如，两个精馏塔之间的平稳操作，前塔的出料作为后塔的进料时，为了使操作平稳，要求前塔塔底液位和后塔进料流量波动尽量小。通常可以采用均匀控制，也可采用具有不灵敏区的PI控制算法作为液位控制。只有液位偏差不超过规定的B，出料流量就不改变；只有当液位偏差大于B时，才控制出料量，从而克服了不必要的流量波动。

(2) 二维PID控制算法

为了使控制系统能对设定值变化和扰动变化都有较好的控制品质，在DCS中采用了二维PID控制。图4-7是二维PID控制系统的结构图。

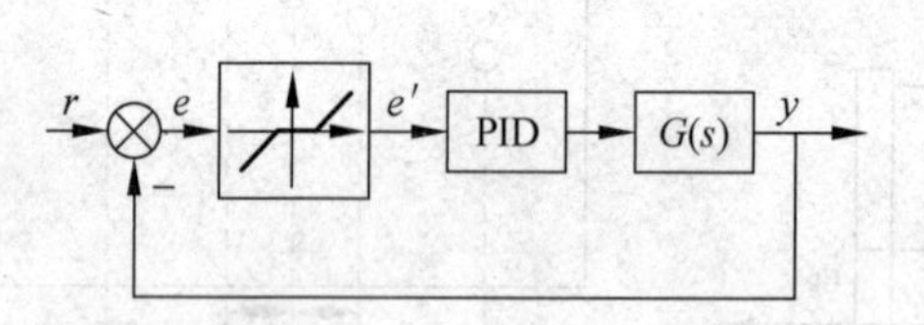

图4-6 带有不灵敏区的PID控制结构图

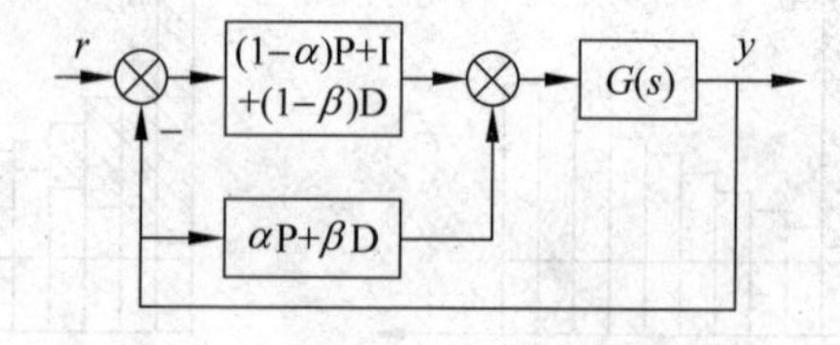

图4-7 二维PID控制系统的结构图

二维PID控制系统分别对偏差和被控变量进行PID控制运算。为了消除余差，积分输出是偏差的函数；为了防止调整设定值时，输出不发生跳变，微分应先行，因此，微分输出是被控变量的函数；比例为最基本的控制，是被控变量和偏差的函数。图4-7中，设置了两个可调参数α和β，当$\alpha=\beta=0$时，形成常规的PID控制，即PID输出是偏差的函数；当$\alpha=\beta=1$时，形成I-PD控制，即积分输出是偏差的函数，比例微分输出是被控变量的函数。调整α和β，可使控制系统在定值和随动控制时都有较好的控制品质。

(3) 给定值的前置滤波法

给定值的前置滤波法采用前置滤波器对给定值r进行滤波，使进入控制回路的给定值r'不突变，而是具有一定惯性延迟的和缓量，其结构如图4-8所示。图中$H(s)$有多种传递函数的形式(通常为一阶惯性环节)。在一些单回路控制器中已提供这类控制功能模块，可直接使用。

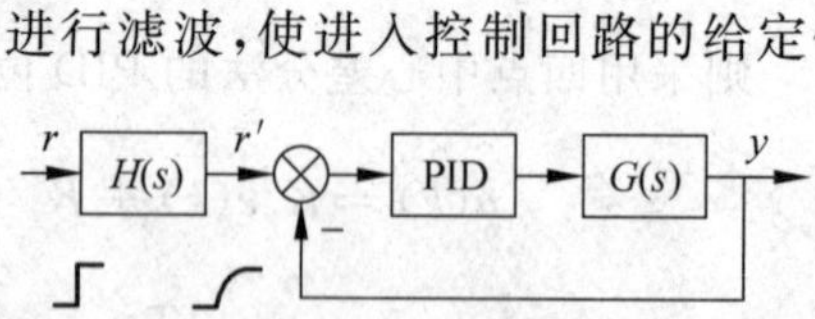

图4-8 前置滤波PID控制系统结构图

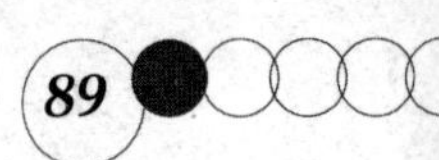

4.2 复杂控制算法

4.2.1 前馈控制

1. 前馈控制的基本原理

所谓前馈控制,实质上是一种对扰动按补偿原理进行调节的开环控制系统。其特点是当扰动产生后,在被控变量还未显示出变化之前,根据扰动作用的大小进行调节,以补偿扰动作用对被控变量的影响。如果这种前馈作用运用恰当,其控制响应比反馈控制要及时,可以使被控变量不会因扰动作用而产生偏差,并且不受系统滞后的影响。

图 4-9 所示的是换热器的前馈控制系统及其方框图。设扰动通道的传递函数为 $G_f(s)$,控制通道的传递函数为 $G_o(s)$,此时如果扰动可以测量出来,则可以通过前馈补偿装置 $G_d(s)$ 的控制作用,使扰动的影响变弱。此时系统的输出为

$$Y(s)=[G_f(s)+G_d(s)G_o(s)]F(s)$$

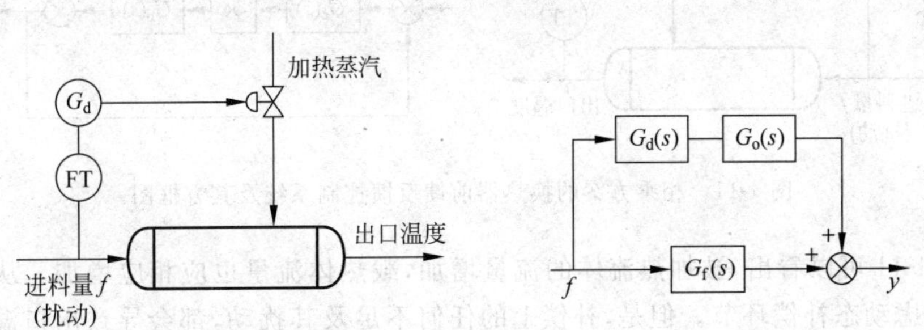

图 4-9 换热器的前馈控制系统及其方框图

为了使系统在扰动作用下不受影响,则

$$G_f(s)+G_d(s)G_o(s)=0$$

即

$$G_d(s)=-\frac{G_f(s)}{G_o(s)} \tag{4.27}$$

由此可见,对于某一特定扰动,如果补偿得当,前馈控制系统的品质十分理想,但是要实现完全补偿并非易事,因为工业过程的数学模型是时变的、非线性的;同时扰动也是不可完全预见的(扰动往往不止一种),前馈控制只能在一定程度上补偿扰动对被控变量的影响。因此,在实际应用中通常将前馈控制和反馈控制结合起来,构成前馈反馈控制系统。前馈控制克服主要扰动的影响。反馈控制克服其余扰动及前馈补偿不完全部分。这样,系统即使在大而频繁的扰动下,依旧可以获得良好的控制品质。

图 4-10 所示是换热器的前馈反馈控制系统及其方框图,这是前馈与反馈控制系统中最典型的结构。当进料流量发生变化时,不需要等到偏差出现,加热蒸汽会作相应的变动,结果会使调节过程中温度偏差减小。显而易见,前馈控制作用的引入并不影响系统的稳定性。

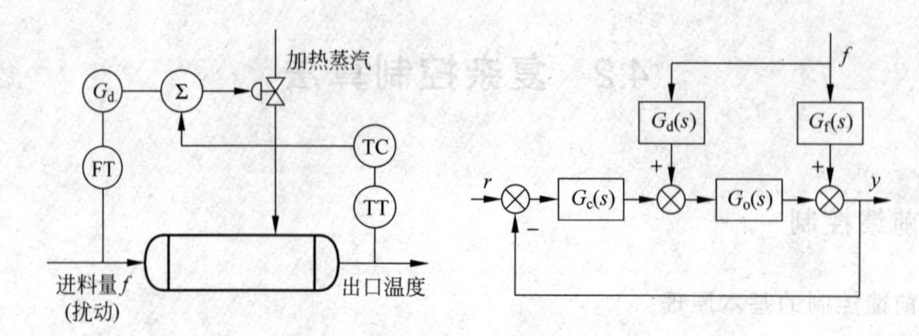

图 4-10 换热器的前馈反馈控制系统及其方框图

另一类前馈反馈控制系统是前馈控制作用与反馈控制作用相乘，这种相乘方案的前馈反馈控制系统及其方框图如图 4-11 所示。

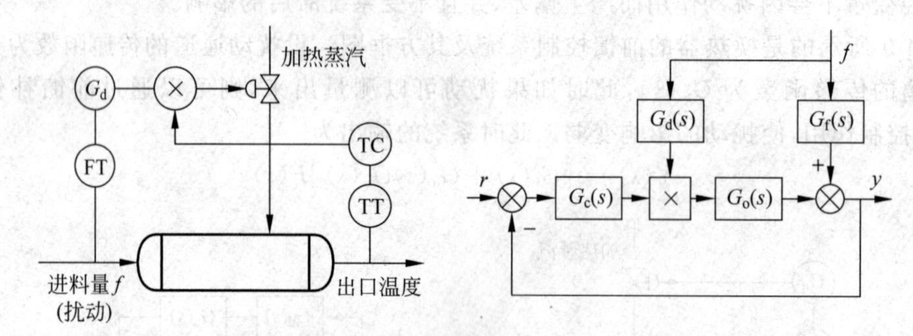

图 4-11 相乘方案的换热器前馈反馈控制系统及其方框图

从图 4-11 可以看出，被加热流体的流量增加，载热体流量也应相应增加。从动态关系看，则应考虑动态补偿环节。但是，补偿上的任何不足及其扰动，都会导致出口温度偏离设定值。为此仍需要设置温度反馈控制器，用它的输出来校正其温度值。

2. 前馈控制系统的设计及工程实施中的若干问题

(1) 采用前馈控制系统的条件

如前所述，前馈控制是根据扰动作用的大小进行控制的。前馈控制系统主要用于克服控制系统中对象滞后大、由扰动而造成的系统偏差消除时间较长、系统不易稳定、控制品质差等问题，因此采用前馈控制系统的条件是：

① 扰动可测但不可控；

② 扰动变化频繁且变化幅度大；

③ 扰动对被控变量影响显著，反馈控制难以及时克服，且过程对控制精度要求又十分严格的情况。

(2) 前馈补偿装置的实现

前馈补偿装置的复杂程度主要取决于控制通道和扰动通道的传递函数。在工业控制实施中，控制通道和扰动通道的传递函数可以用具有时滞的一阶环节来近似，其传递函数分别为

$$G_o(s)=\frac{K_o e^{-\tau_o s}}{T_o s+1}$$

$$G_f(s)=\frac{K_f e^{-\tau_f s}}{T_f s+1}$$

这样得到的前馈补偿装置的传递函数为

$$G_d(s)=-\frac{K_f}{K_o}\frac{T_o s+1}{T_f s+1}e^{-(\tau_f-\tau_o)s}=K_d\frac{T_1 s+1}{T_2 s+1}e^{-\tau_d s} \tag{4.28}$$

若 $\tau_o=\tau_f$ 时，则可得

$$G_d(s)=K_d\frac{T_1 s+1}{T_2 s+1} \tag{4.29}$$

式中，K_d 是静态增益，T_1 和 T_2 分别是超前和滞后环节的时间常数。$T_1>T_2$ 时，补偿环节具有超前特性；$T_1<T_2$ 时，补偿环节具有滞后特性；$T_1=T_2$ 时，动态环节的分子分母项抵消，只进行静态补偿。

在计算机控制系统中，前馈补偿装置与其他控制算法一样是用软件来实现的。它的具体实现方式可分为两类：一类是采用组态形式，把 $K_d\frac{T_1s+1}{T_2s+1}$ 作为一种组态来实现；另一类是直接按 u_d 与 f 的关系计算。首先将前馈补偿装置的传递函数 $G_d(s)=\frac{U_d(s)}{F(s)}=K_d\frac{T_1s+1}{T_2s+1}$ 转化成如图 4-12 所示的等效方框图。

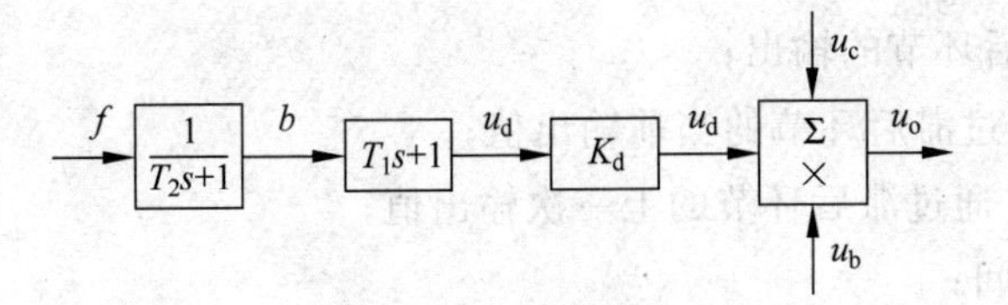

图 4-12 等效方框图

由图 4-12 可知，先计算 $f\to b$：

$$\frac{B(s)}{F(s)}=\frac{1}{T_2 s+1}$$

即

$$T_2 sB(s)+B(s)=F(s)$$

写成差分方程形式

$$T_2\frac{B(k)-B(k-1)}{T}+B(k)=F(k)$$

整理得

$$\begin{aligned}B(k)&=\frac{T}{T_2+T}F(k)+\frac{T_2}{T_2+T}B(k-1)\\&=\frac{T}{T_2+T}[F(k)-B(k-1)]+B(k-1)\end{aligned}$$

上式可写成

$$B(k)-B(k-1)=\frac{T}{T_2+T}[F(k)-B(k-1)]$$

令 $A=\frac{B(k)-B(k-1)}{T}$ 或 $B(k)=AT+B(k-1)$，则

$$A=\frac{1}{T_2+T}[F(k)-B(k-1)]$$

再计算 $\frac{U'_d(s)}{B(s)}=T_1s+1$：

$$\begin{aligned}u'_d(k)&=T_1\frac{B(k)-B(k-1)}{T}+B(k)\\&=\frac{T_1+T}{T}[B(k)-B(k-1)]+B(k-1)\\&=(T_1+T)A+B(k-1)\end{aligned}$$

因此超前滞后环节的算法为

$$\begin{cases}A=\frac{1}{T_2+T}[F(k)-B(k-1)]\\B(k)=AT+B(k-1)\\u'_d=(T_1+T)A+B(k-1)\end{cases}\tag{4.30}$$

式中，A——中间变量；

$F(k)$——模块输入，前馈变量的当前值；

u'_d——超前滞后环节的输出；

$B(k)$——f 通过滞后环节的当前输出值；

$B(k-1)$——f 通过滞后环节的上一次输出值；

T_1——超前时间；

T_2——滞后时间；

T——采样周期。

这类补偿环节的输出有两类：

① 位置算法(用于相加方案)：$u=[k_d\cdot u'_d-u_b]+u_c$

② 比值算法(用于相乘方案)：$u=(k_d\cdot u'_d/u_b)\cdot u_c$

式中，u_b 为偏置值；u_c 为反馈输入。

(3) 偏置值的设置

前馈反馈控制系统中引入偏置值十分必要。总控制信号 u 是前馈控制信号 u_d 和反馈控制信号 u_c 之和。在正常工况下，前馈控制信号 u_d=12mA，则反馈控制信号 u_c 只能在 4～12mA 之间变化，使反馈控制信号被压缩，同时，使总控制信号输出不能在全范围内(4～20mA)变化。为此，需引入偏差信号 u_b，其值正好抵消正常工况下前馈控制信号输出 u_d，即

$$u=u_c+u_d-u_b\tag{4.31}$$

DCS 中，前馈控制值常在前馈 PID 控制功能模块中直接给出，偏差值也可直接输入。在有些情况下，前馈控制的偏置值不需要引入。例如，在锅炉三冲量控制系统中，由于正常

情况下给水量和蒸汽量应满足物料平衡关系，因此，不需要引入偏置值；当有流量副回路时，也不需要偏置值。

(4) 前馈补偿装置的参数选择

在许多工业过程控制中，静态前馈控制已可以获得满意的控制效果，所以静态增益 K_d 的选择十分重要。K_d 的选择可以通过物料平衡或热量平衡的计算获得，也可以依据操作参数计算。如果扰动量为 f_1 时，输出为 u_1，可使被控量保持在设定值；而在扰动为 f_2 时，输出应为 u_2，才能使被控变量维持在设定值，则 $K_d=\dfrac{u_2-u_1}{f_2-f_1}$。

还可以凭经验选择，将 u_j 由小变大，并观测过渡过程曲线变化，最后确定较好的 K_d 值。关于 T_1 和 T_2 的选择，应进行测试得到，或按经验进行，观测过渡过程曲线的变化，进行选择和判断。

在 DCS 中一般采用前馈和反馈相加的前馈-反馈控制方案。通常实施静态前馈加反馈的控制算法，DCS 中提供超前滞后环节类似的功能模块，组态时可直接选用。运行时应根据被控对象特性对超前滞后环节参数进行整定。

4.2.2 串级控制

单回路 PID 控制是最常用的控制方法，应该说，在绝大多数情况下，它已能满足生产需要。但当对象的滞后较大，干扰比较剧烈、频繁时，采用单回路控制往往控制质量较差，满足不了工艺上的要求，这时，可考虑采用串级控制。

一个控制器的输出用来改变另一个控制器的设定值，这样连接起来的两个控制器称做是“串级”的。两个控制器都有各自的测量输入，但只有主控制器具有自己独立的设定值，只有副控制器的输出信号送给被控制过程，这样的系统称为串级控制系统。

串级控制系统的方框图如图 4-13 所示。

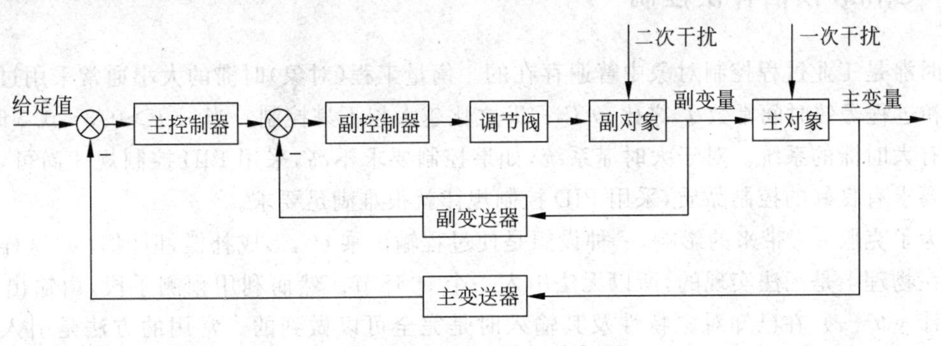

图 4-13 串级控制系统方框图

串级控制系统的主要术语如下。

主、副回路：从串级控制系统的框图可以看到，系统有两个闭合回路，内部的闭合回路称为副回路(内环)；外部的闭合回路称为主回路(主环)。

主、副控制器：处于主回路中的控制器称为主控制器；处于副回路中的控制器称为副控制器。

主、副变量：主回路的被控变量称为主变量；副回路的被控变量称为副变量。主变量也可理解为起主导作用的被控变量，通常为工艺控制指标；而副变量是为稳定主变量或因某种需要而引入的中间辅助变量。

主、副对象：主回路所包括的对象称为主对象；副回路所包括的对象称为副对象。

由图 4-13 可以看出，串级控制系统中主控制器的输出作为副控制器的给定值，而副控制器的输出直接作用于控制阀。主控制器的设定值是由工艺要求确定的，通常是一个定值，因此串级控制系统的主回路是一个定值控制系统；而副控制器的设定值是由主控制器的输出提供的，它随主控制器输出的变化而变化，因此串级控制系统的副回路是一个随动控制系统。

下面以加热炉为例说明串级控制的基本原理。由于干扰因素以及炉子型式的不同，可以选择不同的副变量来构成加热炉的串级控制系统，这里采用的控制方案是用炉出口温度对炉膛温度的串级控制。

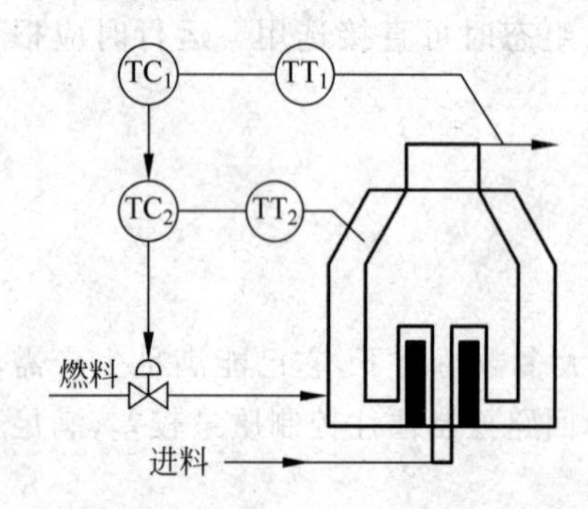

图 4-14 加热炉出口温度控制系统

该控制方案如图 4-14 所示。当受到干扰因素，如燃料油（或气）的压力、热值等作用后，首先将反映在炉膛温度的变化，然后再影响炉出口温度，而前者的滞后远小于后者。所以采用炉出口温度对炉膛温度的串级控制，可把原来滞后的对象一分为二，副回路起超前作用，当干扰因素影响到炉膛温度时，串级控制系统就迅速产生控制作用，这种方法将显著改善系统的控制质量。

采用 DCS 实现串级控制时，可根据主、副对象的特性，对主环和副环被控变量采用不同的采样频率。通常，可根据响应快的被控对象特性采用相同的采样频率。

4.2.3 Smith 预估补偿控制

时滞是工业过程控制对象中普遍存在的。衡量工程（对象）时滞的大小通常采用过程时滞 τ 和过程等效时间常数 T 之比 τ/T，τ/T 之比越大越不易控制。当 $\tau/T>0.3\sim0.5$ 时，称为具有大时滞的系统。对于大时滞系统，如果控制要求不高，采用 PID 控制规律尚可，如果系统要求有良好的控制品质，采用 PID 控制规律就很难满足要求。

为了克服 $e^{-\tau s}$ 带来的影响，一种设想是使过程输出乘 $e^{\tau s}$，形成补偿，但因为 $e^{\tau s}$ 这样一个环节在物理上是无法实现的，所以无法串入一个 $e^{\tau s}$ 环节。然而利用预测手段，由输出 $y(t)$ 来估计 $y(t+\tau)$，在已知对象特性及其输入时是完全可以做到的。常用的方法是引入适当的反馈环节，使系统闭环传递函数的分母中（即特征方程中）不含时滞项，也就是著名的 Smith 预估补偿控制算法。但因缺乏实现这一算法的合适硬件，而一直没有得到实际应用。数字计算机用于在线控制后，Smith 预估补偿控制重新得到重视，并做了许多的改进和尝试。下面介绍这种控制算法。

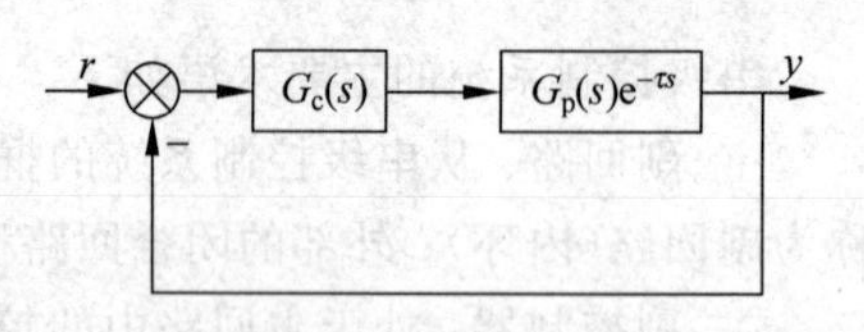

图 4-15 具有时滞过程的单回路控制

设一个控制系统如图 4-15 所示，图中 $G_p(s)e^{-\tau s}$ 为被控对象特性，其中 $G_p(s)$ 为被控对象传递函数除去时滞项以后的部分，$e^{-\tau s}$ 为被控对象传递函数中的时滞项。

该系统的闭环传递函数为

$$\frac{Y(s)}{R(s)}=\frac{G_c(s)G_p(s)e^{-\tau s}}{1+G_c(s)G_p(s)e^{-\tau s}} \tag{4.32}$$

而我们所期望的系统闭环传递函数为

$$\frac{Y(s)}{R(s)}=\frac{G_c(s)G_p(s)e^{-\tau s}}{1+G_c(s)G_p(s)} \tag{4.33}$$

由于在闭环特征方程中包含了 $e^{-\tau s}$ 项，使系统的控制品质变差，为此在系统中加入补偿环节 G_k。图 4-16 即为加入补偿环节的 Smith 预估补偿控制的方框图。

此时图 4-16 所示系统的闭环传递函数为

$$\frac{Y(s)}{R(s)}=\frac{G_c(s)G_p(s)e^{-\tau s}}{1+G_c(s)G_k(s)+G_c(s)G_p(s)e^{-\tau s}} \tag{4.34}$$

根据要求，我们希望在闭环特征方程中去掉 $e^{-\tau s}$ 项，即

$$1+G_c(s)G_k(s)+G_c(s)G_p(s)e^{-\tau s}=1+G_c(s)G_p(s)$$

则

$$G_k(s)=G_p(s)(1-e^{-\tau s}) \tag{4.35}$$

这样构成的 Smith 补偿控制方案如图 4-17 所示。

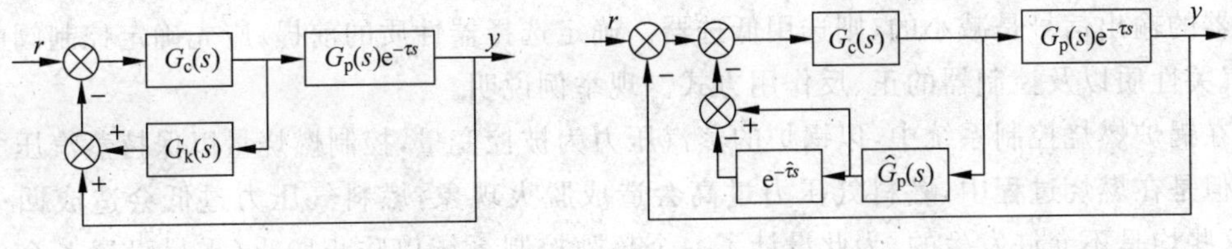

图 4-16　Smith 补偿控制的方框图　　　图 4-17　Smith 补偿控制等效图

图中，$\hat{G}_p\approx G_p$，$\hat{\tau}\approx\tau$，它们均通过参数辨识得到，参数越接近，控制效果越好。此时该系统的闭环传递函数为

$$\frac{Y(s)}{R(s)}=\frac{G_c(s)G_p(s)e^{-\tau s}}{1+G_c(s)G_p(s)}=G'(s)e^{-\tau s} \tag{4.36}$$

其中，$G'(s)=\frac{G_c(s)G_p(s)}{1+G_c(s)G_p(s)}$。式(4.35)所示关系可用图 4-18 表示。由于在闭环特征方程中消去了 $e^{-\tau s}$ 项，因此时滞不再影响系统的稳定性，消除了对控制品质的不利影响，只是将控制过程在时间坐标上向后推移了 τ 个时间。

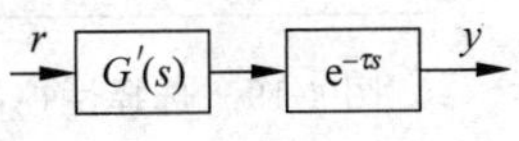

r → $G'(s)$ → $e^{-\tau s}$ → y

图 4-18　补偿后的闭环传递函数

采用 DCS 实现 Smith 预估补偿控制时，可利用存储器模块的存储功能实现时滞项 $e^{-\tau s}$，用一阶惯性环节模块近似被控对象的非时滞部分。被控对象的时滞部分和非时滞部分都要进行测试。若测试模型不精确，尤其是时滞项和增益项，则控制质量提高不明显。当然也可以采用增益自适应预估补偿控制算法。

4.2.4 选择性控制

在这里主要讨论选择性控制的一种,即"超驰"控制。从整个生产流程控制的角度,所有控制系统可分为三类:物料平衡控制(或能量平衡)、质量控制和极限控制。超驰控制属于极限控制一类。

在生产上需要防超限的场合很多,可采取两种做法:硬保护和软保护。超驰系统就是为实现软保护而设计的。具体做法为:参数达到极限时报警,设法排除故障。同时,改变操作方式,按使该参数脱离极限值为主要控制目标进行控制,以防参数进一步超限。这种操作方式会使原有控制质量有所下降,但能维持生产的继续运转,避免了停车。

常用的选择器是高选器和低选器,它们通常有两个或多个输入。低选器把低信号作为输出,用 LS 表示;而高选器将高信号作为输出,用 HS 表示,即

$$\begin{cases} u_{\text{低}} = \min(u_1, u_2, \cdots) \\ u_{\text{高}} = \max(u_1, u_2, \cdots) \end{cases} \tag{4.37}$$

选择性控制的原理框图如图 4-19 所示。

选择性控制系统设计的一个内容是确定选择器的性质,使用低选器或高选器。一般来说,取代条件下取代控制器的输出信号是增加的,则选用高选器;反之,在取代条件下取代控制器的输出信号是减小的,则选用低选器。确定选择器性质的前提,应先确定控制阀的气开、气关性质以及控制器的正、反作用方式。现举例说明。

在锅炉燃烧控制系统中,以锅炉的蒸汽压力为被控变量,控制燃烧量以保持蒸汽压力恒定。但是在燃烧过程中,燃料气压力过高会造成脱火现象,燃料气压力过低会造成回火现象,这些均是不允许发生的,为此设计了一个超驰控制系统以防止脱火(需另设置一个低流量连锁保护装置以防回火),如图 4-20 所示。

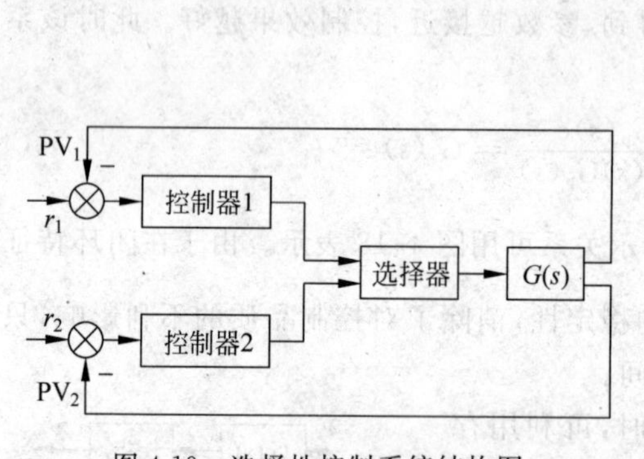

图 4-19 选择性控制系统结构图

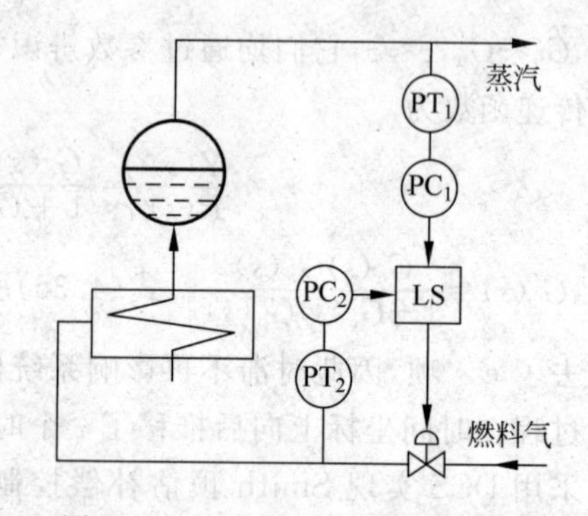

图 4-20 锅炉燃烧选择性控制系统

在图中,控制阀为气开式,蒸汽压力控制器 PC_1 为正常控制器,燃料气压力控制器 PC_2 为超驰控制器,两者均为反作用,采用低选器。正常工况下由蒸汽压力控制器去控制燃料气阀,使蒸汽压力满足工艺需要。当蒸汽压力下降时,由于蒸汽压力控制器作用,逐渐打开燃料气阀,增加燃料气以提高蒸汽压力。如果燃料气阀打开过大,阀后压力达到极限状态,再增加压力会产生脱火现象。此时,由于燃料气压力控制器是反作用,其输出立即减小,通过

低选器取代蒸汽压力控制器的工作，关小燃料气阀，使燃料气脱离极限状态，防止脱火事故的发生。回到正常工况后，蒸汽压力控制器重新切换上去，以维持正常的蒸汽压力。

4.2.5 比值控制

在生产过程中，经常需要两种或两种以上的物料以一定的比例进行混合或参加化学反应。例如，燃烧系统中的燃料与氧气量需要保持一定比例才能保证燃烧的经济性，并防止污染；硝酸铵生产中的氨和氧气需要保持一定的比例，否则反应不能正常进行，且超过一定极限将会引起爆炸。在这类生产过程中，一旦比例失调，轻则造成产品不合格、浪费资源，重则造成生产事故或发生危险。

实现两种或两种以上物料符合一定的比例关系的控制系统，称为比值控制系统。在需要保持比值关系的两种物料中，必有一种物料处于主导地位，这种物料称为主物料，表征这种物料的参数称为主动量（主流量），用 Q_1 表示；而另一种物料按主物料进行配比，在控制过程中随主物料变化而变化，称其为从物料，表征这种物料的参数称为从动量（副流量、从流量），用 Q_2 表示。比值控制系统就是要实现从动量 Q_2 与主动量 Q_1 成一定的比例关系，比例系数 R 为

$$R=\frac{Q_2}{Q_1} \tag{4.38}$$

在这里我们只讨论定比值控制系统。定比值控制系统以保持物料之间的比值是定值为目的，比值器的参数经计算设置好后不再变动，即工艺要求的实际流量比值固定不变。定比值控制系统分为开环比值控制系统、单闭环比值控制系统和双闭环比值控制系统，下面分别予以说明。

1. 开环比值控制系统

开环比值控制系统是最简单的比值控制系统，如图 4-21 所示。

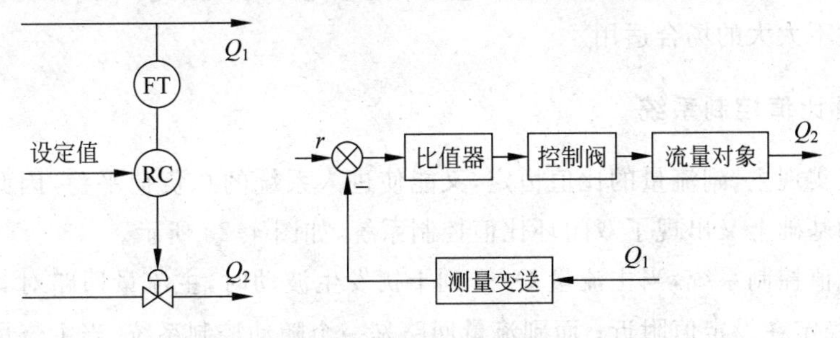

图 4-21　开环比值控制系统及其方框图

开环比值控制系统在稳态时，两物料的关系满足 $Q_2=RQ_1$；当主流量 Q_1 受干扰作用而发生变化时，比值器按 Q_1 对设定值的偏差信号改变调节阀的开度，使从流量 Q_2 的流量发生变化，以保持 Q_2/Q_1 的比值关系。然而，主流量 Q_1 仅提供主测量信号给调节器，但其本身没有形成反馈回路；从流量 Q_2 则没有测量输入信号，只有控制信号，因此整个系统为开环控制系统。这种系统结构简单、成本低；但是从物料本身无抗干扰能力，只适用于副流量

较平稳且流量比值要求不高的场合。

2. 单闭环比值控制系统

针对开环比值控制系统的不足，在开环比值控制系统的基础上，增加一个副流量的闭环控制，构成单闭环比值控制系统，如图 4-22 所示。

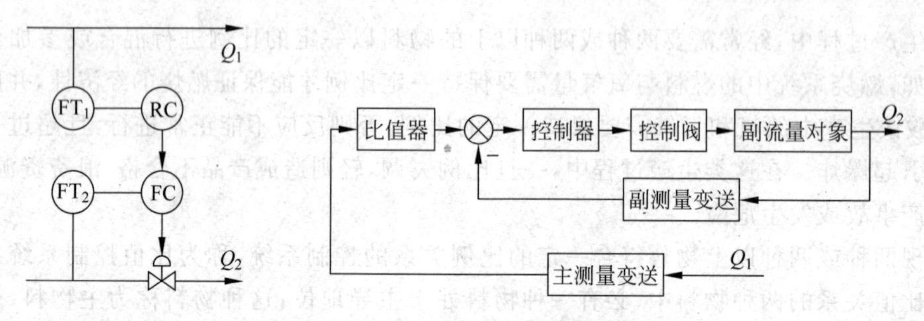

图 4-22 单闭环比值控制系统及其方框图

由图可知，当主流量 Q_1 发生变化时，比值器按事先设置好的比值系数使输出成比例的变化，并作为副流量控制器的设定值，此时副流量闭环系统是一个随动控制系统，从而使 Q_2 的输出跟随 Q_1 相应地变化，以保证主、副流量的比值不变；当副流量由于自身的干扰而变化时，副流量闭环系统为一个定值控制系统，反馈控制调节 Q_2，以保证主、副流量的比值不变。

单闭环比值控制系统不仅能使副流量跟随主流量的变化而变化，而且也能克服副流量自身干扰的影响，从而实现了主、副流量精确的比值控制，因此得到了广泛的应用。但是，该系统中的主流量是可变的，对负荷变化幅度较大的主流量，从流量在控制过程中相对于其控制器的设定值会出现较大偏差，即主、副流量的比值会较大地偏离工艺要求的流量比，也就难以保证主、副流量的动态比值；其次由于主流量是可变的，副流量必然也是可变的，那么总的物料量就是不固定的，这在有些生产过程中是不允许的。因此，单闭环比值控制系统一般在负荷变化不太大的场合适用。

3. 双闭环比值控制系统

为了既能实现主、副流量的比值恒定，又能使进入系统的总负荷平稳，因此在单闭环比值控制系统的基础上又出现了双闭环比值控制系统，如图 4-23 所示。

双闭环比值控制系统，当主流量 Q_1 受到干扰发生波动时，主流量回路对其进行定值控制，使主流量稳定在设定值附近；而副流量回路是一个随动控制系统，当主流量 Q_1 变化时，通过比值器会使副流量 Q_2 随主流量 Q_1 的变化而成比例地变化。而副流量 Q_2 受到干扰发生波动时，副流量回路的定值控制使副流量稳定在比值器输出值上。

双闭环比值控制系统大大克服了干扰对主流量的影响，使主流量的变化比较平稳，而副流量也比较平稳，所以，可确保两流量的总量基本不变。另外，当主流量回路的设定值变化时，不仅主流量要发生变化，而且副流量也将成比例地变化，使负荷升降比较方便。因此，双闭环比值控制系统适用于主流量干扰频繁、负荷波动较大以及经常提、降给定值的场合。

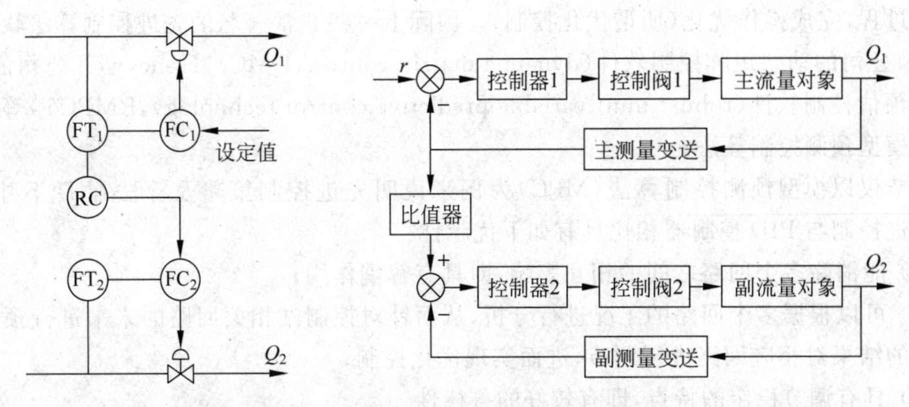

图 4-23 双闭环比值控制系统及其方框图

4.2.6 先进控制

1. 先进控制算法简述

PID控制策略可以满足一般工业生产过程的控制要求，对于变化复杂的工业过程以及与效益(产量、质量)密切相关的生产过程，常规的PID控制策略往往难以适应或达到要求。

先进控制算法是基于先进控制策略产生出的各种控制算法。在工业生产过程中已成功应用的算法包括模型预测控制、内模控制、模糊控制、神经网络控制和专家控制等，其中模糊控制、神经网络控制和专家控制是智能控制的组成部分。

所谓智能控制就是以控制理论为基础，模拟人的思维方法、规划及决策来实现对工业过程自动控制的一种技术，它是由人工智能、自动控制及运筹学等学科相结合的产物，是一种以知识工程为指导的，具有思维能力、学习能力及自组织功能，能自适应调整的先进控制策略。

工业过程中往往存在着不确定性，基于被控对象数学模型的控制方法在理论仿真时效果优异，而实际应用中往往不能取得满意的控制效果。以知识工程为指导的智能控制理论和方法，在处理高度复杂性和不确定性方面表现出灵活的决策方式和应变能力，因此，近年来备受重视。可以说，现代控制理论和人工智能的发展为先进控制奠定了应用理论基础，而DCS的普及与提高则为先进控制的应用提供了强有力的软、硬件支撑平台。

先进控制策略如果应用得当则具有比常规PID更好的控制效果，给企业带来显著的经济效益。国外许多从事过程控制的知名公司都开发了各自的商品化先进控制软件，并已广泛应用于各类工业过程，而且这些软件正在不断的升级完善。

模型预测控制算法(model predictive control，MPC)是20世纪70年代末出现的一种基于模型的新型实用控制算法。它作为一种多变量约束优化控制方法，需要过程数学模型，但不完全依靠数学模型，综合过程信息和优化技术求取控制输入，用反馈校正来弥补模型的缺陷。它的基本思想是：通过一个动态的过程模型，根据过程输入(操纵变量、干扰变量等)预估出未来的动作，并确定如何调整控制器输出以使所有过程变量(包括被控变量和操纵变量)达到设定值或限定在约束范围内(所谓先进控制)。然后，如果存在自由度，控制器进一步调整过程，完成操作优化(所谓优化控制)。国际上一些非常著名的先进控制算法软件，如ASPEN公司的动态矩阵控制软件(dynamic matrix control，DMC)，Honeywell公司的鲁棒多变量预估控制软件(robust multivariable predictive control technology，RMPCT)等，其核心都是模型预测控制算法。

本节仅以模型预测控制算法(MPC)为例来说明先进控制策略及算法在DCS中的应用。先进控制与PID控制器相比具有如下优越性：

(1) 能消除多个回路之间的相互影响，即具有解耦作用；

(2) 可以根据多个回路的工况进行分析，从而针对控制站相关回路的未来进行预测，根据预测的结果对相应回路进行调节，进而实现优化控制；

(3) 具有调节稳定的特点，即有较好的鲁棒性。

2. 模型预测控制特点

模型预测控制具有三个基本特点，即模型预测、滚动优化和反馈校正。

(1) 模型预测

模型预测控制算法中的模型称为预测模型。系统在预测模型的基础上根据对象的历史信息和未来输入预测其未来输出，并根据被控变量与设定值之间的误差确定当前时刻的控制作用，这比仅由当前误差确定控制作用的常规控制具有更好的控制效果。

(2) 滚动优化

模型预测控制本质上是一种优化控制算法，它通过某一性能指标的最优来确定未来的控制作用。这一性能指标涉及系统的未来行为，例如，通常可取对象输出在未来的采样点上跟踪某一期望轨迹的方差为最小。模型预测控制中的优化与传统的最优控制又有所区别，这主要表现在模型预测控制中的优化是一种有限时域的滚动优化，在每一采样时刻，优化性能指标只涉及该时刻起未来有限的时域，而在下一采样时刻，这一优化时域同时向前推移。即模型预测控制不是采用一个不变的全局优化指标，而是在每一时刻有一个相对于该时刻的优化性能指标。所以，在模型预测控制中，优化计算不是一次性离线完成的，而是在线反复进行的，这就是滚动优化的含义，也是模型预测控制区别于其他传统最优控制的根本所在。

(3) 反馈校正

模型预测控制属于闭环控制。在通过优化计算确定一系列未来的控制作用后，为了防止对象特性发生变化或外界扰动对控制效果的影响，预测控制在实施本时刻的控制作用后，在下一采样时刻，首先检测对象的实际输出，并利用这一实时信息对模型的预测进行修正，从而构成了闭环优化。

反馈校正的形式多种多样，例如，可在保持预测模型不变的基础上，对未来的误差做出预测并加以补偿；也可根据在线辨识的原理直接修改预测模型。不论采用何种修正形式，模型预测控制都把优化建立在系统实际的基础上，并力图在优化时对系统未来的动态行为做出较准确的预测。

模型预测控制是一种基于模型、滚动实施并结合反馈校正的优化控制算法。采用不同的模型形式、优化策略和校正措施，可以形成不同的模型预测控制算法。

3. 先进控制在 DCS 中的应用

先进控制是对被控过程进行多变量控制而不是单回路控制，而且被控变量也在传统的温度、压力、流量和液位四大参数的基础上进行了拓展，增加了诸如产品质量指标和设备负荷等工艺生产所需要的变量，大大提高了整个控制过程的稳定性，实现了生产过程产品质量的卡边操作，为企业挖潜增效创造了条件。

(1) 先进控制的作用

先进控制技术的应用是信息化在生产装置级的应用。它使生产过程控制实现了革命性的突破，由原来的常规控制过渡到多变量模型预估控制，工艺生产过程控制更加合理和优化。先进控制技术采用科学、先进的控制理论和控制方法，以工艺过程分析和数学模型计算为核心，以工厂控制网络和管理网络为信息载体，充分发挥 DCS 和常规控制系统的潜力，保障生产过程始终运转在最佳状态，通过多变量协调和约束控制降低生产过程运行的能耗，以获取最大的经济利益。

先进控制直接对生产过程装置实施优化控制策略，不仅提高了生产过程装置的控制能力和管理水平，提升了企业的竞争能力，推动了工厂的科技进步，而且还为企业创造了可观的经济效益。实施先进控制是大幅提高过程控制水平的必然选择，是采用先进现代信息技术改造和提升传统产业的重要手段，也是企业提高生产力水平的有效途径。

(2) 先进控制的实施

先进控制能提高装置操作的稳定性，减少过程的变化幅度，通过分步调节、综合调节，提高过程的平稳程度，进而提高生产过程的生产能力。先进控制技术通常采用分层控制策略来对生产过程进行控制，如图 4-24 所示。以原有的 DCS 常规控制和检测仪表为基础，实施工艺计算和中间调节控制，建立多变量控制器，在保证装置运行平稳的同时进行优化，即多变量控制器之上是实时优化层，通过优化计算为多变量控制器和中间调节控制甚至常规 PID 控制回路提供设定值。优化层、多变量控制层、中间调节控制、基础控制层，各层之间可以相互通信，协调运行，必要时也可以独立控制。

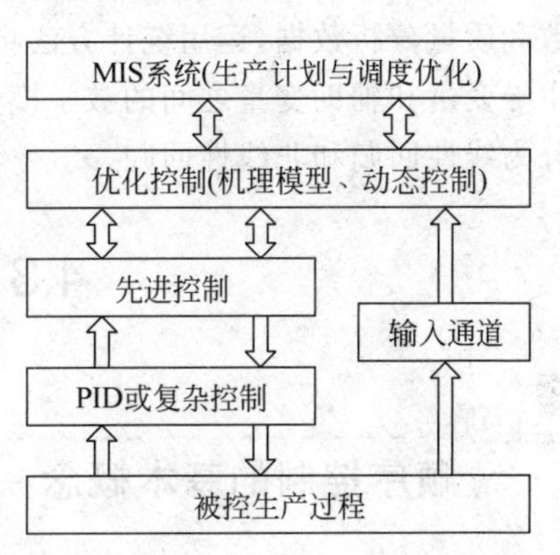

图 4-24　DCS 先进控制组成框图

(3) 先进控制算法的实现技术方法

可以通过 DCS 中的编程语言编制先进控制算法的控制模块或通过 OPC 技术与成熟的先进控制算法进行通信，使其嵌入 DCS 系统中。

(4) 动态模型和控制器的建立

生产过程及设备具有强耦合性，多变量控制将被控过程作为一个整体来处理；根据控制目标、操作手段、干扰因素，选择确定被控变量和操作变量。

① 建立多变量之间关系的动态数学模型；

② 设计针对全部过程对象的控制器，从而对整个过程统一协调控制；

③ 硬约束安全、设备等安全指标，不允许逾越；

④ 软约束质量、操作条件等指标，一旦超过立即调整；

⑤ 提高生产过程的平稳性；

⑥ 在质量和设备允许限制内自动获取最大经济效益。

(5) 软测量技术

通过工艺过程机理、检测技术、控制技术以及计算机技术的结合，针对难以测量或暂时不能测量的重要变量(主导变量)，可以通过选择另外容易测量的相关变量(辅助变量)来构造它们之间的某种数学关系，进而推断或估计出主导变量，这样便实现了软仪表代替常规传感器对工艺和生产的监控功能。这类方法能连续给出主导变量信息，具有响应迅速，且投资低、维护保养简单等优点。

测量模型是软测量技术的核心。它不同于一般意义下的数学模型，强调的是通过辅助变量来获得对主导变量的最佳估计。工业控制应用中常用的方法通常有两种：机理方法和回归分析方法。

机理模型通常由代数方程组或微分方程组组成。针对工业对象的物理、化学过程获得了全面清晰的认识后，通过获取对象的平衡方程(如物料平衡、能量平衡、动量平衡、相平衡等)和反映流体传质传热等基本规律的动力学方程、物性参数方程和设备特性方程等，确定不可测主导变量和可测辅助变量的数学关系，建立估计主导变量的精确数学模型。由于大多数过程存在着严重的非线性和不确定性，通常难以单独采用机理方法。

回归分析方法是一种经典的建模方法，不需建立复杂的数学模型，只要收集大量过程参数和质量分析数据，运用统计方法将这些数据中隐含的对象信息进行浓缩和提取，从而建立主导变量和辅助变量之间的数学模型。根据采用的数学方法的不同，可以将回归分析方法分为线性回归和非线性回归。

4.3 顺序控制算法

4.3.1 顺序控制的基本概念

1. 顺序控制及其分类

顺序控制是按照预先规定的顺序(逻辑关系)，逐步对各阶段进行信息处理的控制方法。顺序控制以逻辑关系为前提，运算过程以逻辑运算为主，输出信息是二进制的0、1或者通断等逻辑值，因此顺序控制又称为逻辑控制。顺序控制系统可分为时间顺序、逻辑顺序和条件顺序控制三类。

时间顺序控制系统又称固定程序控制系统，它的执行指令是按时间排列的，固定不变。例如，在物料输送过程中，各传输带电动机的起动和停止的控制系统。通常，为防止同时起动时电流过大，电动机的起动是先开后级再开前级，其间隔时间有一定延时。电动机停止时先停前级再停后级。这种顺序控制系统由于各阶段的执行条件是时间，且时间是事前确定的、不变的，因此，称为时间顺序控制系统。

逻辑顺序控制系统的执行指令是按先后顺序排列的，和时间无严格关系。如在反应器进料系统中，当进料使反应器内料位达到某一值时，才能开启搅拌电动机。这里进料量的变化会影响到预定料位的时间，而开启搅拌电动机的条件是料位到达预定值。逻辑顺序控制系统在工业生产过程中应用较多，它们通过条件测定来决定下一步是否执行。

条件顺序控制系统是以条件成立与否为前提，当其条件不同时，有不同的执行过程。最常用的系统是电梯系统。电梯是升还是降，取决于电梯现在的位置以及外界给予的指令的综合判定结果。在工业生产过程中的成品分拣系统就是条件顺序控制系统，它通过对产品条件的检查结果来决定产品的去向。

顺序控制系统按所用的器件可分为继电器式、无触点式和可编程序式顺序控制系统。继电器式采用继电器等电气机械式的触点和线圈来完成顺序控制功能；无触点式常采用晶体管等半导体器件；而可编程序式则采用微处理器。可编程序式对接线方式作了重大改进，采用软连线，使得系统调试和修改更为方便。

DCS及可编程序逻辑控制器都采用可编程序式。其主要优点如下：

(1) 只有外接线，省去内部接线，体积小，安装方便；

(2) 采用标准化模块和编程语言，程序修改、系统调试方便；

(3) 缩短系统设计、制造、安装和施工周期；

(4) 采用数字通信技术，有利于与上位机通信；

(5) 平均故障间隔时间长；

(6) 能适用于恶劣的工作环境。

2. 顺序控制系统的组成

图4-25是典型的顺序控制系统方框图，它主要由五部分组成。

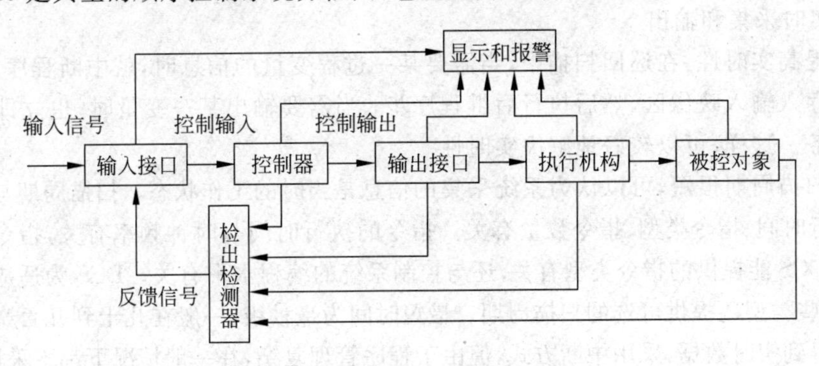

图4-25 典型的顺序控制系统方框图

(1) 控制器：这是指令形成装置，它接受控制输入信号，经处理，产生完成各种控制作用的控制输出信号。系统输出 y_k 与系统状态 s_k 和输入 x_k 之间有下列关系：

$$y_k = f(s_k, x_k)$$

而系统下一时刻的状态 s_{k+1} 也是 s_k 和输入 x_k 的函数，即

$$s_{k+1} = g(s_k, x_k)$$

系统的状态 s_k 是用状态编码器实现的，由记忆单元存储。由于具有记忆功能，使控制器能实现时序逻辑关系。

(2) 输入接口：完成输入信号的电平转换。

(3) 输出接口：完成输出信号的功率变换。

(4) 检出和检测装置：用于检出和检测被控对象的一些状态信息。

(5) 显示和报警装置：用于显示系统输入、输出、状态和报警等信息，以利于调试和操作。

3. 逻辑运算

顺序控制中的基本量是离散的数字量，其运算是逻辑运算。对逻辑运算关系，常用布尔代数、真值表或卡诺图的方法进行描述。

顺序控制系统中除了采用基本逻辑运算关系外，还采用一些复杂的逻辑运算关系，如闩锁、触发器、整形等，其中，有些与时间有关的运算还要用计时器或计数器。

4. 顺序控制系统的实现

DCS中，顺序控制系统通过分散过程控制装置、可编程序逻辑控制器以及批量控制器等来实现，控制任务的实现通过程序的执行来完成。由于被控对象的控制条件被满足的时间和程序顺序执行的不协调，在DCS中采用两种有效的方法来解决。

(1) 巡回扫描

当CPU在运行状态时，它将反复自动地执行用户程序，更新输入输出映像区。执行一次用户程序的时间称为扫描时间或扫描周期。在一个扫描周期内，CPU对顺序控制系统一个逻辑回路进行输入扫描、执行程序(逻辑运算)，并把输出送到输出映像区。巡回扫描时，定时对输入、输出接口进行采集和输出，数据放在输入和输出映像区。而程序的巡回扫描仅对输入输出映像区进行。

(2) 实时采集和输出

为了提高实时性，在巡回扫描中，当需要某一过程变量的信息时，就中断程序，实时采集该数据并存入输入映像区，然后执行后继程序步；当需要输出某一变量时，也立即执行相应的输出任务。这样，可以较好地解决实时性。

由于扫描周期很短，可以认为系统采集的信息是当时的工作状态。扫描周期与程序执行指令的执行时间、指令类型、指令数量有关。指令的执行时间与时钟频率有关，指令类型和数量不仅与DCS能提供的指令类型有关，还与控制系统的编程水平有关。DCS为适应不同的应用要求，有些类型还提供可选的扫描周期。最短时间为毫秒级，一般在几十到几百毫秒。有些系统为了得到实时数据，采用中断方式，但由于程序管理复杂，在一般情况下都不采用。

4.3.2 梯形图及其编制方法

DCS中顺序控制的编程有多种方法，如梯形图、功能模块、助记符及编程语言等。功能模块法把逻辑运算作为功能块处理，按功能块组态的连接方法来完成编程。编程语言采用DCS中提供的语言或者通用的高级语言。

1. 梯形图的基本概念

梯形图可用来描述顺序控制系统的逻辑顺序关系，它是由继电器梯形图演变而来，与电气操作原理图相对应，具有直观、易懂、能为广大电气技术人员所熟知等特点，在DCS和可编程序逻辑控制器的编程中得到广泛应用。

梯形图以输出元素为单位，组成梯级，每个梯级由若干支路组成。根据系统的不同，每个支路允许配置的编程元素有一定限制（可编程序逻辑控制器采用助记符时可不受此限制）。支路的最右边元素称为输出元素。

梯形图通常显示在编程器或操作站的屏幕上。梯级的上下行表示程序执行的先后顺序。编制时从上向下进行，其两侧的竖线相当于电源线。编程元素有唯一的标识号，但描述字符可以不是唯一的（有些系统把描述字符也作为可寻址符时才需要唯一的字符）。支路中不允许有断开，但允许有连线连接。输出元素可以是内部线圈、存储器、计时器等，输入元素也可以是它们的相应触点。

图 4-26 所示为一个典型的梯形图。可以看到，图右边的程序是用助记符列出的相应逻辑关系。助记符方法类似于助记码编程，在可编程序逻辑控制器的编程时常被采用，它通常由操作码、标识符和元素参数表示。

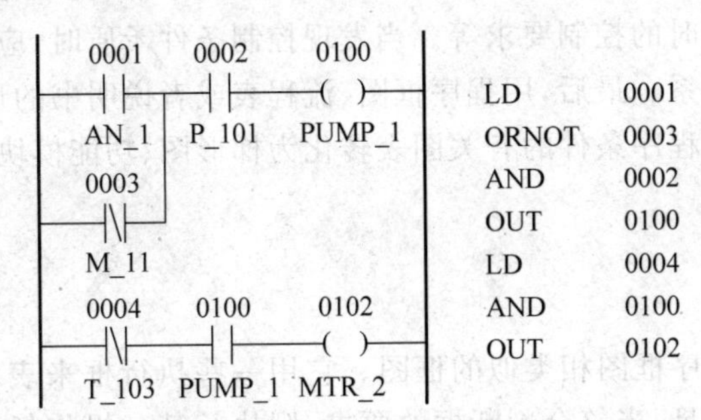

图 4-26 一个典型的梯形图

2. 梯形图控制语言编程

用于顺序控制的梯形图控制语言包括一些操作指令，有些系统用功能块来描述。这些操作指令有基本逻辑运算指令、分支和分支终止（主控或主控终止）指令、跳转和跳转终止指令、置位和复位指令、闩锁指令（RS 触发）、微分（脉冲发生）指令、定时和计数器指令、数据移位和传送指令、数据比较和类型转换指令、步进（顺序执行）指令、输出禁止和允许指令及报警和显示指令等。一些算术和逻辑运算的指令和功能块也正被引入到顺序控制系统中。模拟量的输入输出及其转换的功能也下伸到可编程逻辑控制器，从而扩展了顺序控制的功能。

梯形图控制语言编程的步骤如下：

（1）根据工艺过程对顺序控制系统的要求，经过分析、比较，列出程序条件表或图。

（2）对输入输出单元进行地址分配，并完成输入输出模块的组态工作。根据工艺的需要，要对可能添加的手动/自动开关、电源开关等也分配相应的地址。

（3）画出梯形图，并对添加的内部继电器、计数器等分配地址。

（4）程序输入和调试，有时为了验证程序的正确性，也可采用仿真的方法，可以用物理或数字仿真，来离线调试。

在编程时应注意下列几点。

（1）灵活性：由于顺序逻辑关系的实现不是唯一的，因此，可采用灵活的编程方法，应用已有的结果来减小程序长度。

(2) 正确性：要能够正确反映顺序的控制关系，主要是因与果的关系。

(3) 实时性：要根据控制的先后顺序安排梯级，控制发生的条件应安排在上一级，控制的目标应安排在下一级，减少由于程序安排不当引起的执行滞后。

(4) 可扩展性：为调试方便，在编程时，应留有一定余地，以便程序扩展。例如，对于"与"操作的指令，可送入一个置位(1)的信号用于扩展；对于"或"操作的指令，送入一个复位(0)的信号用于扩展。有些 DCS 若有允许插入的功能时，可以不考虑程序的预留扩展口。

4.3.3 程序条件的编制

程序条件的编制根据工艺提出的顺序控制要求来进行。通常，自控设计人员应先熟悉工艺过程，了解工艺对顺序控制系统的要求。然后，根据系统的控制要求，确定优先级、必要的反馈信号及故障处理时的控制要求等。当发现控制条件矛盾时，应与工艺设计人员商量，得出正确的逻辑控制关系。最后，用程序框图、流程表或者说明书的形式把程序条件描述出来。软件编制人员根据程序条件的有关图表转化为梯形图、功能模块或其他编程形式，并完成最终的调试。

1. 程序框图

这是与计算机的程序框图相类似的框图。它用一些执行框来表示执行某些操作，用判断框来判断条件是否满足，当符合判断框的要求，则执行某一操作任务，否则就执行另一操作任务。在 DCS 中，这种方法常用于逻辑顺序或条件顺序控制系统的程序条件编制。它具有步骤清晰、修改方便、易于操作的特点。

2. 流程表

流程表用于时间顺序或步进型的控制系统中，它用流程的步来表示相应步内各仪表、电气设备和阀门的开启或关闭的状态。这种方法具有简单明了，每一步的各设备状态容易检查、修改和调试方便等优点。

3. 程序说明书

一些顺序逻辑关系不太复杂的控制系统，可以采用文字说明的形式来描述程序条件。这些文字说明称为程序说明书。由于它不像上述两种方法那样直观，也常作为上述两种编制方法的补充。

4. 功能表

功能表是用图形符号和文字说明相结合的方法来描述程序条件。功能表又称顺序功能表(sequential function charts)。它由步、转换和有向连线三种元素组成。步用长方框表示，相当于一个状态。在一个状态下与控制部分的 I/O 有关的系统行为全部或部分维持不变，步分为活动步和非活动步。处于活动步的相应命令被执行，处于非活动步的命令不被执行。转换分为使能转换和非使能转换，转化符号前级步是活动步，则转换是使能转换，否则是非使能转换。转换条件用文字、布尔代数或梯形图表示。有向连线表示步的进展，它是垂直的或是水平的，通常从上向下或者从左向右。

步与步之间的进展有单序列、并行序列和选择序列三种结构。单序列由相继激活的一系列步组成。当转换实现能使几个序列同时激活时，这些序列称为并行序列。选择序列用于转换条件不同时满足，若满足某条件则向某步进展，若满足另一条件则向另一步进展。

一个控制系统可分为互相依赖的两部分：被控系统和施控系统。对于施控系统，活动步导致一个或数个命令。对于被控系统，活动步导致一个或数个动作。命令和动作用长方框内的文字或符号表示，长方框应与步的方框相连。命令或动作有存储型和非存储型之分。存储型命令或动作只有被后继步激励复位才能消除记忆。按命令和动作的持续时间分为延迟(D)、时限(L)及脉冲(P)三类。存储型用字母S表示，非存储型不用字母表示。功能表是近年推出的程序条件编制方法，它具有逻辑关系清晰、严格，描述关系明确等优点。

4.4 DCS控制算法的组态

由于DCS系统的通用性和复杂性，采用DCS实现具体的控制工程时，控制系统的结构、功能及匹配参数都需要根据具体方案由用户设定。例如，系统采集何种信号、采用何种控制模块、形成何种控制结构、操作及显示何种数据、设置何种操作界面等。为了适应各种特定的需要，各类DCS都备有丰富的I/O卡件、众多的功能模块及多样的操作平台，用户可根据控制方案及要求选择硬设备和软模块，并通过"组态"技术方法配置给系统，形成针对性的实际控制系统。

DCS通过组态可方便地完成常规控制结构和功能配置，而先进控制策略及结构可利用各种算法模块，通过图形组态及高级语言编程方式实现。因为不同DCS的组态平台形式各异，所以各自的组态方法也不尽相同。

4.4.1 DCS的控制功能模块

DCS是把各种控制算法编制成程序，并设计成模块形式，称为功能块(功能块存于控制器的ROM中)，功能块就是最基本的算法单元。DCS有许多种不同的功能块。通常情况下，DCS系统中包含多种类型的PID功能块。这是由于PID算法范围的划分不同以及功能块包括的功能不同形成的。比如，PID功能块是否包括输入信号的滤波、开方、超限报警等处理，各种DCS系统的处理方式不同，功能块的大小也就不相同。用户在组态时，应根据需要选用不同的功能块。DCS常用的基本功能模块见表4-2。

在控制功能块中，除各种PID模块以外，通常还包括以下几种类型的功能块：

(1) 运算类功能块；

(2) 输入/输出功能块；

(3) 通信功能块；

(4) 转换类功能块；

(5) 函数功能块；

(6) 逻辑功能块。

表 4-2 DCS 常用的基本功能模块分组

模块分组	功能模块
四则运算	加法，减法，乘法，除法，开平方，绝对值，指数，对数，多项式
逻辑运算	逻辑与，逻辑或，异或，逻辑非，RS 触发器，定时器，计数器，D 触发器，数字开关
比较运算	比较器，高选择，低选择，最大值，最小值，信号选择，统计，数值滤波，滞后比较
折线积算	流量积算，斜坡函数，折线函数，设定曲线，斜率
报警限制	幅值报警，开关报警，偏差报警，速率报警，幅值限制，速率限制，变化限制，接地选线
控制算法	操作器，PID 调节，开关手操，伺服放大，无扰切换，灰色预测，模糊控制，组合伺放，一阶惯性，二阶惯性，微分，积分，超前滞后，一阶滞后，二阶滞后
其他算法	时间运算，时间判定，事件驱动，模拟存储，一维插值，二维插值，多重测量，引用页，引用公式，条件跳转，顺控，调节门，类型转换

新型 DCS 的控制器由于内存容量加大，介于优化控制和基本控制的一些功能，可以由控制器的功能块组态来完成。DCS 实现控制的方法是千差万别的，国际上一直在努力统一编程标准，这个标准就是 IEC 1131-3。表 4-3 列出了北京和利时系统工程股份有限公司 MACS 系统提供的部分基本控制算法功能模块。

控制器中能完成的基本功能都可以通过功能块组态来完成。优化控制功能可以通过 DCS 中的高级编程语言组态编程和功能块结合实现。

表 4-3 MACS DCS 的部分基本功能模块说明

模块名称	模块图	功能算法	输入、输出端子说明
伺服放大	点名 I1 DV 伺服放大 I2 RV	取代硬伺服放大器，实现 DCS 与电动执行器直接相连 如果 I1(K)－I2(K)＞DI，则 DV＝1，RV＝0； 如果 I1(K)－I2(K)＜－DI，则 DV＝0，RV＝1； 如果 －DI≤I1(K)－I2(K)≤DI，则 DV＝0，RV＝0	输入端(I1) 输入端(I2) 输出端 DV 反向输出端 RV 输入死区(DI)，DI≥0
比例积分微分控制	点名 CS AV PV IC OC PID TS TP	Si 表示是否要采取积分分离措施，以消除残差 当| E(n)|＞ SV 时，Si＝0，为 PD 控制； 当| E(n)|＜＝ SV 时，Si＝1，为 PID 控制 从输入补偿端 IC 进入的值用来对偏差进行加补偿。即如果 IC 端有输入信号，则 E(n)要加上 IC 端的值（纯滞后控制）。从输出补偿端 OC 进入的值用来对控制量 U(n) 进行加补偿。即如果 OC 端有输入信号，则 U(n) 要加上 OC 端的值（前馈控制）	过程值输入(PV)；串级输入(CS)； 输入补偿(IC)；输出补偿(OC)； 跟踪量点(TP)；跟踪开关(TS)； 输出端(AV)；比例带(BD)； 积分时间(T_I)；微分增益(K_D)； 微分时间(T_D)

续表

模块名称	模块图	功能算法	输入、输出端子说明
手操器	点名 IN　AV FM PA　手操器 TS TP	该算法在自动方式下的计算公式为： $AV(K)=IN(K)+BS$ 手动方式时 按手动增减键，$AV(K)=AV(K-1)\pm MR\times(MU-MD)$ 按快速手动增减键，$AV(K)=AV(K-1)\pm OR$ 跟踪方式时，AV(K)等于跟踪量点的值。 如果 $AV(K)>OT$，$AV(K)=OT$； 如果 $AV(K)<OB$，$AV(K)=OB$。 当由手动切换到其他运行方式时，以输出变化率 OR 滑向目标值	输入端(IN)；强制手动开关(FM)，程控自动开关(PA)；跟踪开关(TS)；跟踪量点(TP)；输出端(AV)；输出偏置(BS)；输出变化率(OR)；输出上限(OT)；输出下限(OB)；量程上限(MU)；量程下限(MD)；工作方式(RM)；手动变化率(MR)
无扰切换	点名 I1　AV I2　无扰切换 SW	选择开关 SW (K)=0 时：$AV(K)=I1(K)$； SW (K)=1 时：$AV(K)=I2(K)$。 在切换发生时 AV 以变化率 OR 逐渐向选定的输出值靠近，即 $AV(K)=AV(K-1)+OR*(I2(K)-I1(K))$， 直到 $AV(K)=I2(K)$； 或 $AV(K)=AV(K-1)+OR*(I1(K)-I2(K))$， 直到 $AV(K)=I1(K)$； 若选择开关的点名为空，则 $AV(K)=I1(K)$	输入端1(I1) 输入端2(I2) 选择开关(SW) 输出端(AV) 输出变化率(OR)

4.4.2 控制算法的组态及流程

DCS可以完成各种类型的闭环控制、逻辑控制及数据采集等控制功能。DCS实现控制功能通常不需要编制程序，而是采用功能块组态的方法，形成控制策略及结构，然后，将控制策略及结构等组态结果下装到控制站，由控制站来实现闭环控制和顺序逻辑控制。各种DCS都是通过工程师站组态平台，来完成控制算法的编制及组态操作的。

虽然不同类型DCS的组态方法不尽相同，但其组态设计及操作的实质是具有同一性的。下面分别介绍不同时期典型DCS的组态流程及方法。

1. INFI-90系统的控制组态方法

INFI-90系统有许多种控制器，如COM、MFC、MFP、BRC等，但它们的组态方法是一样的。由于控制器的升级，原有的功能块可能不符合要求，所以又有新的功能块出现，到目前为止，已经有200多种功能块，它们采用小功能块的形式。工程师站有两类软件：一类为操作站作图,称为 SLDG 软件;另一类是 CAD 软件,形成控制器的控制策略。组态完成以后,将组态下装给控制器。无论对操作站,还是控制器组态,完成以后,工程师站均可离线工作。

组态时有 4 个方面的问题:

(1) 功能码(功能块的名称可用编码表示,这个编码称为功能码),由 DCS 厂家决定;

(2) 功能块的地址,由用户在厂家规定的范围内安排;

(3) 规格表,由用户填写,与控制原理有关;

(4) 与现场接线相连。

以上 4 个方面的问题对所有 DCS 都是存在的。根据以上 4 个内容,将功能块分为执行块、系统常数块、输入/输出块、用户组态块 4 种类型。

执行块包括影响模块综合操作的一些参数,系统常数如 0.1 和 100.0 等这样的一些数字量参数和模拟量参数。用这些常用的值进行模块组态时,只要可能就应尽量使用常数块,它们要求的内存比手动设定常数块少。输入/输出块是固定块地址,它们对应于一个模件,通过端子单元与现场输入、输出设备相连。对于用户组态来说,就是从功能块库中选择功能块,用以执行用户需要的控制逻辑,完成控制任务。所谓组态,就是选择功能块,并赋予地址(地址的范围是 DCS 厂家划分好的),填写参数,连接功能块。

有两种类型的 PID 功能块,功能码分别为 18 和 19,其中 18 号功能码的输入为 SP-PV 的偏差,规格有 10 条,S1 是偏差信号块地址,S3 是跟踪信号块地址,S4 是跟踪开关信号块地址,S3 和 S4 与站功能块有关。S9 和 S10 是输出的高低限制。它的输出如下:

$$输出(\%) = (S5) \times \{(S1)[(S6) + (S7)KI] + (S8)KD\}$$

式中,S5——增益放大倍数;

S6——比例常数;

S7——积分常数;

S8——微分常数。

另一块功能码为 19 的 PID 块,输入包括 SP 和 PV,该功能块有 12 条规格。图 4-27 所示的是功能码为 19 的 PID 功能块,该功能块有 4 个输入信号和一个输出信号,4 个输入信号分别是过程变量 S1(PV)、设定点 S2(SP)、跟踪参考信号 S3(TR)和跟踪开关信号 S4(TS),若跟踪开关信号 S4(TS)的值为逻辑 0,则 PID 算法的输出值将跟踪 S3 指定的跟踪参考值(TR),这主要是用来保证手动到自动的无扰动切换。该功能块有一个输出,N 表示用户在组态时为该算法模块分配的存储空间的块地址,该功能块的输出值将存放在该地址空间内。功能码为 19 的 PID 功能块的输出和规格分别见表 4-4 和表 4-5。

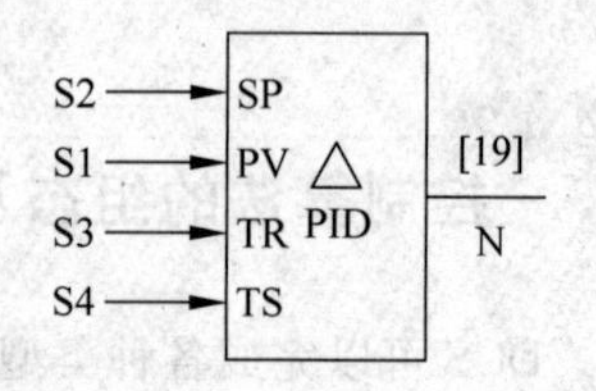

图 4-27 功能码为 19 的 PID 功能块

表 4-4 功能码为 19 的 PID 功能块的输出

块　号	数据类型	参数描述
N	实型	按百分数计的控制输出

表 4-5　功能码为 19 的 PID 功能块的规格

规格数	可调性	默认值	数据类型	数据范围	参数描述
S1	No	5	整型	0～255/2046	过程变量输入块地址
S2	No	5	整型	0～255/2046	设定值输入块地址
S3	No	5	整型	0～255/2046	跟踪参考信号输入块地址
S4	No	1	整型	0～255/2046	跟踪开关信号输入块地址：0＝跟踪；1＝释放
S5	Yes	1.000	实型	实数	增益放大系数(K)
S6	Yes	1.000	实型	实数	比例系数(KP)
S7	Yes	0.000	实型	实数	积分系数(KI)
S8	Yes	0.000	实型	实数	微分系数(KD)
S9	Yes	105.0	实型	实数	输出上限
S10	Yes	－5.000	实型	实数	输出下限
S11	Yes	0	布尔型	0 或 1	0＝正常；1＝积分
S12	Yes	0	布尔型	0 或 1	0＝正作用；1＝反作用

在 INFI-90 系统中，站功能块的输出和输入没有直接的关系，它是控制器和人机沟通的功能块，把设定值(SP)送给控制器，并完成自动/手动的切换，在转换时，完成值的跟踪。INFI-90 系统有 3 种类型的站功能块，它们是基本站、串级站和比例站，应用于单回路、串级和比例控制系统中，功能码分别为 21、22、23。组态时，站功能块一定是与 PID 功能块连在一起的。图 4-28 所示为基本站功能块，共有 16 条规格。功能码为 21 的基本站功能块的输出和规格分别见表 4-6 和表 4-7。

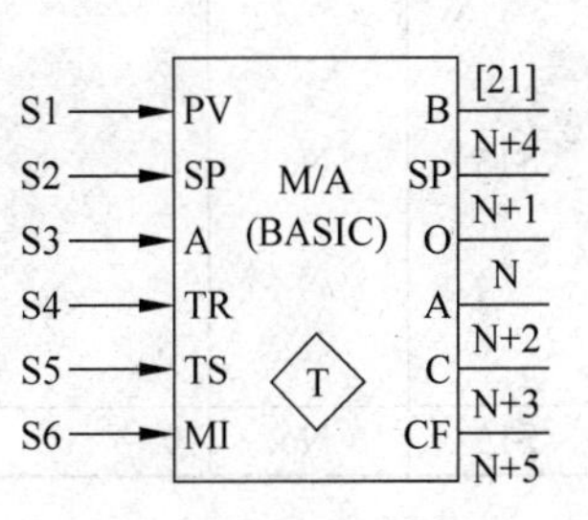

图 4-28　基本站功能块

表 4-6　功能码为 21 的基本站功能块的输出

块　号	数据类型	参数描述
N	实型	按百分数计的控制输出
N＋1	实型	按工程单位计的设定值
N＋2	布尔型	工作方式：0＝手动；1＝自动
N＋3	布尔型	控制级别：0＝本机；1＝计算机
N＋4	布尔型	基本站总是 0
N＋5	布尔型	计算机备用状态，表示计算机暂停：0＝否；1＝是

表 4-7　功能码为 21 的基本站功能块的规格

规格数	可调性	默认值	数据类型	数据范围	参数描述
S1	No	0	整型	0～255	过程变量输入块地址
S2	No	5	整型	0～255	设定值输入块地址
S3	No	0	整型	0～255	自动信号或输入的块地址
S4	No	5	整型	0～255	控制输出跟踪信号输入块地址
S5	No	0	整型	0～255	跟踪开关信号输入块地址：0＝不跟踪；1＝跟踪

续表

规格数	可调性	默认值	数据类型	数据范围	参数描述
S6	No	5	整型	0～255	手动连锁块地址：0=释放；1=手动
S7	Yes	100.00	实型	实数	过程变量高报警点
S8	Yes	0.000	实型	实数	过程变量低报警点
S9	Yes	4.0E06	实型	实数	偏差报警点
S10	No	100.00	实型	实数	过程变量和设定点的信号量程
S11	No	0.000	实型	实数	过程变量0值
S12	No	0.000	实型	实数	设定点0值
S13	No	0	整型	0～255	工程单位标识符(仅供控制台用)
S14	Yes	0	整型	0～255	设定点跟踪选项： 0=不跟踪；1=过程变量(是)；2=手动(S2)； 3=手动或自动(S3)
S15	No	0	整型	0～255	计算机暂停选择： 0=计算机手动/自动方式不变 1=计算机手动；2=计算机自动 3=计算机串级/比率方式 4=本机手动/方式不变 5=本机手动；6=本机自动 7=本机串级/比率方式
S16	No	0	整型	0～255	数字控制站地址

图4-29为INFI-90系统的单回路控制组态图。从组态图中可看出，首先将现场信号送到AI端子块(功能码为27)，其次传到PID功能块(功能码为19)处理后，进入基本站功能块(功能码为21)，最后送到AO端子块(功能码为29)输出。

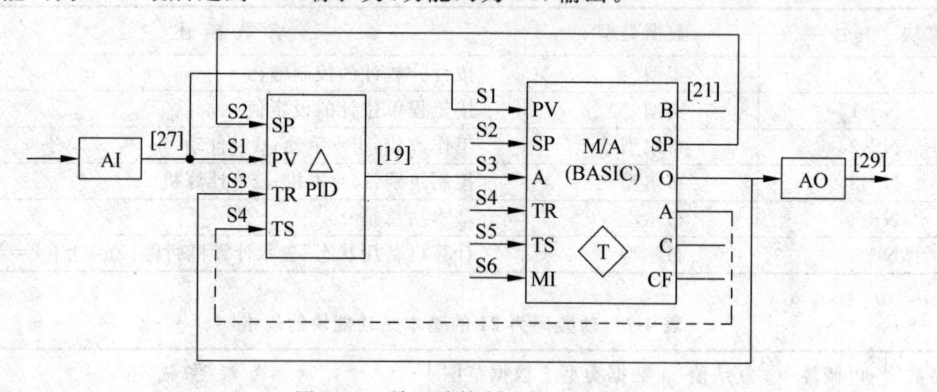

图4-29　单回路控制系统组态图

图4-30为INFI-90系统的串级控制组态图。组态图表达如下：先将现场信号送到AI端子块(功能码为27)，再到PID功能块(功能码为19)，然后，到基本站功能块(功能码为21)，它的输出是第二个PID功能块(功能码为19)的设定，紧跟第二个PID功能块的是串级站功能块(功能码为22)，最后送到AO端子块(功能码为29)输出。在这里，串级站功能块的作用一方面是接受主调节器的输出作为副调节器的设定值输入，另一方面是作为一个人

机操作接口，实现控制系统的手动与自动之间的切换和手操控制功能。

以上所示的组态图是在工程师站上通过系统组态工具软件WCAD生成的。在工程师站进入WCAD程序后，根据所制定的控制策略选取相应的功能码，将功能块图符移入至CRT上的绘图区域，再进行功能块之间的连线，构成相应的信号连接关系。然后给所用的功能块赋予块地址，填写功能块的规格参数表。最后对所生成的组态图进行交叉编译，就可生成能够在控制模件中运行的组态程序。

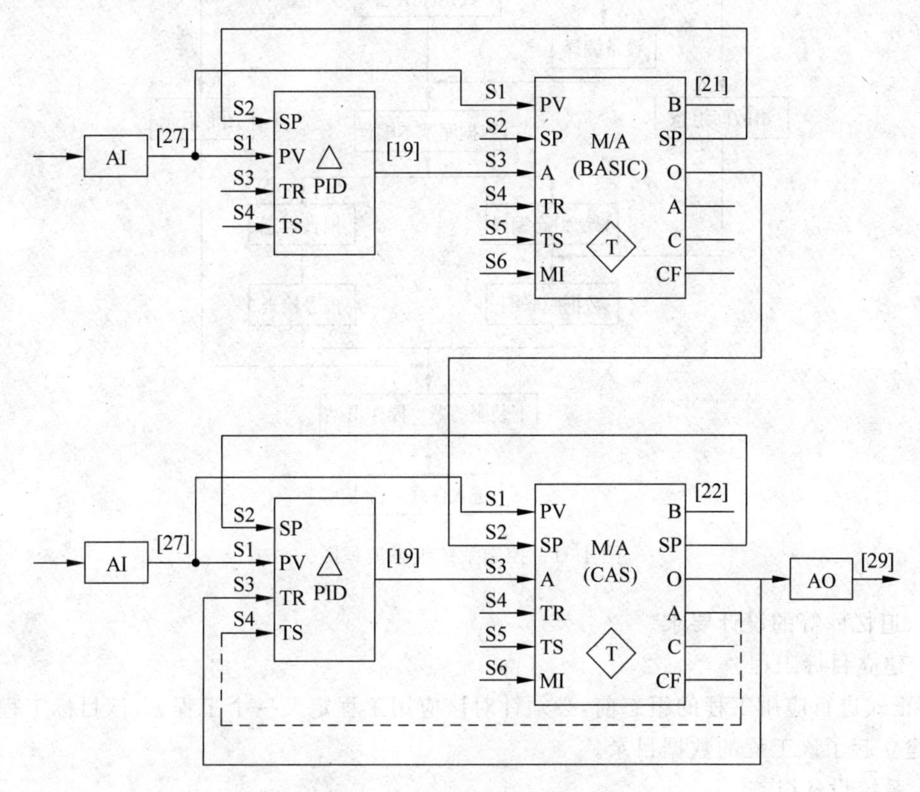

图4-30 串级控制系统组态图

2. MACS的应用组态流程

MACS系统是北京和利时公司开发的新一代DCS。此系统给用户提供的是一个通用的系统组态和运行控制平台，应用系统需要通过工程师站软件组态产生，即把通用系统提供的模块化功能单元按一定的逻辑组合起来，形成一个完成特定要求的应用系统。系统组态后将产生应用系统的数据库、控制运算程序、历史数据库、监控流程图以及各类生产管理报表。

应用系统组态推荐采用图4-31所示的流程。事实上，各子系统在编辑时是可以并行进行的，无明确的先后顺序。

下面分别对每个主要步骤的内容及相关概念作进一步说明。

1）前期准备工作

前期准备工作是指在进入系统组态前，应首先确定测点清单、控制运算方案、系统硬件配置（包括系统的规模、各站I/O单元的配置及测点的分配等），还要提出对流程图、报表、

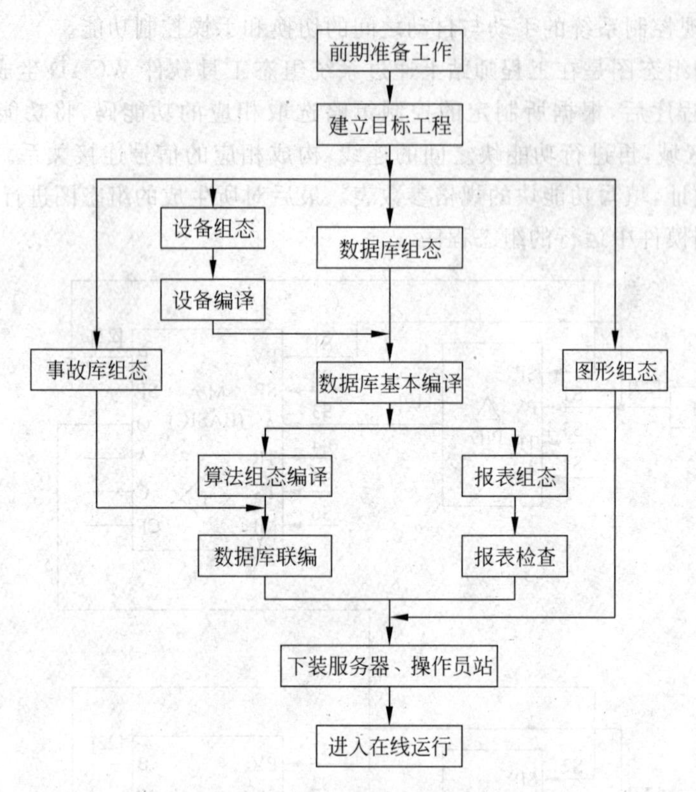

图 4-31 控制系统组态流程图

历史库、追忆库等的设计要求。

2) 建立目标工程

在正式进行应用工程的组态前,必须针对该应用工程定义一个工程名,该目标工程建立后,便建立起了该工程的数据目录。

3) 系统设备组态

应用系统的硬件配置是通过系统配置组态软件完成。采用图形方式,系统网络上连接的每一种设备都与一种基本图形对应。在进行系统设备组态之前,必须在数据库总控中创建相应的工程。

4) 数据库组态

数据库组态就是定义和编辑系统各站点信息,这是形成整个应用系统的基础。在MACS系统中有两类数据库组态。

(1) 实际的物理测点,存在于现场控制站和通信站中,点中包含了测点类型、物理地址、信号处理和显示方式等信息。

(2) 虚拟量点,同实际物理测点相比,差别仅在于没有与物理位置相关的信息,可在控制算法组态和图形组态中使用。

数据库组态编辑功能包括数据结构编辑和数据编辑两个部分。

(1) 数据结构编辑

为了体现数据库组态方案的灵活性,数据库组态软件允许对数据库结构进行组态,包括添加自定义结构(对应数据库中的表)、添加数据项(对应数据库中的字段)、删除结构、删除

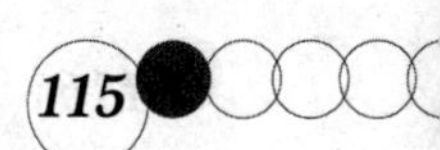

项操作。但无论何种操作都不能破坏数据库中的数据，即应保持数据的完整性。修改表结构后，不需更改源程序就可动态地重组用户界面，增强数据库组态程序的通用性。此项功能面向应用开发人员，不对用户开放。

(2) 数据编辑

数据编辑为工程技术人员提供了一种可编辑数据库中数据的手段。数据库编辑按应用设计习惯，采用按信号类型和工艺系统统一编辑的方法，而不需要按站编辑。此功能在提供数据输入手段的同时，还提供数据的修改、查找、打印等功能。此项功能面向最终用户。

5) 算法组态

在完成数据库组态后就可以进行控制算法组态。MACS 系统提供了符合国际 IEC 1131-3 标准的五种工具：SFC、ST、FBD、LD 和 FM。

(1) 变量定义。算法组态要定义的变量如下：在功能块中定义的算法块的名字；计算公式中的公式名(主要用于计算公式的引用)；各方案页定义的局部变量(如浮点型、整型、布尔型等)；各站全局变量。

其中功能块名和公式名命名规则同数据库点一致且必须唯一，在定义的同时连同相关的数据进行定义。各方案页定义的局部变量在同一方案页中不能同名。在同一站中不能有同名的站全局变量。

(2) 变量的使用。在算法组态中，变量使用的规则如下。

① 对于数据库点，用点名、项名表示，项名由两个字母或数字组成。

② 站全局变量可以在本站内直接使用，而其他站不能使用。

③ 站局部变量仅在定义该点的方案页中使用，变量可以在站变量定义表中添加。该变量的初始值由各方案页维护。方案页定义的局部变量的名字可以和数据库点或功能块重名，在使用上不冲突。常数定义，根据功能块输入端所需的数据类型直接定义。

(3) 编制控制运算程序。

6) 图形、报表组态

图形组态包括背景图定义和动态点定义，动态点动态显示其实时值或历史变化情况，因而要求动态点必须同已定义点相对应。通过把图形文件连入系统，就可实现图形的显示和切换。图形组态时不需编译，相应点名的合法性不作检查，在线运行软件将忽略无定义的动态点。

报表组态包括表格定义和动态点定义。报表中大量使用的是历史动态点，编辑后要进行合法性检查，因此这些点必须在简化历史库中有定义，这也规定了报表组态应在简化历史库生成后进行。

7) 编译生成

系统联编功能连接形成系统库，成为操作员站、现场控制站上的在线运行软件的运行基础。简化历史库、图形、追忆库和报表等软件涉及的点只能是系统库中的点。

系统库包括实时库和参数库两个组成部分，系统把所有点中变化的数据项放在实时库中，而把所有点中不经常变化的数据项放在参数库中。服务器中包含了所有的数据库信息，而现场控制站上只包含该站相关的点和方案页信息，这是在系统生成后由系统管理中的下装功能自动完成的。

8）系统下装

应用系统生成完毕后，应用系统的系统库、图形和报表文件通过网络下装到服务器和操作员站。组态产生的文件也可以通过其他方式装到操作员站，并要求操作人员正确了解每个文件的用途。服务器到现场控制站的下装是在现场控制站启动时自动进行的。

大型复杂的DCS控制系统组态是根据整体的控制方案分布按阶段通过组态各子系统后，按序逐步组合调整形成的。同一系列的DCS的组态思路和操作是相近的。为了便于读者理解，下面根据串级控制算法来介绍MACS控制算法组态的方法。

3. MACS的控制组态方法

(1) 工程分析

串级控制系统需要两个输入信号端子和一个输出端子，因此选用FM148A模拟量输入模块和FM151模拟量输出模块。FM148A的2、3通道采集主、副参数，串级控制输出由模拟量输出模块FM151的1通道送出。

(2) 建立工程

打开数据库组态工具，在数据库组态界面下新建工程，添加新的工程名。

(3) 编辑数据库

① 编辑数据库：输入用户名和密码，单击“确定”按钮，进入数据库编辑界面。

② 数据操作：因为串级控制用到两个模块，三个通道，所以只需要编辑三个点号，分别选择两个AI和一个AO，设置项名，单击“确定”按钮并添加记录。

③ 设备号即设备地址：输入通道为2(FM148)，输出通道为4(FM151)，单击“更新数据库”按钮即可保存。

④ 数据库编译：若显示数据库编译成功，则数据库组态完毕。

(4) 系统设备组态

① 打开设备组态工具；选择打开新建的工程。

② 选择编辑系统设备，打开“系统设备组态”对话框。

③ 选中MACS设备组态，选择添加节点。

④ 选择现场控制站，选择添加设备，分别添加主控单元、以太网卡。

⑤ 分别添加操作员站、服务站及以太网卡属性设置，系统设备设置完毕。

(5) I/O设备组态

① 打开设备组态工具定义I/O设备。

② 选择编辑I/O设备，打开I/O设备组态。

③ 选择“查看”→“自定义链路”命令，选择DP链路，关联主卡选择HSFM121. hsg。

④ 选择“查看”→“自定义设备”命令，在DP链路下添加新的设备，引入你所用的设备，FM148选用hsfm148. hsg，FM151选用hsfm151. hsg。

⑤ 选择“现场控制站”添加DP链路。新的设备为FM145、FM151。

⑥ 选中FM145，更改属性将地址设置为2，选用通道的信号量程为0～5V；选择FM151，更改属性将地址设置为4，选用通道的信号量程为4～20mA。

⑦ 单击“确定”按钮，显示编译成功。即将组态数据保存到数据库，设备组态完毕。

(6) 算法组态

① 打开算法组态界面。

② 打开新建的工程文件。

③ 在新建的工程下新建站为服务器和控制站选中,选择新建方案,在"新建方案"对话框中输入方案名称。

④ 选择 FBD 的编程方式,如图 4-32 所示。

⑤ 选择功能模块→控制算法→PID 模块,设置属性,如图 4-33 所示。

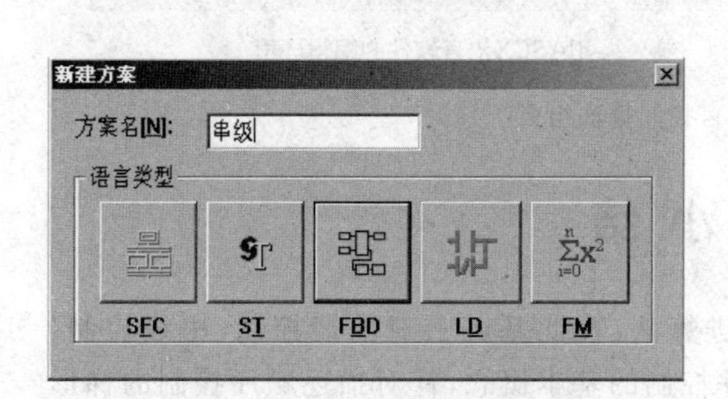

图 4-32 选择功能模块示意图

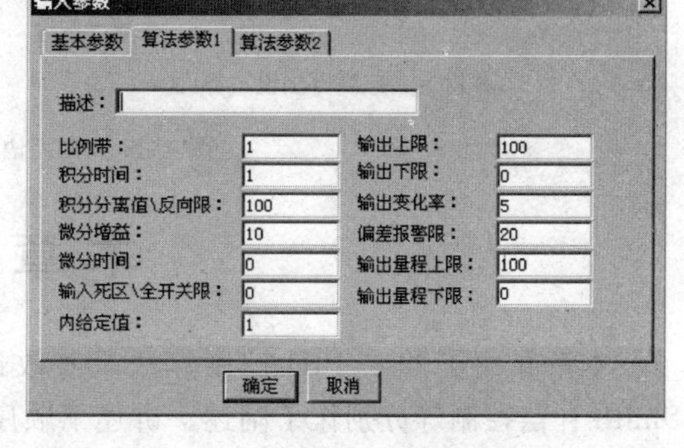

图 4-33 输入功能模块参数

⑥ 将 PID1 功能模块拖入编辑窗体中的位置上。同样,将 PID2、MUL 各放在相应的位置上。

⑦ 根据控制方案及结构,选择各个功能块输入、输出端子连线,形成控制方案。编译成功后,退出算法组态。MACS 的串级控制组态结构如图 4-34 所示。

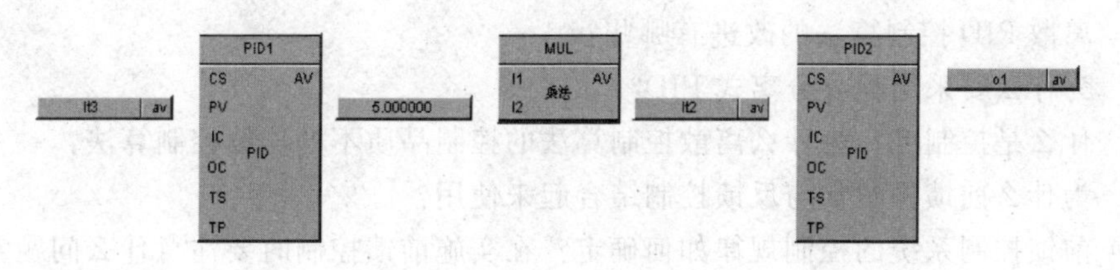

图 4-34 MACS DCS 的串级控制算法组态结构

4. 先进控制的组态方法

先进控制算法可以通过 DCS 中的高级语言编制相应的算法,通过其程序语言中的过程参数读、写语句同过程变量交互信息。例如,JX-300X DCS 实现先进控制算法与过程连接的方法如下。

启动 SCXKey 组态软件,打开需要开发自定义语言算法的工程应用。然后在"控制组态"菜单中找到"SCX 语言"并激活选择对话框,按提示操作,如图 4-35(a)所示。

在弹出 SCX 语言软件的编辑环境后,就可以根据先进控制算法编制的源代码进行程序输入了,如图 4-35(b)所示。源代码输入完毕后,即可保存成源代码文件,形成对应的先进控制算法模块,嵌入 DCS 控制系统中实现其控制功能。

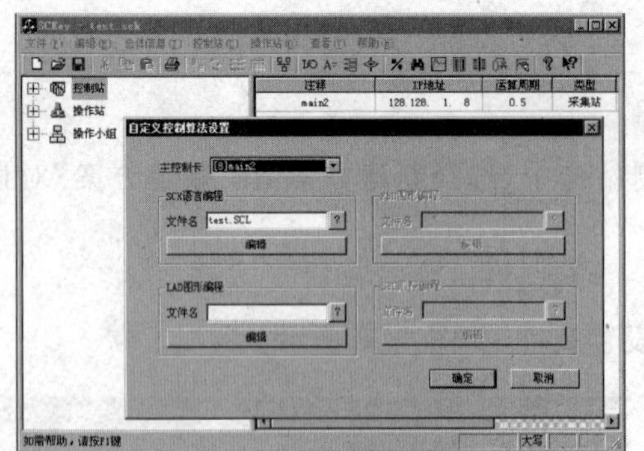

(a) 自定义控制算法设置界面

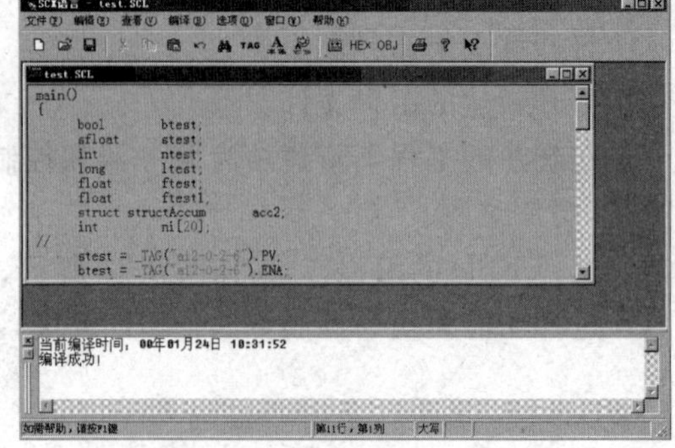

(b) SCX语言软件的编辑环境

图 4-35 SCX 语言控制算法组态

本章小结

本章介绍了数字 PID 控制算法及其改进算法，在此基础上对前馈控制、串级控制、Smith 补偿控制等分别作了阐述。讲述了顺序控制的基本概念，针对描述顺序控制的梯形图以及编制方法作了相应的说明。本章最后以不同时期的 DCS 系统为例，介绍了控制算法在 DCS 中的实现方法以及组态过程。

习 题

4-1 离散 PID 控制算法有几种不同的基本形式？

4-2 离散 PID 控制算法的改进有哪些？

4-3 为什么要采用积分分离式 PID？

4-4 什么是控制度？为什么离散控制算法的控制品质不如连续控制算法？

4-5 为什么前馈控制常与反馈控制结合起来使用？

4-6 前馈控制系统的控制规律如何确定？在实施前馈控制时要注意什么问题？

4-7 用框图说明 Smith 补偿控制的工作原理。

4-8 比值控制有哪些类型？各有什么特点？

4-9 什么是顺序控制？

第5章 DCS数据通信及网络

通信是信息从一处传输到另一处的过程。任何通信系统都是由发送装置、接收装置、信道和信息四大部分组成的。发送装置将信息送上信道，信息由信道传送给接收装置。信息的传输必须遵守一定的规则，这些规则就是本章要介绍的通信协议。同样，信息传输过程要保证准确、快速和高效，需要采取相应的数据通信技术和差错控制技术，理解这些技术有利于学习DCS尤其是现场总线技术。

数据通信是指两台或两台以上的计算机之间以二进制的形式进行信息传输与交换的过程，它的实质是相互传送数据。数据通信中的许多基本概念和术语对于理解数据通信系统的工作原理是非常重要的，本章首先介绍数据通信的相关基本概念。

5.1 数据通信的基本概念

5.1.1 信息、数据、信号和信道

1. 信息

信息是对客观事物属性和特性的表征。它反映了客观事物的存在形式与运动状态，它可以是对物质的形态、大小、结构、性能等全部或部分特性的描述，也可以是物质与外部的联系。信息是字母、数字及符号的集合，其载体可以是数字、文字、语音、视频和图像等。

2. 数据

数据是指数字化的信息。在数据通信过程中，被传输的二进制代码(或者说数字化的信息)称为数据。数据是传递信息的载体，它涉及事物的表现形式。

数据与信息的区别：数据是装载信息的实体，信息则是数据的内在含义或解释。

数据有两种类型：数字数据和模拟数据，前者的值是离散的，而后者的值则是连续变化的量。

3. 信号

信号简单地说就是携带信息的传输介质。数据通信中信号是数据在传输过程中的电磁波的表示形式。根据信号参量取值的不同，信号有两种表示形式：模拟信号与数字信号。

4. 信道

信道是信息从信息的发送地传输到信息接收地的一个通路，它一般由传输介质(线路)及相应的传输设备组成。同一传输介质上可以同时存在多条信号通路，即一条传输线路上可以有多条信道。

数据是运送信息的实体，而信号则是数据的电气的或电磁的表现。无论数据或信号，都可以是模拟的或数字的。所谓“模拟的”就是连续变化的，而“数字的”就表示取值是离散的。因此，数字数据就是用不连续形式表示的数据。

5.1.2 数据通信系统

1. 数据通信系统的组成

通常一个数据通信系统可分为三个组成部分：源系统、传输系统、目的系统，如图 5-1 所示。

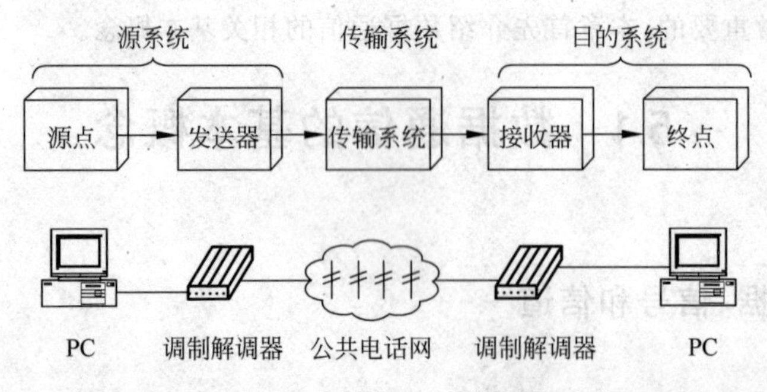

图 5-1 通信系统模型图

(1) 源系统包括两个部分。

① 源点：源点产生所需要传输的数据，如文本或图像等。

② 发送器：通常源点生成的数据要通过发送器编码后才能够在传输系统中进行传输。

(2) 目的系统包括两个部分。

① 接收器：接收传输系统传送过来的信号，并将其转换为能够被目的设备处理的信息。

② 终点：终点设备从接收器获取传送来的信息。终点也称为目的站。

(3) 传输系统包括以下两个部分。

① 传输信道：它表示向某一方向传输信息的介质，一条信道可以看成一条电路的逻辑部件。一条物理信道(传输介质)上可以有多条逻辑信道(采用多路复用技术)。

② 噪声源：包括影响通信系统的所有噪声，如脉冲噪声和随机噪声(信道噪声、发送设备噪声、接收设备噪声)。

2. 数据通信系统的主要技术指标

数据通信系统的技术指标主要从数据传输的数量和质量两方面考虑。

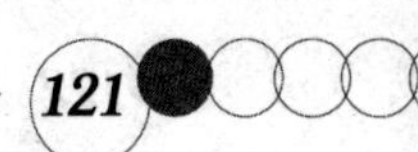

数据传输的数量指标主要包括两个方面：一方面是信道的传输能力，用信道容量来衡量；另一方面是信道上传输信息的速度，用数据传输速率来表示。

数据传输的质量是指信息传输的可靠性，一般使用误码率来衡量。

(1) 数据传输速率

数据传输速率是指传输线路上信号的传输速度。它有两种表示形式：信号速率和调制速率。

① 信号速率

信号速率又称为比特率，是指每秒传输二进制代码的比特位数，如 9600 比特/秒表示每秒能传输 9600 个比特位，其单位比特/秒常简写为 b/s 或 bps。

在实际的应用中，除了采用 bps 作为数据传输速率的单位外，还经常采用单位时间内传输的字符数、分组数、报文数等来表示。

② 调制速率

调制速率又称为码元速率，所谓码元是承载信息的基本信号单位。码元速率是指单位时间内信号波形的变换次数，即通过信道传输的码元个数。若信号码元宽度为 T，则码元速率 $B=1/T$。码元速率也称波特率，通常用来表示调制解调器之间传输信号的速率。

(2) 误码率

通常把信号传输中的错误率称为误码率，它是衡量差错的标准。在二进制电平传输时，误码率等于二进制码元在传输中被误传的比率，即用接收错误的码元数除以被传输的码元总数所得的值就是误码率。

(3) 信道容量

信道是信息传递的必经之路，它有一定的容量。信道容量是指它传输信息的最大能力，通常用单位时间内可传输的最大比特数来表示。信道容量的大小由信道的频带 F 和可使用的时间 T 及能通过的信号功率与干扰功率之比决定。

(4) 信道带宽

信道的带宽在不同环境中有不同的定义。在通信系统中，带宽是指在给定的范围内可用于传输的最高频率与最低频率的差值。

对于数字信道，“带宽”是指在信道上(或一段链路上)能够传送的数字信号的速率，即数据率或比特率。比特(bit)是计算机中的数据的最小单元，它也是信息量的度量单位。带宽的单位就是比特每秒(b/s)。

(5) 信道延迟

信道延迟是指信号从信源发出经过信道到达信宿所需的时间，它与信源到信宿间的距离及信号在信道中的传播速度有关。在多数情况下，信号在不同的介质中速度略有不同。在具体的网络中，应该考虑该网络中相距最远的两个站点之间传输信号的延迟，并根据延迟的大小来决定采用什么样的网络技术。

5.1.3 数据传输方法

1. 模拟传输与数字传输

模拟通信系统通常由信源、调制器、信道、信宿与噪声源组成，信道上传输的信号是模拟信号。信源是信息产生的发源地，所产生的模拟信号一般要经过调幅、调频、调相等调制方式再通过信道进行传输。

数字通信系统的组成与模拟通信系统相比，增加了信源编码器对模拟信号进行采样、量化和编码，使其变成数字信号，然后经过信道编码器进行逆过程，用于实现信道的编码，以降低信号的误码率，再经过调制器将其基带信号调制成宽带信号进行传输。在信道上传输的信号是数字信号。

2. 串行传输与并行传输

数据在信道上传输时，按使用信道的多少来划分，可以分为串行方式和并行方式。

串行传输是指把要传输的数据编成数据流，在一条串行信道上进行传输，一次只传输一位二进制数，接收方再把数据流转换成数据。在串行传输方式下，只有解决同步问题，才能保证接收方正确地接收信息。串行传输的优点是只占用一条信道，易于实现，利用较为广泛。

并行传输是指数据以组为单位在各个并行信道上同时进行传输。例如，把构成一个字符位的二进制代码同时在几个并行信道上进行传输，如用8位二进制代码表示一个字符时，就用8个信道进行并行传输。接收双方不需要增加“起”、“止”等同步信号，并行传输通信效率较高，但是因为并行传输的信道实施不便捷，远距离传输相对费用较大，一般较少使用。串行与并行传输示意图如图5-2所示。在DCS中，数据通信网络几乎全部采用串行传输方式，因此，本章主要讨论串行通信方式。

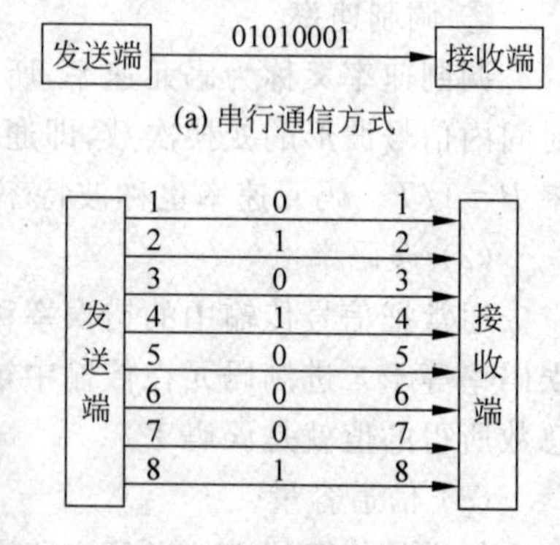

图 5-2　串行传输与并行传输

3. 同步传输与异步传输

按照通信双方协调方式的不同，数据传输方式可分为异步传输和同步传输两种。数据在传输线路上传输时，为保证发送端发送的信息能够被接收端正确无误地接收，就要求接收端要按照发送端所发送的每个码元的起止时间和重复频率来接收数据，即收发双方在时间上必须取得一致，否则即使微小的误差也会随着时间的增加而逐渐地积累起来，最终造成传输的数据出错。为保证数据在传输途中的完整，接收和发送双方须采用“同步”技术，该技术包含异步传输和同步传输两种。

在异步传输中，信息以字符为单位进行传输，每个信息字符都具有自己的起始位和停止位，一个字符中的各个位是同步的，但字符与字符之间的时间间隔是不确定的。

在同步传输中，信息不是以字符而是以数据块为单位进行传输的。通信系统中有专门用来使发送装置和接收装置保持同步的时钟脉冲，使两者以同一频率连续工作，并且保持一定的相位关系。在这一组数据或一个报文之内不需要启停标志，所以可以获得较高的传输速度。

4. 基带传输与载带传输

按照在传输线路中数据是否经过了调制变形处理再进行传输的方式，数据传输可分为基带传输、载带传输和宽带传输。

(1) 基带传输

所谓基带传输，就是在数字通信信道上直接传送数据的基带信号。在计算机等数字设备中，一般的电信号形式为方波，分别用高电平或低电平来表示“1”或“0”。人们把方波固有的频带称为基带。方波电信号称为基带信号，在信道上直接传输未经调制的信号称为基带传输，基带传输所使用的信道称基带信道。

(2) 载带传输

基带传输不适用于远距离数据传输。当传输距离较远时，需要进行调制。用基带信号调制载波之后，在信道上传输调制后的载波信号，这就是载带传输。目前常采用的手段是使用基带数字信号对一个模拟信号的某些特征参数(如振幅、频率、相位等)进行控制，使模拟信号的这些参数随基带脉冲一起变化，然后把已调制的模拟信号通过线路发送给接收端，接收端再对信号进行解调，从而得到原始信号。

(3) 宽带传输

如果要在一条信道上同时传送多路信号，各路信号可以以不同的载波频率加以区别，每路信号以载波频率为中心占据一定的频带宽度，整个信道的带宽为各路载波信号所分享，实现多路信号同时传输。宽带传输就是通过多路复用的方法把较宽的传输介质的带宽分割成几个子信道来达到同时传播声音、图像和数据等多种信息的传输模式。

5. 单工通信与双工通信

按照数据通信的双方信息交互的方式来看，可以把数据通信方式分为单工通信、半双工通信和全双工通信 3 种方式。

(1) 单工方式：数据在任何时间只能沿单方向传输的通信方式，如图 5-3(a)所示，单工通信设备成本相对便宜。

(2) 半双工方式：信息可以沿着两个方向传输，但在某一时刻只能沿一个方向传输的通信方式，如图 5-3(b)所示。

(3) 全双工方式：信息可以同时沿着两个方向传输的通信方式，如图 5-3(c)所示。

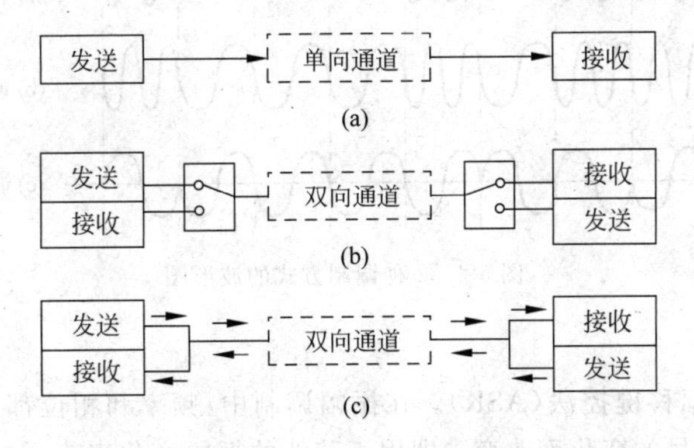

图 5-3 单工方式、半双工方式和全双工方式通信示意图

5.2 数据通信技术

数据是指对数字、字母以及组合意义的一种信息表达，而工业数据一般指与工业过程密切相关的数值、状态、指令等信息的表达。例如表示工业过程中的温度、压力、流量、液位等参数的数值都是典型的工业数据。工业过程中也常用数字 1 或 0 表示管道阀门的开或关，以及用数字 1 或 0 表示生产过程处于正常或非正常状态等。

数据通信是两点或多点之间借助某种传输介质以二进制形式进行信息交换的过程，是计算机与通信技术结合的产物。将数据准确、及时地传送到正确的目的地是数据通信系统的基本任务。数据通信主要涉及通信协议、信号编码、同步、多路复用、数据交换、差错控制、通信控制与管理等技术。

5.2.1 数据编码技术

1. 数字信号模拟传输的编码

数字信号模拟传输时采用的方法是对信号进行调制，即使用数字信号对一个模拟信号的某些特征（如频率、振幅、相位等）进行控制，使模拟信号的这些参数随着数字信号的变化而改变，也称为载波。

调制的信号通过线路发送到接收端，接收端再把数字信号从模拟信号中分离出来，恢复原来的信号，这一过程称为解调。负责调制的设备称为调制器；负责解调的设备称为解调器；同时既有调制功能，又有解调功能的设备，称为调制解调器。

常用的调制方法有以下 3 种，如图 5-4 所示。

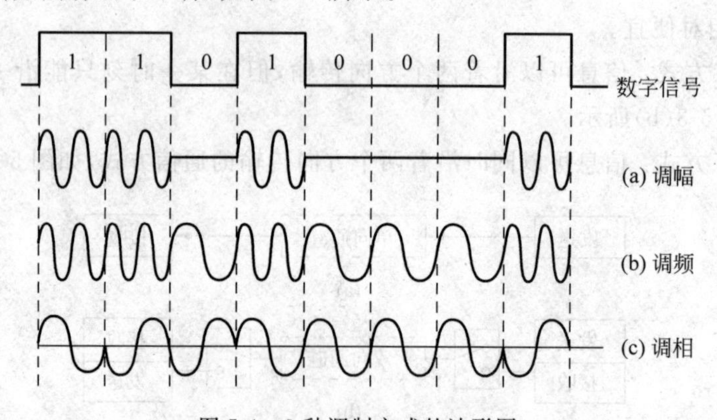

图 5-4 3 种调制方式的波形图

(1) 振幅调制

振幅调制又称幅移键控法（ASK）。在振幅调制中，频率和相位都是常数，只有振幅是变量，它随着数字信号的变化而改变。即用正弦波的振幅变化来表示二进制数据。通常同一载波频率下的有振幅表示二进制数据 1，无振幅表示二进制数据 0。调幅技术实现起来简单，但抗干扰性差。

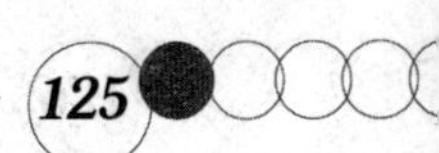

(2) 频率调制

频率调制又称频移键控法(FSK)。频率调制是使载波信号的频率随数字信号的变化而变化。在此种调制方式中，振幅、相位为常量，频率为变量，数字信号0和1分别用两种不同频率的波形表示。

频率调制实现起来简单，而且抗杂音、抗失真和抗电平变化的能力较强，既可用于同步传输，又可用于异步传输。因此，频率调制在数据传输中得到了较广泛的应用，特别适合于低成本、低速率的数据传输，其缺点是带宽利用率低。

(3) 相位调制

相位调制又称相移键控法(PSK)。利用数字信号来控制载波的相位使其随着数字信号的改变而改变。在这种调制方式中，振幅、频率为常量，相位为变量，信号0和1分别用不同相位的波形表示。

相位调制有两种基本形式，即绝对调相与相对调相。在绝对调相中，数字信号0和1的载波信号表示相位不同，相位0表示数字0，相位π表示数字1；或者反之亦可。

相对调相中，当传输数字为1时，则相位相对于前一码元产生相位移动，当传输数字为0时相位保持不变；反之亦可。为了提高速度，还有多相调制，如四相制中相位角有4种变化，分别表示00、01、10、11。

相位调制抗噪声干扰和抗衰减较强，占用带宽较窄，因而在实际应用中，使用比较广泛。其缺点是实现起来较为复杂。

2. 模拟信号数字传输的编码

数字传输通信与模拟通信系统相比有很多的优点。

由于数字通信具有抗干扰能力强、无噪声积累、数字信息易于加密且保密性强等特点，所以也常把模拟数据通过数字信道传输。在发送端，模拟信号经过编码器可以转换成数字信号，接收端再经过译码器把数字信号还原成模拟信号。脉冲编码调制(PCM)就是进行数字化时常采用的技术。

脉冲编码调制的操作过程分为采样、量化和编码3部分，如图5-5所示。

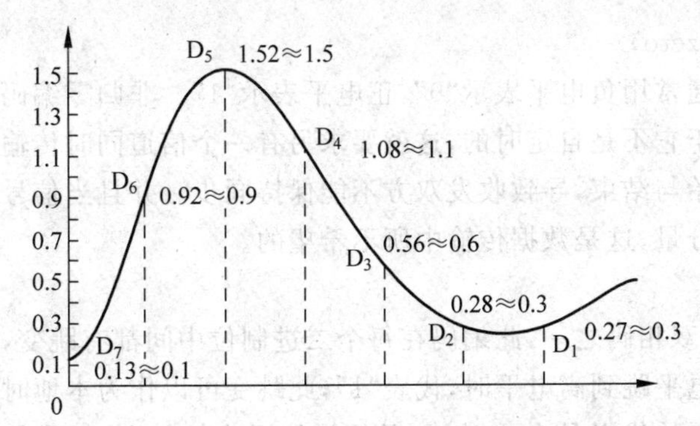

样本	量化级	编码	脉冲编码
D_1	3	0011	■ ■
D_2	3	0011	■ ■
D_3	6	0110	■ ■
D_4	11	1011	■ ■ ■
D_5	15	1111	■ ■ ■ ■
D_6	9	1001	■ ■
D_7	1	0001	■

图5-5 模拟信号的量化与编码

(1) 采样

采样是在一定的时间间隔T，取模拟信号的瞬间值为样本，这一系列连续的样本，用来代表模拟信号在某一区间随时间变化的值。

在采样过程中，必须满足采样定理，即采样频率大于或等于模拟信号最高频率的两倍，才能保证采样后的离散序列能无失真地恢复出原始的连续模拟信号。

(2) 量化

量化是对采样后得到的离散序列值逐一进行判断，决定各值是属于哪一量级，并将幅值按量化级取整转化为离散的值。量化的等级决定了量化的精度，量化级越大，量化精度越高；反之，量化精度越低。

(3) 编码

编码是指用一定位数的二进制代码表示量化等级，将模拟信号转换成对应的二进制代码，并把编码以脉冲的形式送往信道传输，这样，模拟信号就可以转化成数字信号传输。

3. 数字数据的编码

对于数字信号的基带传输，二进制数字在传输过程中可以采用不同的编码方式，各种编码方式的抗干扰能力和定时能力各不相同，常见的数字数据编码方案有非归零编码、曼彻斯特编码及微分曼彻斯特编码，如图 5-6 所示。

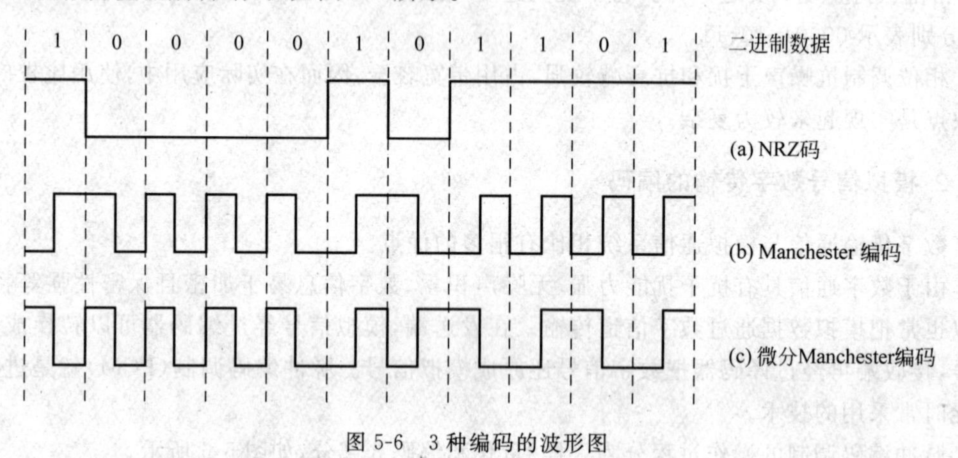

图 5-6 3 种编码的波形图

(1) 非归零编码 NRZ(none return zero)

非归零编码的表示方法有多种，但通常用负电平表示“0”，正电平表示“1”。非归零编码的优点是实现简单，成本较低。缺点在于它不是自定时的，这就要求另有一个信道同时传输同步时钟信号，否则无法判断一位的开始与结束，导致收发双方不能保持同步。并且当信号中“1”与“0”的个数不相等时，存在直流分量，这是数据传输中所不希望的。

(2) 曼彻斯特编码(Manchester)

曼彻斯特编码是目前应用最广泛的双相码之一，此编码在每个二进制位中间都有跳变，由高电平跳到低电平时，代表“0”，由低电平跳到高电平时，代表“1”，此跳变可以作为本地时钟，也可供系统同步之用。曼彻斯特编码的优点是自含时钟，无须另发同步信号，并且曼彻斯特编码信号不含直流分量。它的缺点是编码效率较低。曼彻斯特编码常用在以太网中。

(3) 微分曼彻斯特编码(differential Manchester)

微分曼彻斯特编码也称差分曼彻斯特编码，它是在曼彻斯特编码的基础之上改进而成

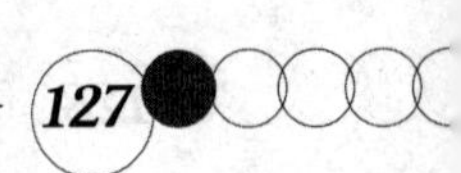

的。它也是一种双相码，与曼彻斯特编码不同的是，这种编码的码元中间的电平转换只作为定时信号，而不表示数据。码元的值根据其开始时是否有电平转换而定，有电平转换表示“0”，无电平转换表示“1”。微分曼彻斯特编码常用在令牌网中。

5.2.2 多路复用技术

由于通信线路的铺设费用很高，并且在一般情况下，传输介质的传输容量都大于传输信号所需容量，所以为了充分利用信道容量，就可以在同一传输介质上“同时”传输多个不同的信息，这就是多路复用技术，也就是在一条物理线路上建立多条通信信道的技术。在多路复用技术的各种方案中，被传送的各路信号，分别由不同的信号源产生，信号之间必须互不影响。由此可见，多路复用技术是一种提高通信介质利用率、减少投资的技术方法。

多路复用技术的实质是共享物理通信媒体，更加有效、合理地利用通信线路。在工作时，首先将一个区域的多个用户信息，通过多路复用器(Mux)汇集到一起；然后，将汇集起来的信息群通过一条物理线路传送到接收设备；最后，接收设备端(Mix)将信息群分离成单个的信息，并将其一一发送给多个用户。这样，就可以利用一对多路复用器和一条通信线路，来代替多套发送和接收设备与多条通信线路。

常见的多路复用技术有频分多路复用(FDM)、时分多路复用(TDM)技术等。其工作原理示意图分别如图 5-7 和图 5-8 所示。

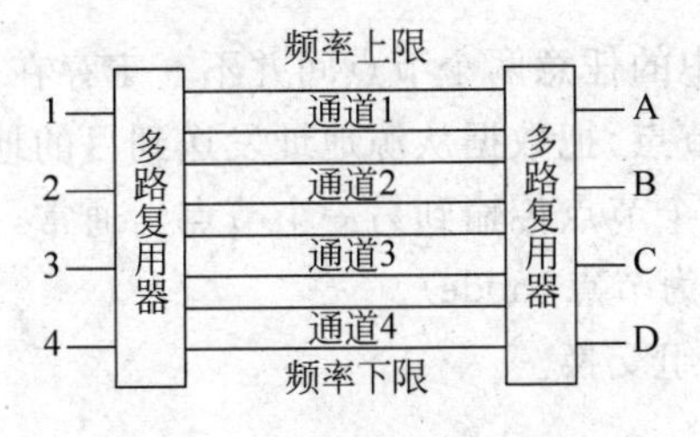

图 5-7 频分多路复用示意图

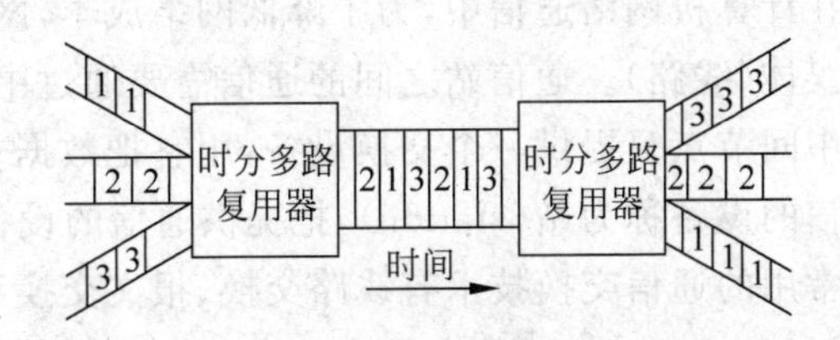

图 5-8 时分多路复用示意图

1. 频分多路复用(FDM)

实际通信中，传输介质的物理“可用带宽”要远大于单个给定信号的带宽。FDM 技术就是利用这一特点将信道按频率划分为多个子信道，每个信道可以传送一路信号。首先，将具有较大带宽的线路频带划分为若干个频率范围，每个频带之间留出适当的频率范围，作为保护频带，以减少各路信号的相互干扰。然后，把多路信号以不同载波频率进行调制，各载波频率相互独立，使各信号带宽不发生混叠，从而使同一通信媒体(线路)可以同时传输多路信号。这种方法称为频分多路复用。频分多路复用较适合用于模拟通信，如载波通信。

2. 时分多路复用(TDM)

如果通信媒体(信道)允许的传输速率大大超过每路信号所需的数据传输速率，就可以利用每个信号在时间上的交叉，在同一通信媒体传输多路信号，这种方法称为时分多路复用。

在时分多路复用技术(TDM)中,先将各路传输信号按时间进行分割,即把每个单位传输时间划分为许多时间片(时隙),每路信号使用其中之一进行传输。这样,就可以使多路信号在不同的时隙内轮流、交替地使用物理信道进行传输。多个时隙组成的帧称为"时分复用帧"。TDM 不像 FDM 那样"同时"传送多路信号,而利用每个"时分复用帧"的某一固定序号的时隙组成一个子信道。通常每个子信道占用的带宽都是一样的,每个"时分复用帧"所占用的时间也是相同的。

时分多路复用通常分为同步时分多路复用和异步时分多路复用两种。

(1) 同步时分多路复用(STDM)

按固定顺序把时间片(时隙)分给各路信道,接收端只需严格同步的按时间片(时隙)分割方法进行信号分割和复原。由于该方法按固定顺序分配时间片(时隙),而不管所分配信道是否有数锯要发送,因此,当某一路没有数据要发送时会造成信道资源的浪费。

(2) 异步时分多路复用(ATDM)

只有当某一路信道有数据要发送时才分配时间片(时隙)给它。为使接收端了解数据来自什么发送站等,在所送数据中需加入发送站、接收站等附加信息。

时分多路复用技术适用于数字数据的传输。由于传输数字数据具有较强抗干扰性,易实现自动转接及集成化,在 DCS 中得到了广泛的应用。

5.2.3 通信交换技术

在计算机网络通信中,为了降低网络成本,网络中的任意两个节点间并不一定存在一条通信媒体(线路)。通信站之间的通信需要通过中间节点,把数据从源地址发送到目的地址。这些中间节点只提供一个交换设备,用它把数据从一个节点传输到另一个节点。通常,把希望通信的设备称为站(station),把提供通信的设备称为节点(node)。

常用的通信交换技术有线路交换、报文交换和分组交换。

1. 线路交换

首先通过网络中的若干个节点使发送和接收站之间建立物理连接的一条专用通路。其线路交换(circuit switching)方式的通信过程分为如下三个阶段。

(1) 线路建立阶段:通过网络在 A 站与 B 站之间建立线路连接,即首先发送"连接请求包"。"连接请求包"内含有需要建立线路连接的源地址与目的地址。

(2) 数据传输阶段:通过该连接,进行实时、双向交换或报文分组。

(3) 线路释放阶段:数据传输完成后,进入线路释放阶段,结束此次通信。

这种必须经过"建立连接—通信—释放连接"三个步骤的联网方式称为面向连接的交换方式。这里要指出,线路交换必定是面向连接的。

线路交换方式的特点是节点为电子或机电结合的交换设备,完成输入线路与输出线路的物理连接。线路连接过程完成后,在两台主机之间建立起直接的物理线路连接是此次通信所专有的。节点交换设备不存储数据,不能改变数据内容,不具备差错控制能力。

线路交换方式的优点是通信实时性强,适用于交互式通信;缺点是对突发性的通信不适应,线路的传输效率往往很低,系统效率偏低。

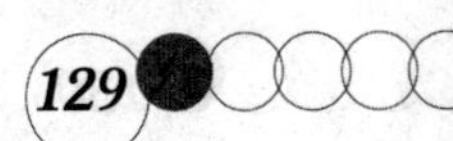

2. 报文交换

报文交换(message switching)是一种存储/转发的交换方式。存储转发交换方式与线路交换方式的主要区别表现在:发送的数据与目的地址、源地址、控制信息按一定格式组成一个数据单元,即报文,为信息的一个逻辑单位。当一个站发送报文时,通信站点的通信处理器要完成报文的接收、差错校验、暂存、路选和转发功能,使报文从一个节点送到另一节点,直到目的站。

存储—转发的交换(store and forward exchanging)优点如下。

(1) 由于节点通信控制可以存储报文,当需要输出的线路空闲时整个报文才能转发,因此,多个报文可分时共享一条节点到节点的通道中的信道,提高了线路利用率。

(2) 报文交换时中间节点要对报文进行差错校验和纠错处理,因此可以减少传输错误,提高系统的传输可靠性。

(3) 节点通信控制具有路选功能,可以动态选择报文通过网络的最佳路径,提高网络系统的传输效率。

3. 分组交换

分组交换(packet switching)与报文交换相似,即把报文分成若干长度较短的分组,然后以分组为单位进行发送、存储和转发。分组长度比报文要短得多,差错检错容易,纠错时间较少,有利于提高存储转发节点存储空间的利用率和传输效率,从而大大缩短信息传输过程中的延滞时间。但因为增加了分组的附加信息,所以增加了信道的开销。它的主要特征是基于标记,不先建立连接而随时可发送数据的交换方式,称为无连接交换,如图5-9所示。

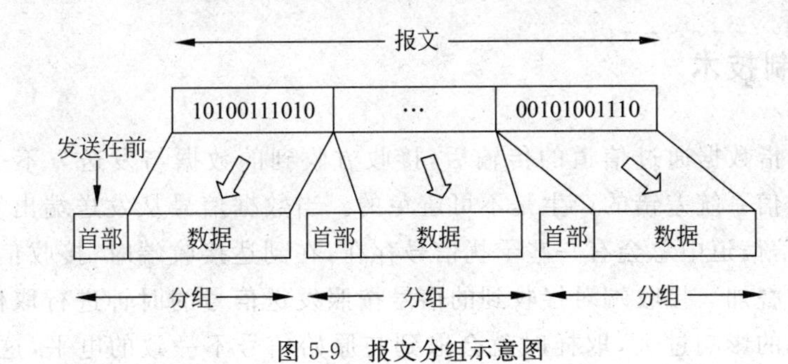

图5-9 报文分组示意图

分组交换的优点归纳如下。

(1) 高效:在分组传输的过程中动态分配传输带宽,对通信链路是逐段占用。

(2) 灵活:每个节点均有智能,为每一个分组独立地选择转发路由。

(3) 迅速:以分组作为传送单位,可以不先建立连接就能向其他主机发送分组;网络使用高速链路。

(4) 可靠:完善的网络协议;分布式多路由的分组交换网,使网络有很好的生存性。

节点处理分组的过程是:将收到的分组先放入缓存,再查找转发表(转发表中存有到何目的地址以及从何端口转发等信息),然后由交换机构从缓存中将该分组取出,传递给适当的端口转发出去,三种交换方法的比较如图5-10所示。

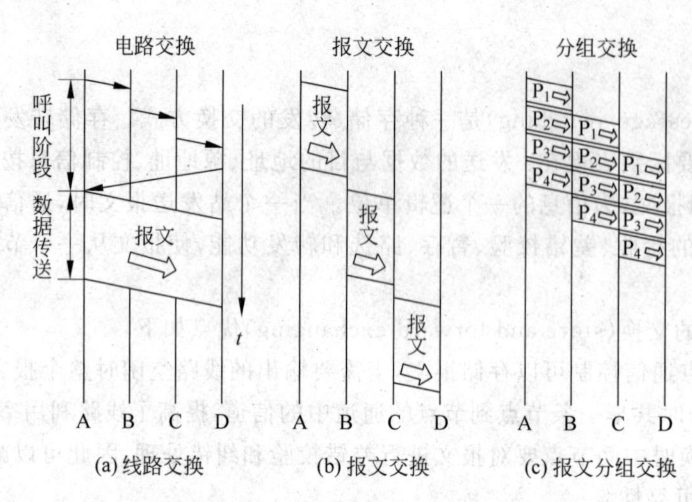

图 5-10 三种交换方法的比较

分组交换可分为数据报及虚电路两种。

数据报服务时，各个分组被独立地处理，称为数据报。它们可经不同的路径转送到目的站，到达的次序和发送的次序可以不同，然后接收站按发送站发送次序排列。

虚电路服务与电路交换有些相似，在发送分组信息以前，先要在发送站与接收站之间建立一条逻辑的通路，称为虚电路。每个分组除了信息数据外还附有虚电路标识符，从而不需路由选择判别就能引导分组送达有关节点，传输结束需拆除虚电路。应该指出，虚电路建立的逻辑链路不像电路交换是专用的，它还可为其他站分享。

5.2.4 差错控制技术

传输差错是指数据通过信道的传输后，接收方收到的数据与发送方不一致的现象，简称为差错。通信系统差错的产生是不可避免的。当数据信号从发送端出发，经过通信信道时，由于通信信道中总会有一些干扰信号存在，在到达接收端时，接收信号是发送信号和干扰信号的叠加。接收端对接收到的信号按照发送信号的时钟进行取样，如果干扰信号对信号叠加的影响过大，取样时就会取到与原始信号不一致的电平，这样就产生了差错。

1. 差错产生的原因

通信过程中产生传输差错的主要原因有如下几种。

(1) 噪声干扰

通信信道上的噪声干扰分为两类。

① 热噪声：它是由传输介质的分子热运动产生的。这类干扰是固有的、持续存在的，但幅度较小，对传输信号的影响较弱，提高信噪比是消除这类干扰的有效办法。

② 冲击噪声：它是由外界电磁场干扰信号引起的。这类干扰信号的出现无任何规律可言，而且幅度较大，是引起传输差错的主要原因。加强屏蔽手段和采用合理的信号调制方

法可以减少冲击噪声的影响。

(2) 传输失真

传输失真是指在数据通信中,信号在物理信道上,线路本身电气特性随机产生的信号幅度、频率、相位的畸变和衰减所引起的差错。

(3) 反射干扰

反射干扰是指信号在线路上传输时,由于未按传输介质的特性阻抗匹配连接,从而产生反射所造成的差错。

(4) 线间干扰

线间干扰是指相邻线路之间的电磁感应引起的串线干扰。

2. 差错控制

数据信号在通信线路上进行传输时,由上述原因产生的差错程度一般用误码率来衡量。计算机之间传输数据时其误码率要求低于 10^{-9},因此必须采用相应的差错控制措施,提高通信质量。通常采用以下两种方法。

(1) 采用高质量的通信线路

选用高质量的通信线路有利于减少内部噪声的影响,从而减少相应的差错产生。但这种方法对减少外部噪声的影响改善不明显,并且高质量的线路造价成本高。

(2) 采用差错控制方法

差错控制是指在数据通信过程中,发现、检测差错、纠正差错,从而把差错限制在数据传输所允许的、尽可能小的范围内的技术和方法。

差错控制编码是一种有效的差错控制方法,即对所传输的数据进行抗干扰编码,用以实现差错控制的目的。常用的差错检验方法有如下几种。

① 奇偶校验

奇偶校验是一种经常使用的比较简单的校验技术。所谓奇偶校验,就是在每个码组之内附加一个校验位,描述整个码组中 1 的个数为奇数(奇校验)或偶数(偶校验)。奇偶校验码是最常见的检错码,可分为垂直奇偶校验、水平奇偶校验和水平垂直奇偶校验 3 种方式。它是能够自动发现错误的编码。但它只具有检错功能,不能确定错误位置,也不能对错误进行校正。

② 汉明校验

汉明校验是在奇偶校验的基础上发展起来的,它不像奇偶校验那样仅设置一位校验码,而是设置若干校验码,其中每个校验位有一定的校验范围,按多个校验码进行校验。

③ 循环冗余校验

循环冗余校验的编码和译码主要是做模 2 除法运算,如果出现错误,则余数不为 0,且错位与余数之间有一定的对应关系,因此可以根据余数的数值进行纠错,或者要求发送端重发。循环冗余校验码(CRC)检错功能较强,实现容易,CRC 是目前广泛应用的检错纠错编码之一。

④ 回送校验

回送校验就是在接收端接收传输数据的同时,将传输数据送回发送端,由发送端校验发送的数据和送回的数据是否一致。如果不一致,说明传输出错,由发送端将数据再重发一次。

⑤ 连发校验

连发校验是把同一数据连发两次,在接收端比较这两次的数据是否相同,如果不同,则说明传输出错。由于连发会导致传输效率下降,所以有时只把一些重要数据连发。

差错控制是数据链路层的服务。它的作用是使一条不可靠的数据链路变成一条可靠链路。ISO 推荐的 OSI 参考模型中,数据链路层通信协议采用下列 4 种差错控制方法。

① 超时重发。又称停止等待方式的自动重发。当某节点发送第一帧数据帧时,启动超时计时器,以后每接收到一个应答就自动对计时器复位,重新计时。发送数据帧后,发送方等待应答,当该计时器计时时间到仍未接收到应答信号,则自动重发全部未作应答的数据帧。

② 拒绝接收。接收端接收到数据帧,若校验检出有错,就发送拒绝接收(RFJ)帧,这种否认(NAK)信号使发送端在超时前就得知传输出错,并进行重发。它对出错帧后面送达的数据帧采用一律拒绝接收的方法,直到接收到重发的那个数据帧为止。这种差错控制需要超时重发方式相配合。对长延时、高差错率的信道,采取一律拒收方式会使数据传输效率下降。

③ 选择拒绝。接收端接收到数据帧,若校验检出有错,就发送选择拒绝(SRFJ)帧,要求发送端重发该指定数据帧,但它并不拒绝后续数据帧的接收,它将后续数据帧存储在缓冲区,待重发数据帧正确到达后,再一起送主机,然后一并发送应答,从而使后续数据帧不必重发。

④ 探询。主站主动发出探询(poll)命令,从站接收到探询命令后尽快做出应答响应。响应帧可以是数据帧或控制帧。主站收到应答表示传输正确;否则,主站重发数据帧。

5.2.5 工业数据通信的特点

工业数据通信网络的作用是通过互连工业计算机、仪表和设备,实现对工业生产过程的控制和管理。因此,工业数据通信网络与办公室的信息局部网络不同,它具有以下特点。

1. 实时性好

它的主要数据通信信息是实时的过程信息和操作管理信息,因此,DCS 中采用的控制网络应具有良好的实时性和快速响应性,动态响应要快,对有快速响应要求的开关、阀门或电动机运转,其响应时间都在毫秒级。

2. 可靠性高

面对连续生产的工业过程,DCS 采用的控制网络必须能够连续、稳定的运行,任何暂时的中断和故障都会造成巨大损失。因此,DCS 的控制网络应具有极高的可靠性,DCS 通常采用冗余技术等措施来提高系统的可靠性。

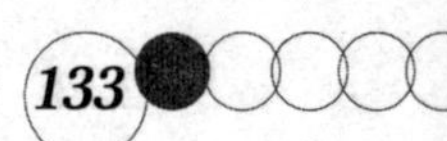

3. 适应恶劣工业现场环境

由于DCS运行在恶劣的工业环境中,因此,DCS采用的控制网络应该有强抗扰性,能抗电源干扰、雷击干扰、电磁干扰和接地电位差干扰。并采取差错控制等软件手段,降低数据传输的误码率。

4. 开放系统互联

为使不同类型的DCS能够互相连接,进行数据交换,DCS采用的控制网络应该符合开放系统互联的标准,使各种计算机之间能够互相连接。

工业数据通信网络中参加网络通信的最小单位称为节点。若要保证在网络中众多节点之间数据实现合理、实时、可靠地传送,必须将DCS的通信系统构成完善的网络体系,形成有效的网络结构功能,实现高效、可靠的通信方式。

5.3 DCS的网络通信

网络体系结构是计算机网络技术中的一个重要概念。它通过划分网络层次结构的方法对网络通信功能给出了一个抽象而精确的定义,并在此基础上,通过对网络层次、协议的描述给出了网络通信的一般解决方法。

5.3.1 网络体系结构

随着计算机技术和通信技术的发展,计算机网络通信面对着诸多问题,例如通信介质差异、硬件接口差异、主机系统差异、通信协议差异、网络业务差异、网络系统差异等。对于这些多样复杂的情形,很难采用一种简单的方式来完成网络通信。正如在程序设计中面对复杂问题进行模块化处理一样,在处理计算机网络通信时,同样采用了一种模块化处理方式——分层结构,每层完成一个相对简单的特定功能,通过各层协调来实现整个网络通信功能。

1. 网络体系结构的分层原理

网络体系结构采用了分层描述的方法,将整个网络的通信功能划分为多个层次,每层各自完成一定的任务,而且功能相对独立。相邻两层由接口连接,以便实现功能的过渡。过渡条件便是接口,使某层通过接口向上一层提供服务。依靠层间接口连接和各层特定功能,可实现有机结合,完成不同类别及要求的两个系统间的信息传递。

分层可以带来如下优点:

(1) 各层之间是独立的;

(2) 灵活性好;

(3) 结构上可分割开;

(4) 易于实现和维护;

(5) 能促进标准化工作。

一般来讲,分层时要注意5项原则。

(1) 层次适度

若层次过少,层次的功能就多,实现功能就相对困难;若层次过多,层次的功能较少,但运行开销也将增加。

(2) 功能确定

根据功能来划分层次,每个层次都有自己的分工,而完成这些功能都有某种确定的方式。

(3) 层次独立

每个层次的工作方式不影响其他层次,一个层次内部的变化也不影响其他层次。每个层次只需要考虑自己的工作怎么做。

(4) 层次关联

所有的分工都是为了完成最终的目的,这个过程既是分工,也是合作。因而相邻层次间工作的交代是必需的,相邻层次间存在一种工作上的联系。

(5) 层次分合

层次的划分根据实际需要来定,可以合并,可以分解,也可以取消。从分层通信的角度看,两个系统之间要进行通信,还要具备下述条件。

① 层次对等

通信要求在对等层次上进行,双方要有完成相同功能的对等层次。

② 层次协议

对等层次通信时,要遵守一系列共同的约定(协议)。

③ 层次接口

对等层次的通信,都是一方先把信息交代给本方下一层次,再由双方下一层次的通信,将信息送达对方下一层次,再上交给对方同等层次。而这种层次间的信息传递途径就是层次间的接口。

2. 网络体系结构中的基本概念

(1) 层次(layer)

用划分层次的方式把一个复杂的通信过程分解成若干简单的通信过程,每个简单过程看做是一个层次。这样,把网络需要实现的功能分配到各个层次中,每个层次都能实现相对独立的功能,所有的层次共同实现最终的网络功能。

(2) 实体(entity)

每一层中的活动元素通常称为实体。实体可以是软件实体(如一个进程),也可以是硬件实体(如某种芯片)。不同系统上同一层的实体称为对等实体(peer entity)。层次间的关系,也可看成是层次实体间的关系。

(3) 协议(protocol)

协议是一种通信规定,是两个通信实体在相同层次上都需要遵循的规则和约定(即协议属于两个对等实体间的关系)。要保证网络中各节点间大量的数据交换,就必须制定一系列的通信协议。

通信协议是一套语义、语法和时序的集合,用来规定实体在通信过程中的操作。

语义：规定需要发出何种控制信息，完成何种动作和做出何种应答。

语法：规定用户数据和控制信息的结构与格式。

时序：规定事件实现顺序的详细说明。

语义、语法、时序构成了通信协议的3要素，规定了通信实体要做什么，怎么做，何时做。

(4) 接口(interface)

接口是同一节点内相邻层次间交换信息的连接点，规定了相邻层次实体间交换信息的规则。下层实体通过接口向上层实体提供服务。接口以一个或多个服务访问点(service access point，SAP)的形式存在。

(5) 服务(service)

每一层的通信协议都是在下一层通信协议提供的服务基础上进行工作的，因而，服务是下层通过接口向上层提供的支持。下层实体在实现下层协议的基础上，向上层实体透明地提供下层服务。

(6) 数据单元(data unit)

在层次环境中，对等实体按协议进行通信，相邻实体按服务进行通信，这些通信都是以数据单元的形式进行的。

网络结构问题不仅涉及信息的传输路径，而且涉及链路的控制。对于DCS这样一个特定的工业数据通信网络，为了实现安全可靠的通信，必须确定数据从源点到终点所要经过的路径，以及实现通信所要进行的操作。这些在通信网络中对数据传输过程进行管理的规则就是协议。

计算机网络的各层及其协议的集合称为网络的体系结构(architecture)，也就是说，计算机网络的体系结构就是这个计算机网络及其部件所应完成的功能的精确定义。体系结构是抽象的，而实现则是具体的，是真正在运行的计算机硬件和软件。

5.3.2 OSI参考模型结构

对于通信网络来说，接到网络上的设备是各种各样的，这就需要建立一系列有关信息传递的控制、管理和转换的手段和方法，并要遵守彼此公认的一些规则，即网络协议的概念。这些协议在功能上应该是有层次的。为了便于实现网络的标准化，国际标准化组织(International Standard Organization，ISO)提出了开放系统互连(Open System Interconnection，OSI)参考模型，简称ISO/OSI模型。ISO/OSI模型将各种协议分为七层，自下而上依次为物理层、数据链路层、网络层、传输层、会话层、表示层和应用层，如图5-11所示。各层协议的主要作用如下。

OSI每一层的功能都在下一层的服务下实现，为上一层提供服务。模型中的物理层、数据链路层、网络层通常归入通信子网，靠硬件方法实现；传输层、会话层、表示层、应用层通常归入资源子网，靠软件方法实现。从通信对象的角度来看，低三层可看成系统间的通信，解决通信子网中的数据传输；高三层可看成进程间的通信，解决资源子网间的信息传输；传输层处于两者之间，可看成系统通信和进程通信间的接口。

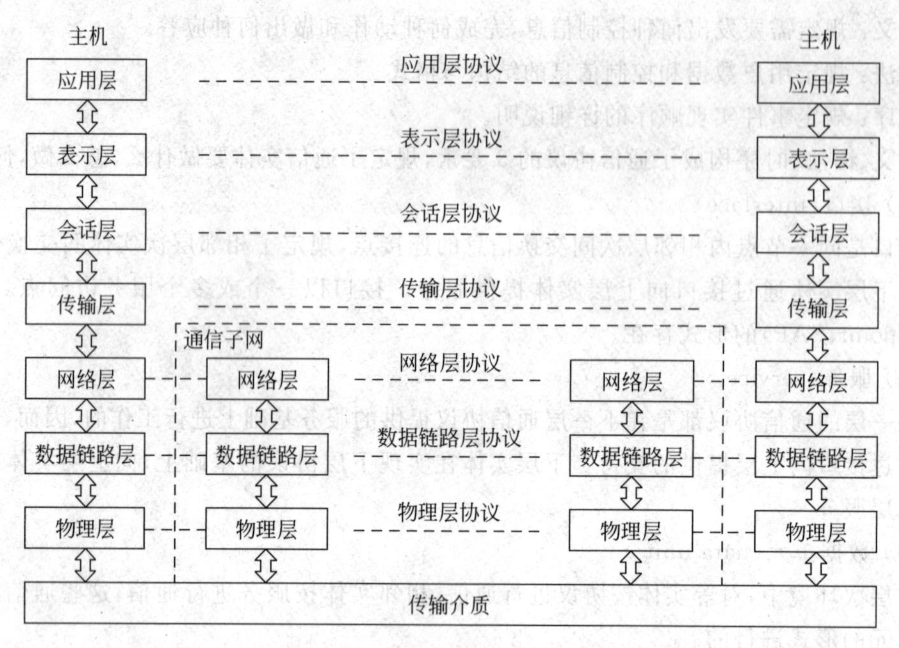

图 5-11 ISO/OSI 的参考模型层次图

5.3.3 OSI 参考模型各层的功能

1. 物理层

物理层协议规定了通信介质、驱动电路和接收电路之间接口的电气特性和机械特性。例如，信号的表示方法、通信介质、传输速率、接插件的规格及使用规则等。

2. 数据链路层

通信链路是由许多节点共享的。这层协议的作用是确定在某一时刻由哪一个节点控制链路，即链路使用权的分配。它的另一个作用是确定比特级的信息传输结构，也就是说，这一级规定了信息每一位和每一个字节的格式，同时还确定了检错和纠错方式，以及每一帧信息的起始和停止标记的格式。帧是链路层传输信息的基本单位，由若干字节组成，除了信息本身之外，它还包括表示帧开始与结束的标志段、地址段、控制段及校验段等。

3. 网络层

在一个通信网络中，两个节点之间可能存在多条通信路径。网络层协议的主要功能就是处理信息的传输路径问题。在由多个子网组成的通信系统中，这层协议还负责处理一个子网与另一个子网之间的地址变换和路径选择。如果通信系统只由一个网络组成，节点之间只有唯一的一条路径，那么就不需要这层协议。

4. 传输层

传输层协议的功能是确认两个节点之间的信息传输任务是否已经正确完成。其中包括

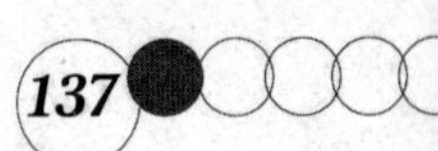

信息的确认、误码的检测、信息的重发、信息的优先级调度等。

5. 会话层

会话层协议用来对两个节点之间的通信任务进行启动和停止调度。

6. 表示层

表示层协议的任务是进行信息格式的转换,它把通信系统所用的信息格式转换成它的上一层,即应用层所需的信息格式。

7. 应用层

严格地说,这一层不是通信协议结构中的内容,而是应用软件的一部分内容。它的作用是召唤低层协议为其服务。在高级语言程序中,它可能是向另一节点请求获得信息的语句,在功能块程序中可以是从控制单元中读取过程变量的输入功能块。

以上对各层功能进行了概括说明,本书第6章通过实例说明各层协议功能的实现方法。

5.3.4 OSI参考模型的数据传输

OSI模型的数据传输过程如图5-12所示。

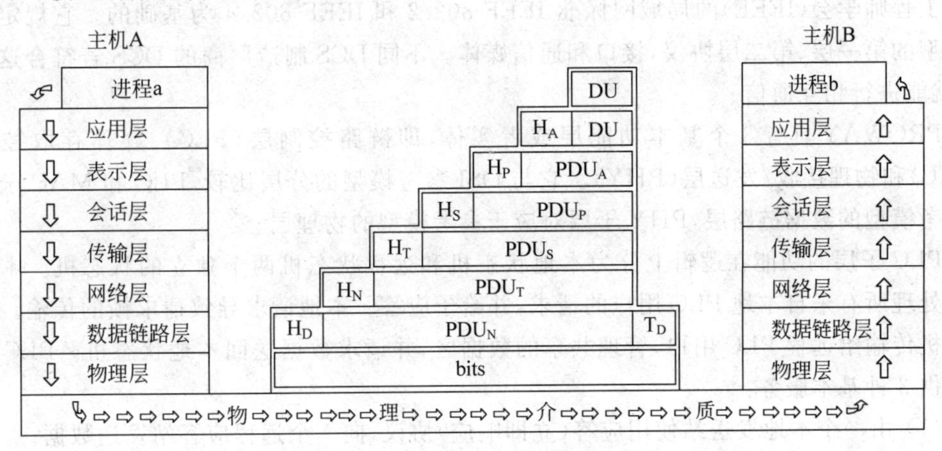

图5-12 OSI模型的数据传输过程图

(1) 主机A的发送进程a的数据送入应用层,应用层为数据加上应用层控制报头H_A,构成应用层协议数据单元PDU_A,然后送入表示层,成为表示层服务数据单元SDU_P。

(2) 表示层将SDU_P加上表示层控制报头H_P,构成表示层协议数据单元PDU_P,送入会话层,成为会话层服务数据单元SDU_S。

(3) 会话层将SDU_S加上会话层控制报头H_S,构成会话层协议数据单元PDU_S,送入传输层,成为传输层服务数据单元SDU_T。

(4) 传输层将SDU_T加上传输层控制报头H_T,构成传输层协议数据单元PDU_T。PDU_T又称做报文(message),送入网络层,成为网络层服务数据单元SDU_N。

(5) 网络层因为数据单元长度的限制，将报文(SDU_N)分成多个数据段，分别加上网络层控制报头 H_N，构成网络层协议数据单元 PDU_N，PDU_N 又称做分组(packet)，送入数据链路层，成为数据链路层服务数据单元 SDU_D。

(6) 数据链路层又因为数据单元长度的限制，将分组(SDU_D)分成多个数据段，分别加上数据链路层控制报头 H_D 和报尾 T_D，构成数据链路层协议数据单元 PDU_D，PDU_D 又称做帧(frame)，送入物理层，成为物理层服务数据单元 SDU_{PH}。

(7) 物理层将帧(SDU_{PH})以比特流的形式通过物理介质传输出去，最终送达主机 B。主机 B 又从物理层开始把数据依次上传，各层对各自的控制报头进行处理，并把服务数据单元上交，最终将进程 a 的数据送交给主机 B 的进程 b。

OSI 的七层协议体系结构既复杂又不实用，但其概念清楚，理论较完整。根据 OSI 参考模型，为满足工业过程控制实时性的要求，由国际电工委员会的 WG 6 工作委员会制订了用于 DCS 数据通信的标准 PROWAY。

5.3.5 DCS 的网络通信标准

1. PROWAY 通信标准

DCS 数据通信标准 PROWAY 有 3 种结构。其中，PROWAY C 标准是以美国电气和电子工程师学会(IEEE)的局域网标准 IEEE 802.2 和 IEEE 802.4 为基础的。它规定了参考模型的第一层、第二层协议，接口和通信媒体。不同 DCS 制造厂商的 DCS 若符合这个标准，就能进行相互通信。

PROWAY 具有 3 个基本功能层或者实体，即链路控制层(PLC)、媒体存取控制层(MAC)和物理接收/发送层(PHY)。它与 OSI 参考模型的分层比较，PLC 和 MAC 子层构成参考模型的数据链路层，PHY 子层对应于参考模型的物理层。

PLC 子层的功能在逻辑上分为本地状态机和远程状态机两个独立的状态机。本地状态机处理所有来自本地 PLC 用户的请求，并给予应答。本地请求导致请求帧的传输。远程状态机传输给远程 PLC 用户，管理共享的数据区，并请求数据送回本地状态机。PLC 为用户提供 3 种基本服务：

(1) 由一个本地发送站使用应答(立即响应)协议，向一个远程应答站发送数据；

(2) 由一个本地站无确认或重复地发送数据，给一个、几个或者所有远程接收站；

(3) 由一个本地站使用应答(直接响应)协议，向一个远程站请求以提供信息。

MAC 子层的功能在逻辑上分为接口机(IFM)、存取控制机(ACM)、接收机(RxM)和发送机(TxM)等 4 个异步机构部分。每个机构处理 MAC 的某些功能。MAC 通过逻辑回路上一个站到另一个站媒体控制权的传送，提供对共享总线媒体的顺序存取。通过识别和接收前一个站的令牌，MAC 决定本站何时具有对共享媒体的存取权，以及何时把令牌传送给后继站。MAC 子层的功能包括令牌丢失计时器、分散启动、令牌保持计时器、数据缓冲、节点地址识别、帧的封装和解装、帧检测序列发生和校验、有效令牌的识别、回路单元新增、节点故障及差错恢复等。

PHY 子层的通信媒体为单信道同轴电缆总线，数据传输速率为 1Mb/s。收发的信号是相位连续移频键控方式的曼彻斯特编码数据。PROWAY C 与 IEEE 802.2 和 IEEE 802.4 标准相比较,在实时性、可靠性方面补充了有关内容。例如,采用冗余的接口和冗余的通信媒体来提高系统可靠性,站间设有隔离装置,使得网络中任一数据站的故障不会影响整个网络的通信工作等。

2. MAP 制造自动化协议

由美国通用汽车公司发起,现已有几千家公司参加,建立了在工业环境下的局域网通信标准,称为制造自动化协议(Manufacture Automation Protocol,MAP)。参照 OSI 参考模型和 PROWAY 的分层模型,MAP 现已有 3 种结构: 全 MAP(full MAP)、小 MAP(mini MAP)及增强性能结构 MAP(enhanced performance architecture MAP)。

全 MAP 采用宽带同轴电缆可以连接计算机、应用计算机以及通过网桥与 MAP 的载带网相连。它的通信协议采用 IEEE 802 的有关协议以及 ISO 的有关标准,与 OSI 参考模型的分层一一对应。为了减小封装和解装,以及接口的服务时间,参照 PROWAY 的标准,建立了小 MAP,它只有物理层、链路层及应用层,称为塌缩结构。由于它有较好的实时响应,因此,在实际 DCS 的现场控制级和操作员级的通信系统中得到广泛应用。增强性能结构的 MAP 介于全 MAP 与小 MAP 之间。它的一边采用全 MAP,另一边支持小 MAP,两边可以相互通信。因此,它应用于 MAP 与小 MAP 连接的操作员级、车间级的通信系统中。

MAP 网络以节点为核心,通过网桥可以与 MAP 载带网相连,通过网间连接器可以与其他网络相连。理论的可带节点数可达 2^{48} 个,实际应用在成百个。MAP 的宽带频率范围从 59.75~95.75MHz,采用频分多路复用方式,数字信息经调制后由较低频道频率发送,以较高频道频率接收。依据 IEEE 802.4 的标准,MAP 采用令牌传送方式进行信息管理。数据传输速率为 10Mb/s。

MAP 节点把高层功能的实现,安排在节点智能部分来完成。在 MAP 节点中有节点微处理器与节点的本地总线相连接。总线带有存储器、外部设备和 MAC 子层的接口,使 LLC 子层及其上面各层的通信由软件实现。MAC 子层及物理层的实现采用大规模集成芯片完成。

5.4 DCS 通信网络结构及设备

DCS 中各个组成部分的通信通常有以下几种通信方式。

(1) 过程控制站中基本控制单元之间实现不同网络上的设备相互通信; 即每个机柜中的机柜子网,实现机柜中各个基本控制单元之间的通信。

(2) 中央控制室中的人机联系设备与设备室高层设备之间的通信; 即中央控制室内的控制室子网,实现高层设备之间的通信。

(3) 现场设备和中央控制室设备之间的通信; 即厂区范围内的厂级子网,实现控制室设备与现场设备之间的通信。

一般来说,多级通信网络的灵活性比较强。在小规模的系统中,可以只采用最低层的子网,需要时,再增加高层网络。这种多层结构可以组成大规模的通信系统。多层结构的主要缺点是信息传输过程中要经过大量的接口,因此通信的延迟时间比较长。

5.4.1 通信网络的拓扑结构

通信系统的结构确定后，要考虑的就是每个通信子网的网络拓扑结构问题。所谓通信网络的拓扑结构，就是指通信网络中各个节点或站相互连接的方法。拓扑结构决定了一对节点之间可以使用的数据通路，或称为链路。

在DCS中常用的拓扑结构是星型结构、环型结构和总线型结构。

1. 星型结构

在星型结构中，每一个节点都通过一条链路连接到一个中央节点上去。任何两个节点之间的通信都要经过中央节点。在中央节点中，有一个"智能"开关装置来接通两个节点之间的通信路径。因此，中央节点的构造是比较复杂的，一旦发生故障，整个通信系统就会瘫痪。因此，这种系统的可靠性比较差，在DCS中应用得较少。

2. 环型结构

在环型结构中，所有的节点通过链路组成一个环状。需要发送信息的节点将信息送到环上，信息在环上只能按某一确定的方向传输。当信息到达接收节点时，该节点识别到信息中的目的地址与自己的地址相同，就将信息取出，并加上确认标记，以便由发送节点清除。

由于传输是单方向的，所以不存在确定信息传输路径的问题，这可以简化链路的控制。当某一节点发生故障时，可以将该节点作为旁路，以保证信息畅通无阻。

为了进一步提高可靠性，在某些DCS中采用双环，或者在出现故障时支持双向传输。环型结构的主要问题是在节点数量太多时会影响通信速度。此外，由于环型结构是封闭的，因此，不便于扩充。

3. 总线型结构

总线型结构与星型和环型结构相比，采用的是一种完全不同的方法。这种结构的通信网络仅仅是一种传输介质，它既不像星型网络中的中央节点那样具有信息交换的功能，也不像环型网络中的节点那样具有信息中继的功能。所有的站都通过相应的硬件接口直接接到总线上。

由于所有的节点都共享一条公用的传输线路，所以每次只能由一个节点发送信息，信息由发送它的节点向两端扩散。这就如同广播电台发射的信号向空间扩散一样。所以，这种结构的网络又称为广播式网络。某节点发送信息之前，必须保证总线上没有其他信息正在传输。当这一条件满足时，它才能把信息送上总线。在有用信息之前有一个询问信息，询问信息中包含着接收该信息的节点地址，总线上其他节点同时接收这些信息。当某个节点由询问信息中鉴别出接收地址与自己的地址相符时，这个节点便做好准备，接收后面所传送的信息。总线结构突出的特点是结构简单，便于扩充。

由于网络是无源的，所以当采取冗余措施时并不增加系统的复杂性。总线结构对总线的电气性能要求很高，对总线的长度也有一定的限制。因此，它的通信距离不可能太长。

三种典型的网络拓扑结构相比较，在DCS中用得比较多的是后两种结构。

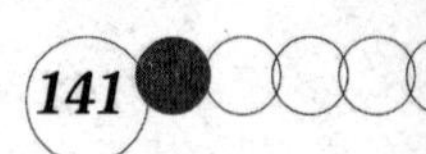

5.4.2 通信网络的传输介质

通信网络的传输介质是连接系统各个站点的物理信号通道。DCS对通信介质有着较高的要求,即通信介质的频带宽,信号传输的时间延迟小,既能满足高速传输的需要,又能避免信息在传输过程中因共模和串模干扰所引起的信号混叠或丢失等。为此,DCS中的数据通信普遍采用专用的通信介质。通信介质可分为有线介质和无线介质。其中有线介质分为以下几种。

(1) 双绞线

双绞线是由两个绝缘导体扭制在一起而形成的线对。其中一根为信号线,另一根为地线。导线通常由高纯度的铜制成,每根导线外包有绝缘层。两根导线有规则地扭绞在一起可减小外部电磁干扰对传输信号的影响。将一对或多对双绞线封装在金属屏蔽护套内,可构成一条电缆,同时也加强了抗噪声干扰的能力。

双绞线是最普通的通信介质,适应于低速传输场合,可用来传输模拟或数字信号,在模拟信号传输时每5～6km要有一个放大器,在数字信号传输时每2～3km需要一个转发器。双绞线的最大带宽约为100kHz～1MHz,传输速率一般小于2Mb/s,其结构如图5-13所示。

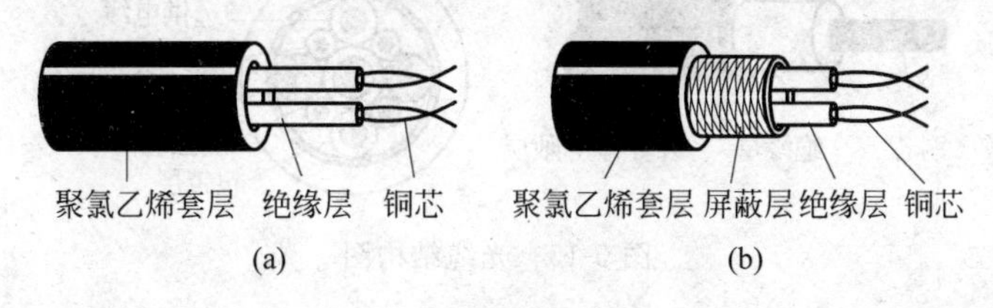

图5-13 双绞线结构图

双绞线的特点是简单、成本低、比较可靠,但高频时损耗较大,由于存在电容效应而引起信号衰减,其传输距离不宜太长。双绞线的连接十分简单,不需任何专用设备,只要通过普通的接线端子就可以将各种设备与通信网络连接起来。但是,随着DCS通信速率的提高,双绞线的应用在逐渐减少。

(2) 同轴电缆

同轴电缆在DCS中应用得比较普遍,它是由铜芯、绝缘层、外导体屏敝层和绝缘保护套层构成,如图5-14所示。

一般,内导体是直径为1.2mm的优质硬铜线,外导体是内径为4.4mm的筒状铜网,内外导体之间由聚乙烯绝缘材料支撑,电缆的最外边是绝缘层。有时,为增加电缆的机械强度,外导体外还加上了两层对绕的钢带。

同轴电缆大致可分两类:一类是基带同轴电缆(如50Ω同轴电缆),另一类为宽带同轴电缆(如公用天线电视系统中使用的75Ω同轴电缆)。基带同轴电缆专门用于数字传输,其传输速率可达10Mb/s。宽带同轴电缆既可用于模拟传输(如视频信号传输),也可用于数字传输,当用于数字传输时,其传输速率

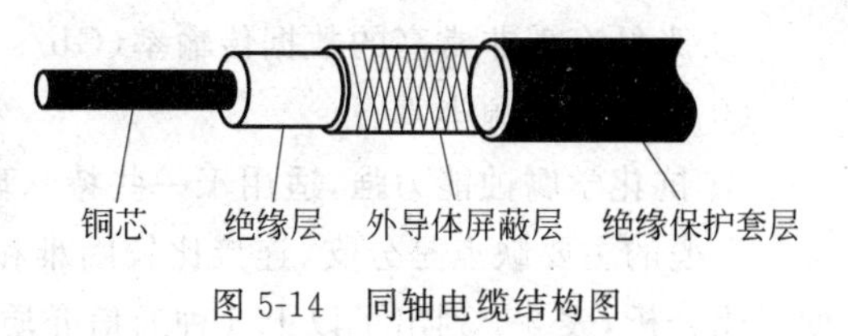

图5-14 同轴电缆结构图

可达 50Mb/s。

同轴电缆与双绞线相比，具有较高的传输频带、较低的传输损耗、较强的抗干扰能力和较稳定的一次参数（电阻、电感、电容、电导）等优点，在相同的传输距离内，它的数字传输速率高于双绞线。但它的结构较为复杂，造价较高。

目前，已研制出各种低损耗的接插头、直接耦合器、分路器，给同轴电缆的应用带来了极大的方便。但是，在同轴电缆的安装过程中，应尽量减少它的弯曲变化，以避免由此引起的阻抗变化导致传输信号的衰减和使用寿命的缩短。

（3）光缆

光缆是一种由光导纤维组成的可进行光信号传输的新型通信介质。光纤即光导纤维，是一种细小、柔韧并能传输光信号的介质，一根光缆中包含有多条光纤。光纤与铜质介质相比具有明显的优势。因为光纤不会向外界辐射电子信号，所以使用光纤介质的网络无论是在安全性、可靠性，还是网络性能方面都有了很大的提高。

光纤以光的“有”和“无”形成“1”和“0”二进制信息取代常规的电信号，以光脉冲形式进行信息传输。光缆是基于“光线从高折射率物质射向低折射率物质时在这两个物质的界面发生全折射”的原理而形成的，其结构如图 5-15 所示。

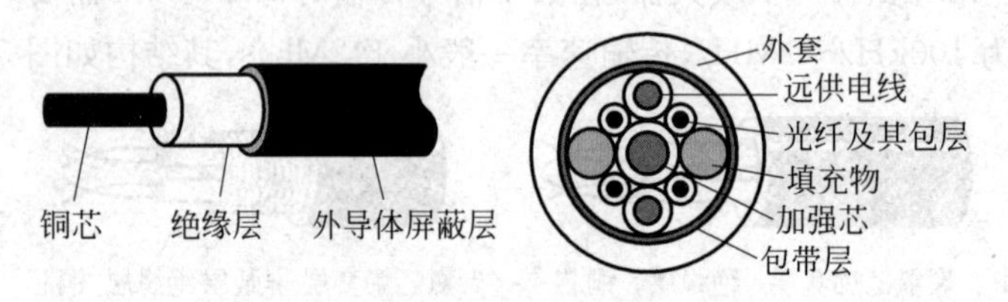

图 5-15 光缆结构图

光缆的内（纤）芯是由二氧化硅拉制而成的具有高折射率的光导纤维，内芯外敷设一层由聚丙烯或玻璃材料制成的低折射率的覆层，由于内芯与覆层的折射率不同，当光线以一定角度进入内芯时，能通过覆层几乎无损失的折射回去，使之沿着内芯向前转播；覆层外敷设一层合成纤维以增加光缆的机械强度，它可使直径为 100μm 的光纤承受 300N 的抗拉力。

由于光缆中的信息是以光的形式传输的，因此，它对电磁干扰几乎毫无反应，光缆的这种良好的抗干扰性能对于具有强电磁干扰的电厂环境来说尤为重要。同时，光缆与双绞线及同轴电缆相比具有优良的信息传输特性，可以在更大的传输距离上获得更高的传输速率。光缆的数据传输速率可高达几百 Mb/s，在不用转发器的情况下，光缆可在几公里范围内传输信息。显然，光缆具有明显的优越性，是一种应用前景广泛的通信介质。

光纤通信具有以下特点。

① 传输信号的频带宽，通信容量大；信号衰减小，传输距离长；抗干扰能力强，应用范围广。

② 光纤有着非常高的数据传输率（Gb/s 级）和极低的误码率（10^{-10}）。

③ 原材料资源丰富。

④ 抗化学腐蚀能力强，适用于一些特殊环境下的布线。

光缆的主要缺点是分支、连接比较困难和复杂，一般需要采用专用的光缆连接器。为方便对比分析，表 5-1 列出了以上 3 种通信介质的传输特性和特点。

表 5-1　3 种通信介质的特点

项目 \ 介质	双绞线	同 轴 电 缆	光　缆
传输介质价格	较低	较高	较高
连接件价格	低	较低	高
标准化程度	高	较高	低
连接	简单	需专用连接器	需要复杂连接器件和连接工艺
敷设	简单	稍复杂	简单
抗干扰能力	较好	很好	特别好
环境的适应性	较好	较好	特别好
适用的网络类型	环型网	总线型或环型网	目前多用于环型网

无线介质可以不使用电或光导体进行电磁信号的传递工作。从理论上讲，地球上的大气层为大部分无线传输提供了物理数据通路。由于各种各样的电磁波都可用来传输信号，所以电磁波就被认为是一种介质。

(1) 无线电波

电磁波频谱 10kHz～1GHz 之间为无线电频率，它包含的广播频道被称为：短波无线频带；甚高频（VHF）电视及调频无线电频带；超高频（UHF）无线电及电视频带。在工业过程控制领域主要是传输频率在 2.4GHz 的工业频段，其传输距离较短，所需要的功率较低。

(2) 微波

微波通信是无线数据通信的主要方式，由于微波可以穿透电离层进入宇宙空间，所以微波通信不能像无线电一样靠电离层反射来进行传播，只能靠微波接力或是卫星转播的方式进行微波接力，由于地球表面是球面的，因而微波在地球表面直线传播距离有限，一般在 50km 左右，要实现远距离传播，则必须在两个通信终端间建立若干中继站。中继站在收到前一站信号后经放大再发送到下一站，如此接续下去。

(3) 红外

一种无线传输介质是建立在红外线基础之上的。红外系统采用光发射二极管（LED）、激光二极管（ILD）来进行站与站之间的数据交换。红外设备发出的光，非常纯净，一般只包含电磁波或小范围电磁频谱中的光子。传输信号可以直接或经过墙面、天花板反射后，被接收装置收到。

红外信号没有能力穿透墙壁和一些其他固体，每一次反射都要衰减一半左右，同时红外线也容易被强光源给盖住。红外波的高频特性可以支持高速度的数据传输，它一般可分为点到点与广播式两类。

5.4.3 通信网络的互连设备

DCS 中网络之间的互联离不开网络互连设备。网络互连设备的选择将直接影响到网络的速度及扩展性。根据网络互连设备工作的不同位置(网络层次),通常把网络互连设备划分为以下几种类型。

1. 物理层互连设备

(1) 中继器(repeater)

中继器把所接收到的弱信号分离,并再生放大以保持与原数据相同。

(2) 集线器(hub)

作为网络传输介质间的中央节点,当网络系统中某条线路或某节点出现故障时,不会影响网上其他节点的正常工作。

2. 数据链路层互连设备

(1) 网桥(bridge)

网桥是一个局域网与另一个局域网之间建立连接的桥梁。网桥也属于网络层的一种设备,它的作用是扩展网络及通信手段,在各种传输介质中转发数据信号,扩展网络的距离,同时又有选择地将有地址的信号从一个传输介质发送到另一个传输介质,并能有效地限制两个介质系统中无关紧要的通信。网桥可分为本地网桥和远程网桥两种。

(2) 交换器(switch)

网络交换技术是近几年来发展起来的一种结构化的网络解决方案,它是计算机网络发展到高速传输阶段而出现的一种新的网络应用形式。它不是一项新的网络技术,而是通过交换设备来提高网络传输性能。

3. 网络层互连设备

网络层的互连设备主要是路由器(router)。

路由器是指用以连接两个以上复杂局域网的软件与硬件,它工作在网络层。由于它工作在网桥的上一层,因此,路由器的功能比网桥更强。除了具有网桥的全部功能外,还具有路径选择功能。

4. 应用层互连设备

应用层的互连设备主要是网关(gateway)。

在一个计算机网络中,当连接不同类型而协议差别又较大的网络时,则要选用网关设备。网关的功能体现在OSI模型的最高层,它将协议进行转换,将数据重新分组,以便在两个不同类型的网络系统之间进行通信。

5.5 典型DCS的通信网络

不同时期和厂家的DCS产品,其设计思路及采用的技术各不相同,因此,不同型号的DCS通信网络系统及设备和技术也有所不同。下面通过列举浙大中控两种典型DCS的通信网络系统结构和功能,来了解通信网络技术发展对DCS发展的影响。

5.5.1 JX-300X DCS 的通信网络

JX-300X DCS 的通信网络分三层，如图 5-16 所示。

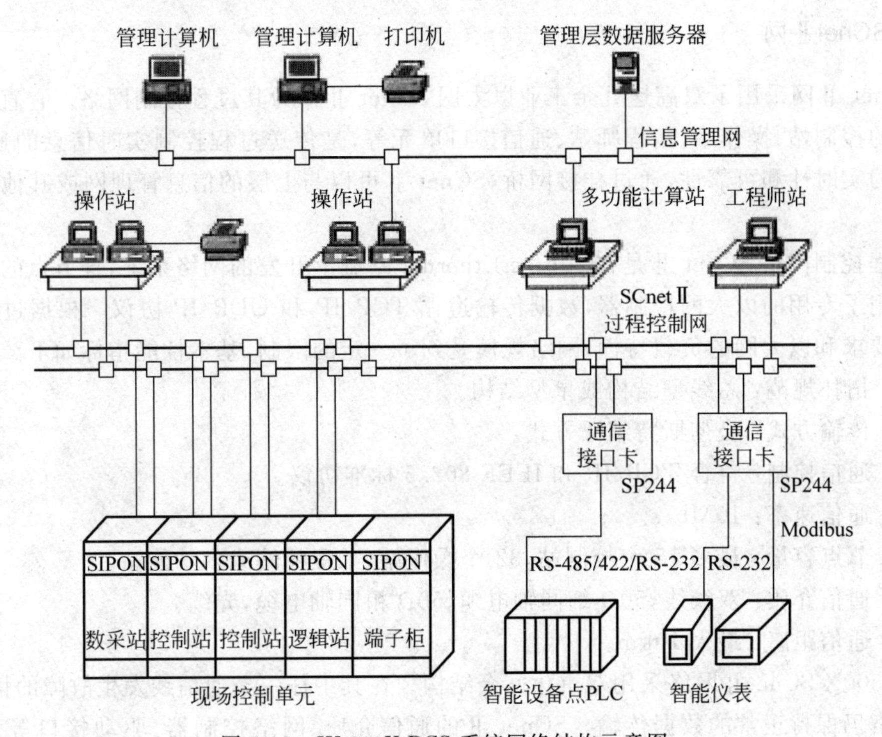

图 5-16 JX-300X DCS 系统网络结构示意图

第一层网络是信息管理网(用户可选)。

第二层网络是过程控制网，称为 SCnet Ⅱ。

第三层网络是控制站内部 I/O 控制总线，称为 SBUS。

1. 信息管理网

信息管理网采用以太网络，用于工厂级的信息传送和管理，是实现全厂综合管理的信息通道。该网络通过在多功能站(MFS)上安装双重网络接口转接的方法，实现企业信息管理网与 SCnet Ⅱ过程控制网络之间的网间桥接，以获取 JX-300X DCS 中过程参数和系统的运行信息，同时也向下传送上层管理计算机的调度指令和生产指导信息。管理网采用大型网络数据库，实现信息共享，并可将各个装置的控制系统连入企业信息管理网，实现工厂级的综合管理、调度、统计、决策等。

信息管理网的基本特性如下。

(1) 拓扑规范：总线型(无根树)结构或星型结构。

(2) 传输方式：曼彻斯特编码方式。

(3) 通信控制：符合 IEEE 802.3 标准协议和 TCP/IP 标准协议。

(4) 通信速率：10Mb/s、100Mb/s、1Gb/s 等。

(5) 网上站数：最大 1024 个。

(6) 通信介质：双绞线(星型连接)，50Ω 细同轴电缆、50Ω 粗同轴电缆(总线型连接，带终端匹配器)，光纤等。

(7) 通信距离：最大 10km。

2. SCnetⅡ网

SCnet Ⅱ网采用了双高速冗余工业以太网 SCnet Ⅱ作为其过程控制网络。它直接连接了系统的控制站、操作站、工程师站、通信接口单元等，是传送过程控制实时信息的通道，具有很高的实时性和可靠性，通过挂接网桥，SCnet Ⅱ可以与上层的信息管理网或其他厂家设备连接。

过程控制网络 SCnet Ⅱ是在 10base Ethernet 基础上开发的网络系统，各节点的通信接口均采用了专用的以太网控制器，数据传输遵循 TCP/IP 和 UDP/IP 协议。根据过程控制系统的要求和以太网的负载特性，网络规模受到了一定的限制，基本性能指标如下。

(1) 拓扑规范：总线型结构或星型结构。

(2) 传输方式：曼彻斯特编码方式。

(3) 通信控制：符合 TCP/IP 和 IEEE 802.3 标准协议。

(4) 通信速率：10Mb/s。

(5) 节点容量：最多 15 个控制站，32 个操作站、工程师站或多功能站。

(6) 通信介质：双绞线，50Ω 细同轴电缆、50Ω 粗同轴电缆，光缆。

(7) 通信距离：最大 10km。

JX-300X SCnetⅡ网络采用双重化冗余结构。在其中任一条通信线发生故障的情况下，通信网络仍保持正常的数据传输。SCnet Ⅱ的通信介质、网络控制器、驱动接口等均可冗余配置，在冗余配置的情况下，发送站点(源)对传输数据包(报文)进行时间标识，接收站点(目标)进行出错检验和信息通道故障判断、拥挤情况判断等处理；若校验结果正确，按时间顺序等方法择优获取冗余的两个数据包中的一个，而滤去重复和错误的数据包。而当某一条信息通道出现故障，另一条信息通道将负责整个系统通信任务，使通信仍然畅通。

对于数据传输，除专用控制器所具有的循环冗余校验、命令/响应超时检查、载波丢失检查、冲突检测及自动重发等功能外，应用层软件还提供路由控制、流量控制、差错控制、自动重发(对于物理层无法检测的数据丢失)、报文传输时间顺序检查等功能，保证了网络的响应特性，使响应时间小于 1 秒。

在保证高速可靠传输过程数据的基础上，SCnet Ⅱ还具有完善的在线实时诊断、查错、纠错等手段。系统配有 SCnet Ⅱ网络诊断软件，内容覆盖了网络上每一个站点(操作站、数据服务器、工程师站、控制站、数据采集站等)、每个冗余端口、每个部件(hub、网络控制器、传输介质等)，网络各组成部分经诊断后的故障状态被实时显示在操作站上以提醒用户及时维护。

3. SBUS 总线

SBUS 总线是控制站内部 I/O 控制总线，主控制卡、数据转发卡、I/O 卡通过 SBUS 进行信息交换。

SBUS 总线分为两层。

第一层为双重化总线 SBUS-S2。SBUS-S2 总线是系统的现场总线，物理上位于控制站所管辖的 I/O 机笼之间，连接了主控制卡和数据转发卡，用于主控制卡与数据转发卡间的信息交换。

第二层为 SBUS-S1 网络。物理上位于各 I/O 机笼内，连接了数据转发卡和各块 I/O 卡件，用于数据转发卡与各块 I/O 卡件间的信息交换。

SBUS-S1 和 SBUS-S2 合起来称为 JX-300X DCS 的 SBUS 总线，主控制卡通过它们来管理分散于各个机笼内的 I/O 卡件。SBUS-S2 级和 SBUS-S1 级之间为数据存储转发关系，按 SBUS 总线的 S2 级和 S1 级进行分层寻址。

(1) SBUS-S2 总线的主要性能指标

用途：主控制卡与数据转发卡之间进行信息交换的通道。

电气标准：EIA 的 RS-485 标准。

通信介质：特性阻抗为 120Ω 的八芯屏蔽双绞线。

拓扑规范：总线型结构，节点可组态。

传输方式：二进制码。

通信协议：采用主控制卡指挥式令牌的存储转发通信协议。

通信速率：1Mb/s(MAX)。

节点数目：最多可带载 16 块(8 对)数据转发卡。

通信距离：最远 1.2km(使用中继情况下)。

冗余度：1∶1 热冗余。

SBUS-S2 总线是主从结构网络，作为从机的数据转发卡须分配地址，地址设置要求：数据转发卡的地址应从“0”起始设置，且应是唯一的。互为冗余配置节点的地址设置应为 I、$I+1$(I 为偶数)；非冗余配置节点的地址只能定义为 I(I 为偶数)，而地址 $I+1$(I 为偶数)应保留，不能再被别的节点设置。数据转发卡通信地址可按 0＃～15＃配置。主控制机笼中的数据转发卡必须设置为 0＃地址，不能从别的地址号开始设置。I/O 机笼的数据转发卡的地址必须相邻设置。

(2) SBUS-S1 网络的主要性能指标

通信控制：采用数据转发卡指挥式的存储转发通信协议。

传输速率：156kb/s。

电气标准：TTL 标准。

通信介质：印刷电路板连线。

网上节点数目：最多可带载 16 块智能 I/O 卡件。

SBUS-S1 属于系统内局部总线，采用非冗余的循环寻址(I/O 卡件)方式。

SBUS-S1 网络是主从结构网络，作为从机的 I/O 卡需分配地址，地址设置要求：节点的地址都是从“0”起始设置，且应是唯一的。互为冗余配置的卡件地址设置应为 I、$I+1$(I 为偶数)。所有的 I/O 卡件在 SBUS-S1 网络上的地址应与机笼的槽位相对应。若 I/O 卡件是冗余配置，则冗余工作方式的两块卡须插在互为冗余的槽位中。

5.5.2 WebField ECS-100 DCS 的通信网络

WebField ECS-100 系统的通信网络结构可划分为下列几层。

(1) 管理信息网。它采用以太网技术，用于工厂级的信息传送和管理，是实现全厂综合管理的信息通道。

(2) 过程信息网。采用对等客户/服务器模式，实现操作节点之间包括实时数据、实时报警、历史趋势、历史报警、操作日志等实时数据通信和历史数据查询，实现操作节点间的时间同步。

(3) 过程控制网。采用高速冗余以太网，直接与系统控制站和操作节点连接，是传送过程控制实时信息的高速信息公路。通过挂接服务器站，还可与上层信息管理网或第三方智能设备实现信息交换。

(4) 控制站内部 I/O 控制总线 SBUS。在控制站内部实现功能模件(主控卡)、数据转发模件(卡)和 I/O 模(卡)件之间的数据交换。

(5) 现场总线。经不同类型现场总线接口卡，可组成不同类型的现场总线控制系统。

WebField ECS-100 系统的通信网络可分为冗余控制网络和工厂管理网络。下面分别简介冗余控制网络、工厂管理网络、SBUS 现场总线和相关的网卡。

(1) 冗余控制网络

冗余控制网络用于将控制器与操作节点连接，完成信息、控制命令的传输和发送。该控制网络采用双重冗余配置，带宽最高达 100Mb/s。该控制网采用高速冗余以太网技术，实现对等客户/服务器模式下的服务器与客户端之间的数据通信。

该控制网属于 SCnet Ⅱ网，它是在 10BASE 以太网基础上开发的网络系统。各节点通信接口采用专用以太网控制器，数据传输遵循 TCP/IP 和 UDP/IP 通信协议。根据过程控制系统要求和以太网负荷特性，可采用总线型和星型网络拓扑结构，采用光缆时也可采用环网结构。物理层采用曼彻斯特编码方式，节点容量可达 63 个冗余控制站和 72 个操作节点，系统 I/O 容量可达 20000 点。

SCnet Ⅱ网的通信介质、网络控制器和驱动接口等都可冗余配置。Scnet Ⅱ网在保证高速可靠的数据传输基础上，还具有完善的在线实时诊断、查错和纠错功能，并能在操作站实时显示诊断信息。

(2) 工厂信息管理网

信息管理网包括管理信息网和过程信息网。它采用总线或星型拓扑结构，采用工业以太网技术，通信速率可从 10Mb/s 到 1Gb/s，网上节点数可达 1024 个。通信介质可选用双绞线、同轴电缆(粗缆和细缆)和光导纤维等。通信距离可达 10km。

(3) SBUS 现场总线

SBUS 现场总线是控制站内部的 I/O 总线，功能模件(主控卡)、数据转发模(卡)件和 I/O 模件(卡)之间经 SBUS 总线进行数据交换，冗余配置。它们分为 SBUS-S2 和 SBUS-S1 网络。

SBUS-S1 和 SBUS-S2 合称 SBUS 现场总线。SBUS-S2 是系统现场总线，位于控制站管辖的 I/O 机笼之间，用于功能模件(主控卡)和数据转发模(卡)件之间的数据交换。

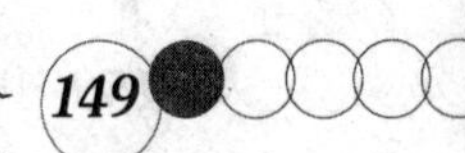

SBUS-S1总线位于控制站管辖的I/O机笼内,连接数据转发模(卡)件和I/O模(卡)件,用于数据转发模(卡)件与I/O模(卡)件之间的数据交换。

SBUS-S1总线采用数据转发模(卡)件指挥式存储转发通信协议,主从网络拓扑,传输速率156～625kb/s,符合TTL标准,采用印刷电路板的连接线作为通信介质,最大网上节点数是16块智能I/O卡件。SBUS-S2总线采用RS-485标准,通信介质是特征阻抗120Ω的8芯屏蔽双绞线,总线拓扑结构,采用主控制卡指挥式令牌的存储转发通信协议,传输速率达1Mb/s,最大节点数是16块数据转发卡。

(4) SCnetⅡ网卡

SCnetⅡ网卡(FW023)安装在工业计算机内,它提供RJ-45接口,用于连接以太网。采用冗余配置的网卡作为冗余控制网与上位操作节点的通信接口,也作为冗余控制网的节点,完成操作节点与SCnet Ⅱ网的数据交换和数据处理。

(5) 通信网关卡

通信网关卡(FW244)是SCnet Ⅱ网的节点,用于系统与其他智能设备的互联。

(6) 多串口多协议网关卡

多串口多协议网关卡(FW248)是系统与其他智能设备互联的网关设备。一块卡可同时运行不同的通信协议,根据通信协议的不同,可作为通信的主机或从机。

(7) PROFIBUS-DP主站接口卡

PROFIBUS-DP主站接口卡(FW239-DP)是系统与PROFIBUS-DP的接口,在PROFIBUS-DP网络中,它以主站形式与其他从站进行数据通信。经链接器或耦合器,可连接PROFIBUS-PA设备。

每套系统DP接口卡和控制站数量的总和不超过31个,DP接口卡不超过15个。支持传输速率9.6kb/s～1.5Mb/s,每个DP接口卡可最多带31个从站设备。

(8) 集线器hub

集线器hub(FW423)带16个RJ-45端口和2个额外端口(AUI和BNC),用于以太网的连接。以太网集线器FW425是10M/100M以太网交换机集线器,不带光纤模块扩展插槽。分为16个、24个和8个RJ-45接口3种型号。

(9) 中继器

中继器FW022采用先进的可擦除可编程逻辑器件EPLD,实现通信控制器的功能。用于扩展通信距离,它增加了对反射波的抑制功能。中继距离为400m/级。

5.6 控制网络和信息网络

5.6.1 控制网络与信息网络的区别

DCS作为工业控制系统特别强调可靠性和实时性。用于测量和控制的数据通信主要特点是:允许对实时响应的事件进行驱动通信,具有很高的数据完整性,在电磁干扰和有对地电位差的情况下能正常工作,大多使用专用的通信网络。

控制网络与信息网络的具体区别如下。

（1）控制网络中数据传输的及时性和系统响应的实时性是控制系统最基本的要求。一般来说，过程控制系统的响应时间要求为0.01～0.5s，制造自动化系统的响应时间要求为0.5～2.0s，信息网络的响应时间要求为2.0～6.0s。在大部分信息网络的使用中实时性是可以忽略的。

（2）控制网络强调在恶劣环境下数据传输的完整性、可靠性。控制网络应具有在高温、潮湿、震动、腐蚀、电磁干扰等工业环境中长时间、连续、可靠、完整地传送数据的能力，并能抵抗工业电网的浪涌、跌落和尖峰干扰。控制网络还应具有本质安全性能。而信息网络没有对应的处理措施。

（3）在企业自动化系统中，由于分散的单一用户要借助控制网络进入某个系统，通信多使用广播或组播方式；在信息网络中某个自主系统与另一个自主系统一般都使用一对一通信方式。

（4）工业现场总线控制网络可以实现总线供电。而通常IT信息网络缺少相应的处理措施。

随着网络信息技术的发展，控制网络与信息网络的区别逐渐减弱。传统以太网是为办公自动化等实时性要求不高的领域而设计，它采用总线式拓扑结构和多路存取载波侦听冲突检测(CSMA/CD)通信方式。对实时性要求较高的工业控制应用，重要数据的传输过程会造成传输延滞，传输延滞在2～30ms之间，这是以太网的"时间不确定性"，也是影响以太网长期无法进入过程控制领域的重要原因之一。

当前以太网采用以下最新技术，使其用于工业控制和管理成为可能。

① 采用最新通信技术，提高传输速率。

② 采用工业以太网交换机，避免冲突发生，降低网络负荷。

③ 采用全双工通信方式以提高通信实时性。

④ 专门开发和生产机架导轨式集线器、交换机产品，提高以太网接插件的可靠性和稳定性。

⑤ 采用冗余网络技术，提高网络的抗干扰能力和可靠性。

⑥ 研究隔爆防爆技术，使工业以太网能够在工业现场易燃、易爆或有毒气体的场合安全运行。

⑦ 为实现工业以太网与Internet的无缝集成，实现工厂信息的垂直集成，采取网关、防火墙、网络隔离、权限控制、数据加密等技术和安全措施，增强了网络安全性。

⑧ 为实现开放系统的互操作性，需要在Ethernet＋TCP/IP协议上制订统一的适用于工业控制应用的用户层协议，从而实现互操作。

5.6.2 控制网络与信息网络的互联技术

1. 控制网络与信息网络互联的必要性

在计算机网络技术的推动下，控制系统向开放性、智能化与网络化方向发展，产生了控制网络(Infranet)。如何实现Infranet与Intranet(基于Web的企业信息网络)的无缝连接以满足企业的需要，是网络技术的热点问题。

控制网络与信息网络互联具有以下重要意义：

(1) 控制网络与企业网络之间互联，建立综合实时的信息库，有利于管理层的决策；

(2) 现场控制信息和生产实时信息能及时在企业网内交换；

(3) 建立分布式数据库管理系统，使数据保持一致性、完整性和互操作性；

(4) 可对控制网络进行远程监控、远程诊断及维护等，节省大量的投资和人力；

(5) 为企业提供完善的信息资源，在完成内部管理的同时，加强与外部信息的交流。

随着网络技术的不断发展，DCS的上层将与国际互联网(Internet)融合在一起，而下层将采用现场总线通信技术，使通信网络延伸到现场。最终实现以现场总线为基础的底层网(Infranet)、以局域网为基础的企业网(Intranet)和以广域网为基础的互联网(Internet)所构成的三网融合的网络架构。

三网融合促进了现场信息、企业信息和市场信息的融合、交流与互动，使基础自动化、管理自动化和决策自动化有机地结合在一起，实现了三者的无缝集成(seamless integration)。它可以更好地实现企业的优化运行和最佳调度，并且能在更大的范围内支持企业的正确决策，从而给企业创造更多的经济效益。

2. 控制网络与信息网络互联

控制网络与信息网络，可以通过网关或路由器进行互联。由于控制网络的特殊性，其互联的网关、路由器与一般商用网络不同，它要求容易实现IP地址编址，能方便地实现Infranet与Intranet之间异构网的数据格式转换等，可以采用高性能、高可靠性、低成本的网关、路由器。

控制网络不同于一般的信息网络，控制网络主要用于生产设备的自动控制，对生产过程状态进行检测、监视与控制。它自身的技术特点如下：

(1) 要求节点有高度的实时性；

(2) 容错能力强，具有高可靠性和安全性；

(3) 控制网络协议实用、简单、可靠；

(4) 控制网络结构的分散性；

(5) 现场控制设备的智能化和功能自治性；

(6) 网络数据传输量较小；

(7) 性价比较高。

在以往的过程控制系统中，电气控制装置E(electric)、仪表控制装置I(instrument)和计算机控制装置C(computer)作为彼此独立的系统，分别设计和安装。目前，这种情况已不适应当今技术发展的需要。采用EIC综合技术，把电气控制、仪表控制和计算机控制等功能统一由DCS完成，是今后的发展方向。这就要求DCS具有能同时实现这些控制所需要的软、硬件资源，并要有符合这些系统惯例的编程组态方法。要在微处理机级采用并行处理技术，在系统级提高信息吞吐能力，还要求控制系统可支持各种面向控制问题的语言(problem oriented language，POL)等。采用EIC综合技术的DCS，可在过程控制站内实现某个子系统需要的全部电机、仪表及计算机控制功能，如电机的连锁控制及保护、阀门监视及故障诊断等。

DCS的另一个重要的发展方向是大量采用标准化和通用化技术。DCS中的硬件平台、软件平台、组态方式、通信协议、数据库等各方面都将采用标准化和通用化技术。例如，现在许多DCS厂家都推出了基于PC和Windows XP和NT平台的操作站。这不仅降低了系统造价，提供了更完善的系统功能，而且便于操作人员掌握使用。

3. OPC技术简介

OPC(OLE for process control)即用于过程控制的OLE技术，是一项面向工业过程控制的数据交换软件技术。该项技术是从微软的OLE(对象链接和嵌入)技术发展而来，建立在OLE规范之上，为过程控制领域应用而提供的一种标准的数据访问机制。

工业控制领域会用到大量的现场设备，在OPC出现以前，自动化软件开发商需要开发大量的驱动程序来连接这些设备。即使硬件供应商在硬件上做了一些小小改动，应用程序就可能需要重写；同时，硬件供应商只能以DLL或DDE服务器方式提供最新的硬件驱动程序，对于最终用户来说，就意味着繁重的编程任务。而且，DLL和DDE是平台相关的，与具体的操作系统有密切的关系，同时，由于DDE和DLL并不是为过程控制领域而设计的，设备通知、事件以及历史数据等过程控制领域常见的通信要求，实现起来非常困难。

随着OPC的提出，这个问题开始得到解决。OPC规范包括OPC服务器(OPC Server)和OPC客户(OPC Client)两个部分，其实质是在硬件供应商和软件开发商之间建立了一套完整的"规则"，只要遵循这套规则，数据交互对两者来说都是透明的，硬件供应商无须考虑应用程序的多种需求和传输协议，便能够提供一个功能齐备的应用接口。软件开发商也无须了解硬件的实质和操作过程。

OPC标准包含了三个规范，分别是：实时数据存取(OPC DA)规范、报警与事件(OPC AE)规范和历史数据存取(OPC HDA)规范。其中，OPC DA规范最为成熟；OPC AE规范和OPC HDA规范相对较新，多是来自于主要软件开发商的企业标准。

目前的OPC软件产品分为两类：OPC服务器端软件和OPC客户端应用软件。OPC服务器软件和整个DCS系统的结构关系如图5-17所示。可以看出，OPC Server软件的运

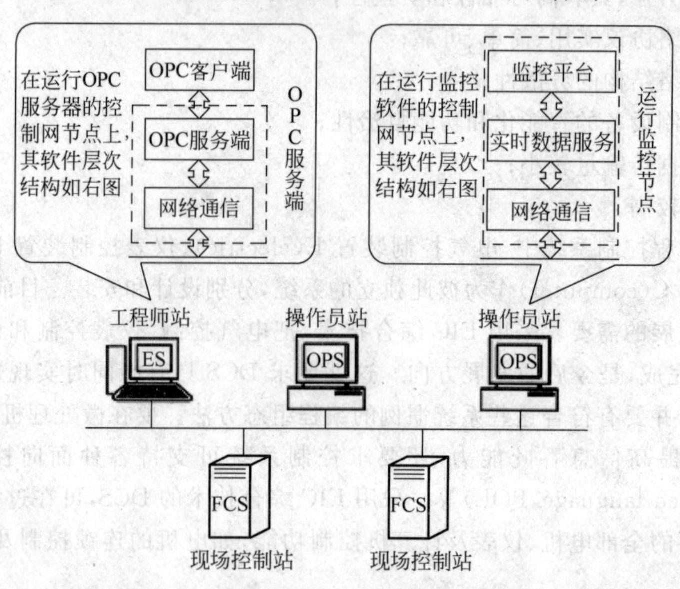

图5-17 OPC服务器软件和DCS的结构关系

行环境与监控软件基本一致。首先，两者都长时间不间断地运行于控制网的某个操作节点上，具有相似的硬件环境和运行方式；其次，两者的运行都需要读入系统组态信息，并且运用相同的网络通信模块。因此，可以认为 OPC Server 和监控软件是运行于同一层次上的软件。

OPC Server 软件作为一个标准的 OPC 服务器，具有其特定的数据服务功能。它提供了访问 DCS 系统实时数据的标准 OPC 接口，并定义了相应的 OPC 数据格式。同时，由于该软件仅是一个 OPC 服务器，因此在运行时没有任何操作界面，数据服务均为后台执行。从功能上说，OPC Server 的作用就是将从控制网上取得的实时数据转化为 OPC 格式，并用标准 OPC 接口的方式提供给用户(即 OPC 客户)。

OPC 客户端的应用软件一般是按用户的要求制定的，因此，难以从整个软件结构来说明其开发设计的思路。但在调用 OPC 功能、建立与 OPC Server 的通信等方面基本采用相同的方法。目前，许多 DCS 系统都采用了 OPC 技术，使各种不同厂家的产品能十分方便地交换信息。很多 DCS 的组态方法都在向国际电工委员会发布的 IEC 1131-3 标准靠拢，使用户不必再花费很多精力去学习各种不同 DCS 的组态方法。标准化、通用化技术的全面使用，大大提高了 DCS 的开放程度，显著地减少了系统的制造、开发、调试和维护成本，为用户提供了更广阔的选择余地，同时也为 DCS 开辟了更广泛的应用领域。

5.6.3 控制网络与信息网络的互联展望

现场总线将工业过程现场的智能仪表和装置作为节点，通过网络将节点与控制室的仪表和控制装置连成控制系统，形成了基于现场总线的开放型分散控制系统(FCS)，即新一代集散控制系统。它打破了 DCS 专用通信的局限性，采用公开、标准的通信协议，控制功能完全分散到现场的智能仪表及装置上，即使计算机出现故障，控制系统也不会瘫痪；把 DCS 系统集中与分散结合的集散结构改变成全分散式结构，基于现场总线的 FCS 和 DCS 均是 Infranet，因此，现场总线形成的低层网络也称为 Infranet。

Infranet 和 Intranet 与现场总线的结合，使传统的、封闭的、僵化的集中式控制系统正在被开放的、灵活的、网络化控制系统替代，用现场总线控制系统(FCS)替代模拟数字混合的 DCS 已成为控制系统的发展方向，从而，把自动化仪表及控制系统带入"综合自动化"的更高层次。

采用智能化仪表和现场总线技术，从而彻底实现分散控制；OPC 标准的出现解决了控制系统的共享问题，使不同系统间的集成更加方便；基于 PC 的解决方案将使控制系统更具开放性；Internet 在控制系统中的应用，将使数据访问更加方便。总之，控制网络将通过不断采用新技术向标准化、开放化和通用化的方向发展。

由于控制网络与信息网络的互联，随着 FCS 的逐步应用，未来的控制系统中，也将逐渐采用人工智能研究成果。例如，当生产过程发生异常时，智能报警系统可把报警输出数量限制在必要的最低限度，避免当一个主要报警原因发生时，因连锁保护动作而造成大量其他原因报警。人工智能还将用于各种运行支援系统。运行支援系统可分为启停时的运行支援系统，正常运行时的优化支援系统和异常时的运行支援系统。启停时的运行支援系统，属于自动化技术范畴；而后两项支援系统则为专家系统应用技术。这些运行支援系统都可以在现场总线控制系统(FCS)中实现。

近年来，以经济控制为目标的监督控制信息系统(supervisory information system，SIS)正在成为研究的热点。监督控制的目的就是在一定的约束条件下，求出一组能够使生产过程的目标函数取得极值的最优操作变量。从工程应用角度来看，SIS主要包括五个功能：生产过程的监控、经济信息的管理与生产成本的在线计算、竞价上网报价系统、经济分析和最优控制。

随着现场总线控制系统的推广应用，模式控制系统正走向实用阶段。在传统的温度、压力控制系统中，以某点的温度或压力作为被控制量；而在实际生产过程中，常常需要对某温度场中的温度分布或某容器内的压力分布进行控制，这时，被控制量就成为分布在某一空间上的模式控制。因技术上的原因，这种控制方案以前难以实现。随着人工神经网络技术的飞速发展，模式识别及模式控制问题可通过神经网络得到较圆满的解决。可以预计，以人工智能方法为基础的各种控制方案会不断出现在现场总线控制系统中。

本章小结

本章主要讨论了数据通信的基本概念和通信网络系统的组成；介绍了DCS常用的数据通信技术。通过阐述网络体系结构及协议的概念，介绍了协议分层原理及各协议层的基本功能。简要地说明了网络的拓扑结构以及网络传输介质与设备。介绍了两种典型的DCS通信系统，并分析了控制网络和信息网络的区别，着重阐述了控制网络和信息网络互联的必要性、应用技术特点及未来发展方向。

习　题

5-1 DCS的通信网络有几种结构形式？

5-2 什么是通信网络协议？

5-3 DCS常用的网络拓扑结构是什么？

5-4 DCS通信常用的传输介质有几种？阐述各自的特点。

5-5 现场总线通信与IT网络通信的区别有哪些？

第6章 现场总线技术基础

在自动化工程技术领域中，种类繁多的DCS、PLC以及各类控制系统的出现，使自动化系统的可靠性、实时性、可操作性以及可维护性都得到了极大的改善，成为控制系统的主流产品。由于各厂家产品结构自成体系，通信系统相对封闭，软件运行环境相对独立，导致目前各类系统开放性相对较差。为此，相关领域技术人员一直从不同的途径进行多方面的探索，基于微处理器技术和网络技术的现场总线是目前最受关注的控制领域技术热点之一。它的出现为自动化系统实现控制功能的彻底分散，保证各节点之间实时、可靠的数据通信提供了强有力的技术支持。

6.1 现场总线概述

6.1.1 现场总线的基本定义

现场总线是近年来迅速发展起来的一种工业数据总线，主要用于解决智能仪表、控制器、执行结构等自动化现场设备间的数字通信以及这些设备和上级控制系统间的信息传输问题。由于其硬件配置简单、运行稳定可靠、经济适用等一系列突出优点，受到了世界范围内各大自动化系统集成商及使用者的广泛关注。

不同组织机构对现场总线有着不同的定义，按照国际电工委员会(IEC)对现场总线的定义：安装在制造或过程区域的现场装置与控制室内自动控制装置之间的数字式、串行双向、多点的数据通信总线称为现场总线。它依靠具有检测、控制、通信能力的微处理芯片，利用智能仪表在现场实现数字化控制功能，并以这些现场分散的智能仪表的单个点作为网络节点，将这些点以总线形式连接起来，形成一个现场总线控制系统(fieldbus control system, FCS)。现场总线被誉为自动化领域的计算机局域网，是工业领域自动化控制系统的一种底层计算机局域网络。

现场总线通信的关键特征主要有以下几点。

1. 多点分布

采用一对 N 的连接结构，在一根总线电缆上可连接多个自动化智能设备，包括操作站、过程控制单元、PLC与数字I/O设备等，总线控制器可对总线上的多个操作站、传感器及执行机构等设备进行数据存取，实现各节点设备的信息交换，相对于传统的点对点的通信模式，这是现场总线在技术上的一大革新。

2. 全数字化

现场总线采用数字信号通信，用数字通信代替4～20mA的连接标准。在总线上各种开关量、模拟量信号就近转变为数字信号，然后通过总线电缆进一步传输。数字信号抗干扰性强、传输效率更高，传输过程中可避免信号的衰减和变形，有效提高系统的测量和控制精度。

3. 双向传输

传统的模拟信号传输方式，只能在一条信号线上传递一路信号；现场总线设备则在一条线上既可以向上传递来自各类传感器的检测信号，又可以向下传递执行器的控制信号。

简单地讲，现场总线是以数字信号替代传统4～20mA模拟信号及普通开关信号的一种通信技术，其核心设计思想是通过给智能现场设备增加串行通信接口部件，使所有现场设备采用统一的协议标准进行通信，控制器通过一根通信电缆（两线或四线）即可将分布在各处的现场设备连接起来，完成对整个工厂设备的控制与监控。

6.1.2 现场总线标准的现状

1. IEC 61158国际标准

在现代工业系统网络化、信息化的大背景下，现场总线技术用于自动化系统集成，蕴藏着巨大的技术和商业潜力，因此吸引了众多欧美和亚洲有实力的自动化产品生产商花费大量人力、物力来进行开发。自20世纪80年代中期开始，各种现场总线相继产生，一些世界知名自动化系统集成商及标准化组织推出了多种现场总线协议标准，据不完全统计，迄今为止国际上已出现过的总线有近200种。不同总线标准的现场设备不能互换，将给使用者造成极大的不便。从1984年起，IEC就成立了制定现场总线统一标准的工作组（IEC/SC65C/WG6）。但由于行业与地域发展等历史原因，加上各公司和企业集团受自身利益的影响，国际标准的制订工作进展十分缓慢。最后经过多方努力，以及讨论和协商，于1999年春制定了IEC 61158现场总线标准的第1版TS 61158。

当前，一些企业组织为了各自利益对总线规范的争论并未停止，要求修改TS 61158的技术文件。因此工作组着手制定单一标准的、多功能现场总线规范，于2000年1月推出了IEC 61158标准的第2版，第2版保留了原来的技术规范，并作为类型1，来自其他开发组织的总线按照IEC原技术规范的格式作为类型2～8进入IEC 61158中。所以IEC 61158标准的第2版包括八种现场总线，其类型编号和技术名称如下。

（1）TS 61158技术报告

由IEC/ISA负责制定，基金会现场总线FF的H1总线，即低速现场总线是它的一个子集。该总线主要为过程控制开发，支持总线供电和本质安全。

（2）ControlNet现场总线

美国Rockwell公司开发，得到控制网国际（ControlNet International，CI）的支持。该总线为控制级总线，它的底层（设备级）总线通常为DeviceNet现场总线。

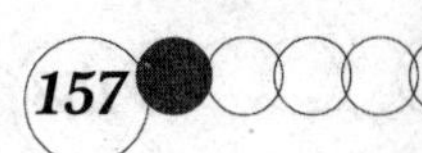

(3) PROFIBUS 现场总线

由德国西门子公司联合多家企业、科研院所开发，得到 PROFIBUS 用户组织(PROFIBUS National Organization，PNO)的支持，是欧洲三大现场总线标准之一。该总线由 PROFIBUS FMS、PROFIBUS DP 和 PROFIBUS PA 三个部分组成，分别用于监控级、间歇生产制造业的设备级和过程工业的现场级。

(4) P-Net 现场总线

丹麦 Process Data A/S 公司研究开发，得到 P-Net 用户组织的支持，是欧洲现场总线标准三大总线之一。多用于食品、农业及工业一般自动化系统。

(5) FF-HSE(High Speed Ethernet，高速以太网)

现场总线基金会 FF 开发的高速现场总线，是与 FF-H1 配套的高速现场总线，用于对时间有苛刻要求或数据量较大的场合，由 Fisher-Rosemount 公司支持。

(6) SwiftNet 现场总线

美国 SHIP STAR 协会主持制定，得到波音公司的支持。主要用于航空航天领域。

(7) WorldFIP 现场总线

法国 WorldFIP 协会制订并支持，是欧洲现场总线标准三大总线之一。主要用于过程控制和制造业的现场级。

(8) Interbus 现场总线

德国 Phoenix Contact 公司开发，得到 Interbus Club 的支持。主要用于制造业的现场级(设备级)。

IEC 61158 标准的第 2 版包括了目前国际上用于过程工业及制造业的八种影响力较大的现场总线。但各种总线协议互不兼容，各自产生的背景和应用领域存在较大差异，要想将八种总线协议统一起来十分困难，所以 IEC 61158 的第 2 版并不是一个功能单一的标准。尽管如此，由于 IEC 巨大的影响力，所有现场总线产品都在向 IEC 靠拢。

随着互联网技术的发展及推广，以太网技术得到了迅速的发展，以太网也成为现场总线技术发展的新趋势，并被作为各种现场总线的高速组成部分。如 PROFIBUS 国际(PROFIBUS International，PI)的 ProfiNet 等。

为了反映现场总线与工业以太网技术的最新发展，负责 IEC 61158 标准维护工作的 IEC/SC65C/MT9 工作组对 IEC 61158 标准第 2 版进行了扩充和修订，于 2003 年 4 月推出了 IEC 61158 标准的第 3 版。该版在原有八种现场总线基础上，增加了两种现场总线。

(9) FF-H1 现场总线。将 FF 的 H1 低速总线从类型 1 中独立出来。

(10) ProfiNet 实时以太网。

Ethernet 技术的快速发展和广泛应用及低廉的价格极大地吸引着工业控制领域，现在多个现场总线行业性组织都在进行 Ethernet 用作工业网络的研究并推出他们的解决方案。以太网应用于工业领域要解决的关键技术即数据通信的确定性和实时性。最初的以太网通信协议主要应用于控制系统网络的中、上层设备间的通信，以太网传输速率的提高和以太网交换技术的发展，给解决以太网通信的实时性、非确定性问题提供了技术支持，使以太网应用于工业现场设备间的通信成为可能。目前，研究工作希望将它直接和现场设备连接，不仅仅是把 Ethernet 用作高层网络，即要实现“一网到底”。为了规范这部分工作，IEC/SC65C 专门成立了实时以太网工作组，于是 2007 年推出了 IEC 61158 的第 4 个版本，在该版本中加入了七种最新的实时以太网规范。

IEC 61158 第四版共有 20 种类型的现场总线,新增 10 种类型如下。

(11) TCnet 实时以太网。

(12) EtherCAT 实时以太网。

(13) Ethernet Powerlink 实时以太网。

(14) EPA 实时以太网。

(15) Modbus-RTPS 实时以太网。

(16) SERCOS Ⅰ、SERCOS Ⅱ现场总线。

(17) Vnet/IP 实时以太网。

(18) CC-Link 现场总线。

(19) SERCOS Ⅲ实时以太网。

(20) Hart 现场总线。

另外在第 4 版中,对类型 2 做了扩充,除了包含原有的 ControlNet 现场总线,还增加了 DeviceNet 和 Ethernet/IP 实时以太网,技术名称也改为 CIP 现场总线。类型 6 的 SwiftNet 现场总线由于市场推广不理想将被撤销。

目前针对以太网相关技术的研究工作仍在推进,支持推进这些研究活动的国际组织有工业以太网协会、工业自动化开放网络协会等。我国也将工业以太网现场总线列为重点攻关项目。

2. 特殊行业的现场总线国际标准

除了 IEC 61158 外,IEC 及 ISO 还制定了一些特殊行业的现场总线国际标准。

(1) ISO 公路车辆技术委员会电气电子分委员会发布的用于高速通信的公路车辆-数字信息交换系统的 CAN 总线。

(2) IEC 铁路电气设备技术委员会发布的国际标准 IEC 61375 列车通信网。

(3) IEC 低压配电与控制装置分委员会发布的国际标准 IEC 62026 低压配电与控制装置-控制器与设备接口。该标准包括了已有的四种现场总线: DeviceNet、SDS、ASI 以及 Seriplex 总线。DeviceNet 和 SDS 都是基于 CAN 技术的,即它们的低两层协议采纳了 CAN 协议,补充了物理层,增加了应用层和设备规范文件,构成了完整的开放的现场总线。

(4) IEC 机械设备电气安全技术委员会发布的 IEC 61491 工业机械电气设备-控制单元与驱动装置之间的实时通信串行数据链路。该标准定义了一种开放的、控制单元与驱动装置之间的实时光纤串行接口,又被称为串行实时通信系统。主要用于机床驱动等运动控制系统中对位置、速度、扭矩等的控制。

此外,还有一些现场总线虽然不是国际标准,但已获得了广泛应用。如美国 Echelon 公司推出的 LonWorks 总线,已在许多行业得到应用,是建筑自动化行业中起主导作用的总线。从目前总线标准的现状看,多种现场总线标准将会在较长的时期内共存,但总线的种类有可能会逐步减少。基于多种协议标准构建的复杂工业网络将会简化成为一种或较少协议标准的网络架构形式。

6.1.3 现场总线的应用概况

目前,现场总线技术在我国的应用已取得很好的成绩,据英国敏思管理咨询公司(IMS)对工业通信中国市场的调查报告,截至2008年在我国已安装现场总线和工业以太网的节点约为1166.75万个,其数量可以说是很庞大的。其中按通信协议来分:PROFIBUS占24.2%(282.7万个)、CC-Link占11.16%(130.31万个)、DeviceNet占9.75%(113.83万个)、FF占1.67%(19.58万个)。工厂自动化用现场总线的任一个协议(如PROFIBUS、CC-Link、DeviceNet等),它们已安装的节点数要比过程控制用现场总线(如FF)高一个数量级。从以上的数据看,我国现场总线的应用近些年来有长足、全方位的发展。

但我国现场总线的开发技术还相对落后。我国对IEC 61158国际规范一直是投赞成票,即希望有一种和国际标准一致的单一的国家标准。我国在HART、FF H1、PROFIBUS的研发方面投入了很大力量,也出现了一些产品,推广工作正在加强。同时我国在CAN、LonWorks总线及相关产品的开发研制方面也极为活跃,而且在很多行业取得了一定实效。

针对我国现场总线发展状况,在现场总线技术的开发、推广及应用过程中,比较有效的做法有如下几点。

(1) 选择在国际上影响较大、有市场应用前景的一些总线作为我国现场总线开发的技术标准。这些总线必须是真正开放的,负责总线管理及推广的国际组织必须支持和帮助中国的现场总线标准制定工作,支持中国企业开发现场总线产品。

(2) 标准的文本可借鉴欧洲现场总线标准的文本构成方式,各个总线标准分开,便于使用。

(3) 尽快建立总线应用技术支持服务机构。在遇到紧急情况时,可以很快得到总线技术专家和检测实验室的帮助。

现场总线技术在企业网络信息传输、集成生产数据以及实施控制方面,发挥着重要作用,是构成自动化系统网络的基础,它为企业的管控一体化、生产的优化调度提供数据信息方面的技术支持。由于现场总线系统所处的特殊环境及所承担的实时控制任务,现场总线技术已由过程工业、制造业、电力、冶金等系统领域,渗透到了变配电设备、车辆、机床等装置的内部,正在彻底改变测控系统及相关设备的设计思想。这些行业应抓住机遇,应用现场总线技术,提高生产的自动化水平或产品的技术含量,加快产品的更新换代。

6.2 现场总线结构

6.2.1 现场总线的基本结构

由现场总线构成的FCS已经得到越来越广泛的应用,国际电工委员会(IEC)推荐的通用现场总线网络结构如图6-1所示。从图中可以看出,现场总线系统可以支持各种工业领域的信息处理、监视和控制，可用于过程控制传感器、执行器和本地控制器之间的现场设备级通信，也可以与工厂自动化的 PLC 实现互连。在这里，H1 现场总线主要用于现场级，其速率为 31.25kb/s，负责两线制向现场仪表供电，并能支持带总线供电设备的本质安全；H2 现场总线主要面向过程控制级、监控管理级和高速工厂自动化系统的应用，其速率为 1Mb/s、2.5Mb/s 和 100Mb/s，目前主要由高速以太网实现。H1 低速现场总线和 H2 高速现场总线相辅相成，构成了完整的工业自动化网络通信系统。

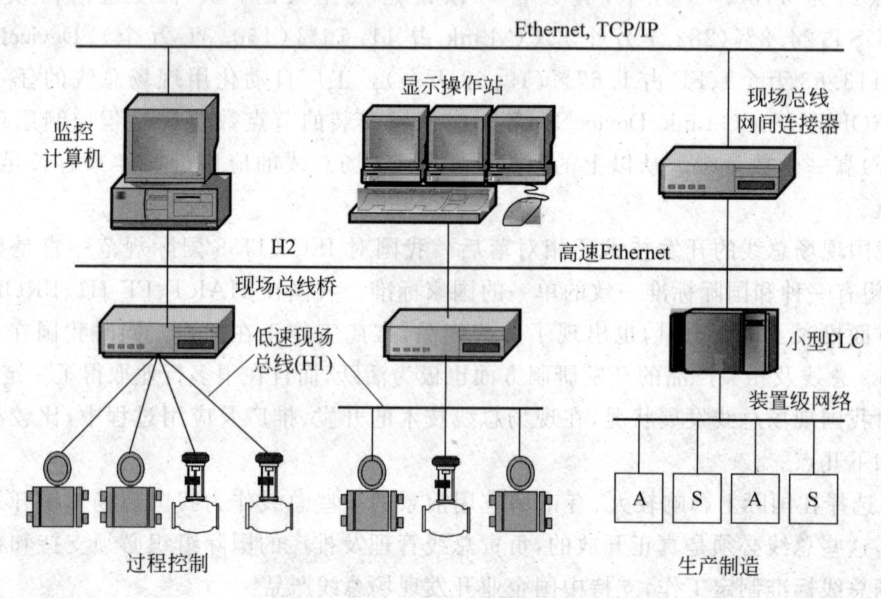

图 6-1 现场总线网络结构

现场总线技术最初主要应用于过程控制及制造业，过程控制领域比较典型的现场总线如 FF 推出的 FF-H1、FF-HSE 总线标准，制造自动化领域的总线标准如 PROFIBUS、ProfiNet 等。经过在实践中的应用，人们已经逐步意识到不同领域的应用对现场总线有着不同的要求，只有通过互补与合作，才能得到共同发展，从而不断满足工业自动化行业的各种需求。

图 6-1 也给出了国际电工协会 IEC 提出的现场总线的两种基本结构形式。

星型：用短距离、廉价、低速率电缆取代模拟信号传输线；每一个现场总线段上的设备都以独立的双绞线连接到网桥(公共接线盒)上，该结构适用于现场总线设备局部集中、密度高，以及把现有设备升级到现场总线等场合。

总线型：数据传输距离长、速率高，采用点对点、一点对多点和广播式通信方式。现场总线设备通过一段成为支线的电缆连接到总线段上。该结构适用于设备的物理位置分布较为分散，现场设备密度较低的场合。

现场总线完整地实现了控制技术、计算机技术与通信技术的集成，从而体现了分布、开放、互联、高可靠性的特点，采取一对多双向数字化的信号传输形式，精度高、可靠性强；现场设备智能化，具有通信、控制和运算等丰富的功能，使控制功能更分散。系统集成过程中，用户可以自由按需选择不同品牌种类的总线设备互联。

6.2.2 FCS 典型硬件连接形式

现场总线作为一种串行的数字信号通信链路，沟通了工业生产领域的基本控制设备(即现场级设备)之间与更高层次自动化控制设备(即车间级设备)之间的联系。下面通过一个典型实例来说明现场总线系统的一般物理连接形式。如图 6-2 所示，该系统主要包括一些常用的实际总线设备，如总线接口、PLC 控制器、电源、输入输出站、终端电阻等。其他系统也可以包括变频器、限位开关、编码器、人机界面等。

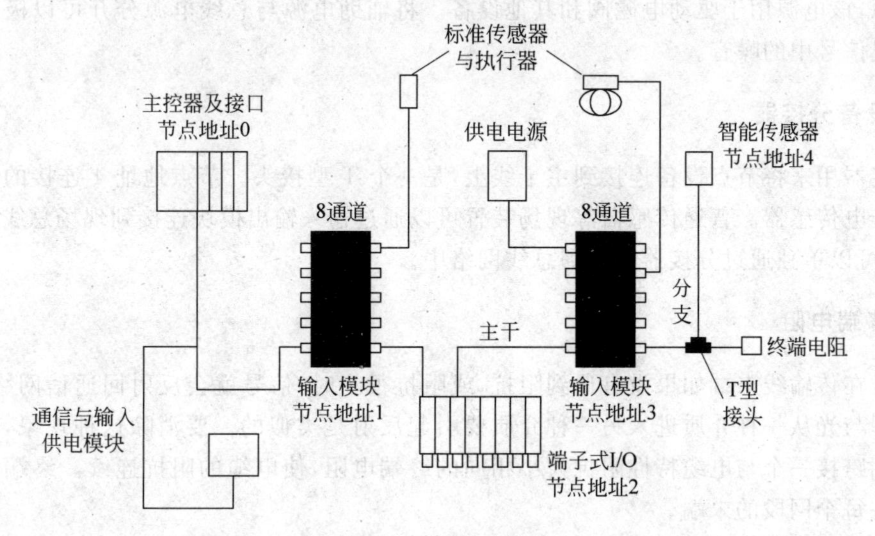

图 6-2 典型硬件连接结构

1. 主控器

主控器可以是 PLC 或 PC，通过总线接口对整个系统进行管理和控制。

2. 总线接口

总线接口可以是单独的卡件，也可以集成在 PLC 中，本例总线接口集成于主控器 PLC。总线接口作为网络管理器以及主控器到总线的网关，管理来自总线节点的信息，并且转换为主控器能够读懂的某种数据格式进行处理或运算。

3. 电源

电源是网络上每个节点传输和接收信息所必需的。通常输入通道与内部芯片所用电源为同一个电源，习惯称为总线电源。而输出通道使用独立的电源，称为辅助电源。

4. 总线电缆

总线电缆一般分为主干电缆和分支电缆。各种总线协议对于总线电缆长度都有特定的规定，不同的通信速率，对应不同的总线电缆长度。分支电缆的长度也有所限制。

5. 输入输出模块

图 6-2 中节点地址 1 是 8 通道的输入节点。输入有许多不同的类型，在应用中最常用的是 24V 直流的 2 线、3 线传感器或机械触点。该节点具有防水、防尘、抗振动等特性，适合于直接安装在现场。节点地址 2 是端子式节点，独立的端子块安装在 DIN 导轨上，这种类型的节点是开放式的结构，具有一定的防尘特性，但无防水特性，它必须安装在机箱中。端子式节点包含有许多种开关量与模拟量输入/输出模块、串行通信、高速计数与监控模块。端子式输入/输出系统可以独立使用也可以结合使用。节点地址 3 是一个输出站，连接一个辅助电源，该电源用于驱动电磁阀和其他设备。将辅助电源与总线电源分开可以极大地降低在总线信号中的噪音。

6. 设备分接器

分接器用来将节点设备连接到主干线上，是一个 T 型接头。节点地址 4 连接的是一个智能型光电传感器。普通传感器等现场装置可以通过输入输出模块连接到现场总线系统工程中，也可以单独通过分接器连接到总线网络中。

7. 终端电阻

信号在传输线末端如果没有遇到阻抗，或阻抗很小时，信号就会反射回通信网络，该现象的原理与光从一种介质进入另一种介质要引起反射是类似的。要消除这种现象，必须在电缆末端跨接一个与电缆特性阻抗大小相同的终端电阻，使电缆的阻抗连续。终端电阻必须安装在每个网段的末端。

6.2.3 FCS 的集成结构

现场总线在控制系统集成思路上不同于以往的控制方式。在传统的 DCS 中，体现的是集中管理与分散控制的思想。其典型系统集成结构为“三站一线”，即工程师站、操作员站、控制站和通信网络。工程师站负责系统管理、控制组态、系统生成与下载；操作员站实现系统的控制操作、过程状态及报警显示、历史数据的收集及趋势显示、报表生成等；控制站实现各种信号的采集和处理、回路的运算和控制结果输出等；通信网络负责提供各种功能站之间的数据通信和联络。控制站与现场设备之间主要采用一对一的 I/O 接线方式，即一个 I/O 点对应一个测控点。

现场总线技术的发展，使网络技术延伸到现场，许多传感器、执行机构、驱动装置等现场设备智能化，即内置 CPU 控制器。原 DCS 系统中位于控制室的控制模块、各输入输出模块被置入现场仪表中，同时现场仪表增加通信接口，使其具有总线通信能力，现场的各测控设备之间可以直接传送信号，因而控制系统的控制功能可以不依赖控制室计算机或控制器，直接在现场完成，使大量信息处理就地化，从而构成虚拟的控制站，如图 6-3 所示，系统控制更加分散。FCS 的典型结构为“工作站—现场总线智能现场仪表”，即 FCS 用两层结构完成 DCS 中三层网络的功能，中间控制站虚拟化。这样在统一的国际通信标准下，实现真正开放式的相互连接的系统结构，降低系统成本，提高系统可靠性。

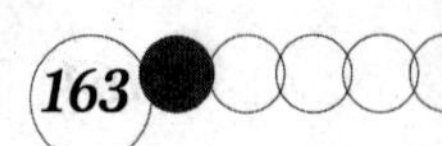

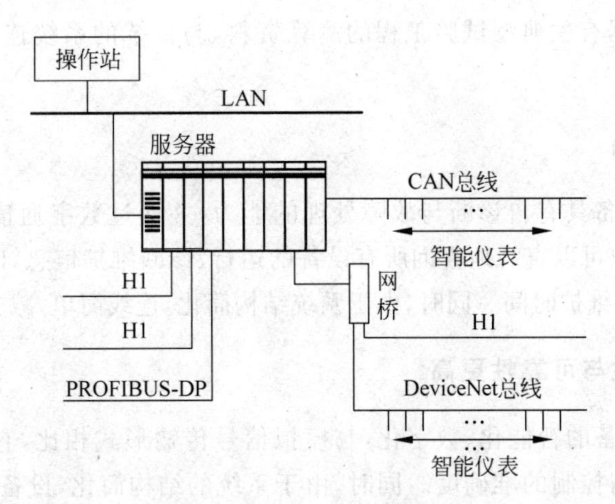

图 6-3　FCS 的集成结构

当然，目前推出的 DCS 系统产品大都可以集成现场总线技术，即在 DCS 的现场级采用某种现场总线下挂现场仪表，实现部分控制功能的现场处理，减少现场级与控制站之间的信息传递，降低对系统的网络数据通信容量的要求。同时，FCS 技术的本质虽然是信息处理现场化，力图利用现场智能仪表完成系统控制功能，但在体系结构上还是沿用 DCS 的基本架构形式，即新型的 DCS 与新型的 FCS 都有向对方靠拢的趋势，二者之间在技术上有一定的交叉与融合。

6.2.4 FCS 的技术优势

现场总线把基于封闭、专用的系统解决方案变成了基于开放、标准化的解决方案，其突出特点在于克服了 DCS 系统中通信由封闭的专用网络系统实现所产生的缺陷，同时把集中与分散相结合的 DCS 集散控制结构，变成新型的全分布式结构，把控制功能彻底下放到现场，依靠现场智能设备本身实现基本控制功能，更好地体现了“信息集中，控制分散”思想的精华。在实际应用中的现场总线的技术优势主要体现在以下几个方面。

1. 节省硬件数量

由于现场总线系统中分散在前端的智能设备能直接执行较为复杂的任务，如各种检测、控制、报警和计算功能，因而可减少变送器的数量，不再需要单独的控制器、计算单元等，也不再需要 DCS 系统的信号调理、转换、隔离技术等功能单元及其复杂接线，还可以用工控 PC 作为操作站，从而节省了硬件数量；由于控制室内控制设备的减少，还可减少控制室的占地面积。

2. 节省安装费用

现场总线系统的接线较简单，由于一条传输线上通常可挂接多个设备，因而电缆、端子、接线盒、桥架的用量大大减少，连线设计与接头校对的工作量也大大减少。当需要增加现场控制设备时，无须增设新的电缆，可就近连接在原有的电缆上，既节省了投资，也减少了设计、安装的工作量。据有关典型试验工程的测算资料，与传统的系统连接方式相比，可节约安装费用60％以上。

3. 节省维护开销

由于现场控制设备具有自诊断与故障处理的能力，并通过数字通信将相关的诊断维护信息送往控制室，用户可以直观地查询所有设备的运行、诊断维护信息，以便尽早分析故障原因并快速排除，缩短了维护时间。同时，由于系统结构简化，连线简单，减少了维护工作量。

4. 系统的准确性与可靠性更高

由于现场总线设备的智能化、数字化，与模拟信号传输形式相比，它从根本上减少了传送误差，提高了测量与控制的准确度。同时，由于系统的结构简化，设备与连线减少，现场仪表内部功能加强，减少了信号的往返传输，提高了系统工作的可靠性。

5. 更高的系统集成主动权

现场总线系统集成过程中，可自由选择不同厂商提供的设备，从而避免因选择单一厂家产品被完全限制了设备的选择范围，不会为系统集成中不兼容的协议、接口而一筹莫展，使系统集成过程的主动权完全掌握在设计人员手中。此外，由于现场总线设备的标准化和功能模块化，使得系统设计更简单，易于重构。

6.3 现场总线的核心与基础

6.3.1 现场总线协议

现场总线的核心即总线协议，虽然目前现场总线协议并不统一，但对于各种总线，其协议的基本原理都是一样的，都以解决串行双向数字化通信为基本依据。每一类总线都有最适用的领域，不论其应用于什么领域，每个总线协议都有一套软件、硬件的支撑，以此能够搭建形成相应的系统产品。

一种总线，只要其总线协议一经确定，相关的关键技术与有关的软硬件设备也就确定了。包括通信速度、节点容量、各系统相连的网关、网桥、人机界面、体系结构、现场智能仪表以及网络供电方式等。由于现场总线是众多仪表之间的接口，同时，实际应用过程中也希望现场总线满足可互操作性的要求。因此，对于一个开放的总线而言，总线协议，即标准化尤为重要。标准化对现场总线的意义重大，可以说，每一种现场总线都是标准的，它是现场总线的核心。

6.3.2 现场总线协议模型

按ISO/OSI参考模型的规定，计算机网络结构模型分为七层，即物理层、数据链路层、网络层、传输层、会话层、表示层和应用层。IEC 最初定义的现场总线的协议模型分层为物理层、数据链路层和应用层，即三层结构，中间 3～6 层不用。其原因是：在现场总线实际应用中，不需要选择等功能，传送信息通常也不会提交给高层网络，从实际需要出发，减少层次。但是，现有的传输层不支持广播式或多点式寻址，现有的会话层和表示层均不具备周期性服务的功能。为此，IEC 现场总线工作组在考虑用户需求的基础上，借鉴美国仪表学会制定的现场总线基本模型结构，定义了全新的 IEC 61158 现场总线协议模型，该模型省去了 OSI 模型中间的 3～6 层，但增加了面向用户的第八层用户层。这样，现场总线结构模型统一为四层，即物理层、数据链路层、应用层和用户层，两种网络模型之间的对照关系如图 6-4 所示。

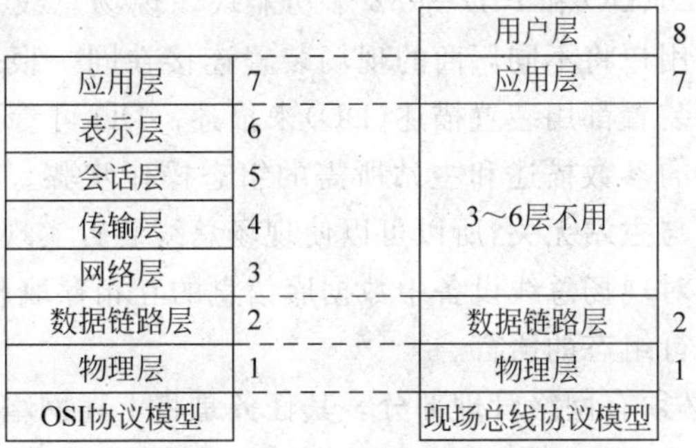

OSI协议模型		现场总线协议模型	
		用户层	8
应用层	7	应用层	7
表示层	6	3～6层不用	
会话层	5		
传输层	4		
网络层	3		
数据链路层	2	数据链路层	2
物理层	1	物理层	1

图 6-4　OSI 与现场总线结构模型的比较

下面针对现场总线协议模型四个层次的功能进行分析。

1. 物理层

物理层(physical layer)提供系统通信的机械、电气、功能和过程特性功能，以便在数据链路之间建立、维护和拆除物理连接。物理层通过实际通信媒介的连接在数据链路实体之间建立透明的信息流传输，规定了通信信号的大小、波形以及信息传输方式等；定义了通信媒介的类型和导线上的信号传送速度。物理层还规定每条线路最多连接的智能端口数量及最大传输距离，电源与连接方式等。

2. 数据链路层

数据链路层(data link layer)规定了物理层与应用层之间的接口，分为媒体存取控制(MAC)子层和逻辑链路控制(LLC)子层。MAC 子层主要实现对共享媒体的交通管理，检测传输线路的异常情况。LLC 子层是在节点间用来对帧的发送、接收信号进行控制，同时检验传输差错。如数据结构，从总线上传送数据的规则，传输差错识别处理，噪音检测、多主站使用规范等。该层通过每帧数据校验来保证信息的正确性、完整性，为应用层透明与可靠的传输和处理做准备。概括地讲，数据链路层的主要任务是解决通信过程中数据的链接任务，具体表现在确定总线存取、令牌传送、申请(立即)响应、总线时间调度等规则。

3. 应用层

应用层(application layer)提供设备之间及网络要求的数据服务，以对现场控制进行支持。为给用户提供一个简单的接口，该层大部分工作内容是定义信息语法、传输信息的方法、网络初始化的管理操作；通过出错统计，控制网络运行并检查有无新站加入或旧站的退出，系统连续询问可能的站地址以寻找新站。该层利用对信息或命令的格式及读写规定，使通信双方或多方互相理解其内容、数据格式，并完成纠错判断。

4. 用户层

用户层(user layer)把数据规定为确定的形式，具有标准功能块(FB)和装置描述(DD)功能，用以表达特定的功能或设备。为了实现过程自动化，现场装置使用功能块，并使用这些功能块完成控制策略，IEC 专门成立了一个工作组 SC65C/WG7 负责制定标准功能块，按规范标准，共有 AI、AO、DI、DO 和 PID 等 32 个功能块。现场总线一个重要的功能就是现场设备的互操作性，允许用户将不同厂商的现场装置连接在同一根现场总线上。为了更好地实现互操作，每个现场装置都用装置描述(DD)来描述。DD 可看做是现场装置的一个驱动程序，它包括所有必要的参数描述和主站所需的组态操作步骤。由于 DD 包括描述装置通信所需的所有信息，且与主站无关，所以可以使现场总线装置实现真正的互操作性。简言之，用户层的主要任务是对现场总线设备中数据库信息的互相存取制定统一的规则，定义功能块，提供用户对系统进行组态的语言。

现场总线模型中还必须有网络管理部分。其任务是将上述网络通信协议中的四个层次有机地结合在一起，协调地工作，使各层准确地完成通信和数据交换所赋予的任务。网络管理不直接参与数据通信，但对通信任务起着必不可少的保证作用。现场总线完整的协议模型结构如图 6-5 所示。

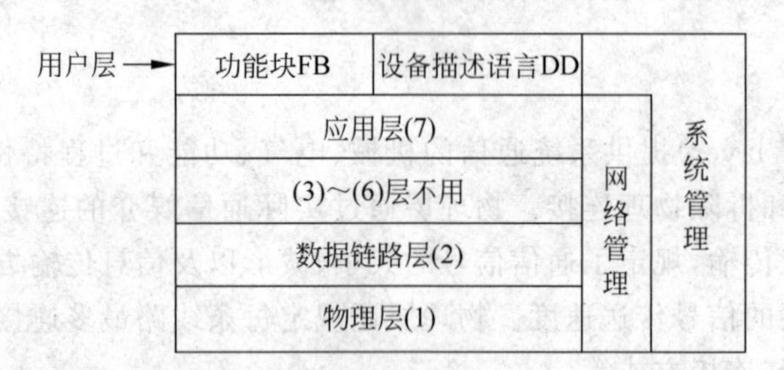

图 6-5　现场总线完整协议模型结构

6.3.3 现场总线仪表

现场总线的基础是现场总线仪表，或称为智能现场设备。现场总线控制系统的架构很大，部分工作是总线仪表的选型及配置。现场总线技术的发展带来了总线仪表在通信及检测控制功能上的革新；微电子技术的发展，也为仪表的智能发展提供了技术支撑。智能仪表采用超大规模集成电路设计，利用嵌入软件协调内部操作，在完成输入信号的非线性补偿、温度补偿、故障诊断等基础上，还可完成对工业过程的控制，使控制系统的功能进一步分散，同时还可以保证数据处理的质量，提高抗干扰性能。

现场智能仪表使传感器由单一功能、单一检测向多功能和多变量检测发展，由被动进行信号转换向主动控制和主动进行信息处理方向发展，且数据处理具有很高的线性度和低的漂移，使传感器由孤立的元件向系统化、网络化发展，降低了系统的复杂性，简化了系统结构。

目前现场仪表包括多类工业产品，如过程量类的压力、温度、流量、振动、转速仪表，各种转换器或变送器，现场的 PLC 和远程的单回路或多回路调节器等；数字量类的光电传感、自动识别器、ON-OFF 开关，还包括控制阀、执行器和电子马达等。应用领域包括制造领域、物业领域、交通领域、过程控制领域等。需要注意的是，FCS 系统中使用的各类现场仪表，与在 DCS 系统中使用的传统仪表有着本质上的区别，虽然都是仪表，有时产品也是同一名称。它们的主要区别在于通信机制。当然，现在部分仪表同时具有在 DCS 和 FCS 系统中的集成功能。如国外某公司生产的 EJX 110A 压力变送器输出信号支持 4～20 mA DC 或 FF 现场总线协议，两线制数字通信。EJX 210A 高性能差压变送器用于测量含有固体和沉淀性液体的液位和密度，可支持 HART、BRAIN 和 FF 现场总线通信协议。

智能仪表在通信上配置相应的总线标准接口前提下，为了在 FCS 系统集成中灵活配置，还必须符合下列要求。

(1) 无论是哪个公司生产的现场仪表，它必须与它所处的现场总线控制系统具有统一的总线协议，或者是必须遵守相关的通信规约。现场总线技术的关键就是自动控制装置与现场仪表之间的双向数字通信现场总线信号制，只有遵循统一的总线协议或通信规约，才能做到开放，完全互操作。

(2) 用于 FCS 系统的现场仪表必须是多功能智能化的，这是因为现场总线的一大特点就是要增加现场一级的控制功能。目前现场仪表智能化的趋势越来越明显，大大简化了系统集成，方便设计，利于维护。

正是由于现场仪表智能化的进展和完善，它已成为现场总线控制系统有力的硬件支撑，是现场总线控制系统的基础。目前多功能智能化现场仪表产品中，已开发的有下列一些常用功能。

(1) 通信功能

支持一种或多种通信模式或总线协议，与自动控制装置之间的双向数字通信功能，数字通信是一种有力的工具，一个相互可操作的现场总线产生一种巨大的推动力量，加速了现场仪表与控制室装置的变革。

(2) 多变量监测

支持多个物理量的监测功能。一个变送器可以同时测量温度、压力与流量等参数，可输出 3 个独立的信号。

(3) 复合控制功能

智能化现场装置可以完成诸如信号线性化、工程单位转换、阀门特性补偿、流量补偿以及过程装置监视与诊断等多个功能。同时，可以将 PID 控制模块植入变送器或执行器中，使智能现场装置具有控制器的功能，这样就使得系统的硬件组态更为灵活。国内某款智能型电容式压力变送器如图 6-6(a)所示。

该款压力变送器集多种功能于一体，主要用于测量液体、气体或蒸汽的压力、差压、液位、真空度和流量等工业参数。其内部结构原理如图 6-6(b)所示，由图可看出它是以微处理器为核心的现场压力仪表，微处理器控制 A/D 和 D/A 转换，同时实现自诊断及数字通信。它在传统变送器的结构上增加了信息传输和其他功能，用 HART 协议或特定通信器实现与主机的通信，可在控制室、变送器现场或与控制回路相连的任何地方，进行读、写数据的双向通信，变送器实时检测当前的状态信息，任何通过 HART 通信的上位机设备均能显示该变送器当前的运行信息。

所集成的功能包括：
- 采集差压信号
- 采集温度信号
- 压力信号单位转换
- 测压膜片非线性补偿
- 压力信号温度补偿
- 流速和流量计算
- 测量数据越限报警
- 自标定
- 零点和满度设定
- 掉电保护
- 数据通信
- 回路控制

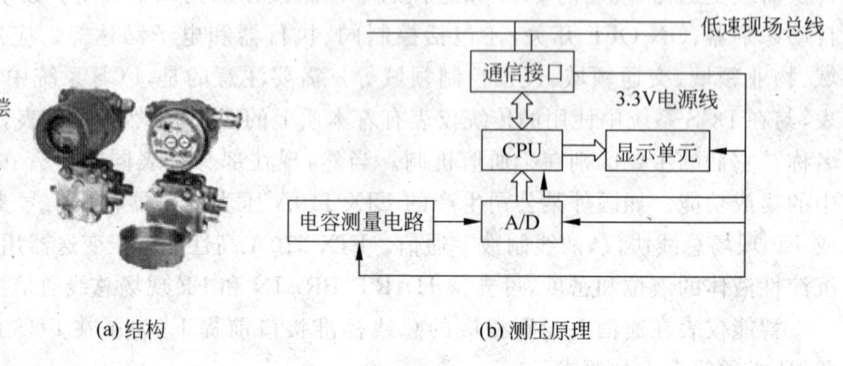

(a) 结构　　(b) 测压原理

图 6-6　1151 压力变送器

(4) 提供诊断信息

智能现场仪表可以提供预防维修的信息，也可以提供预测维修的信息。如图 6-7 所示为某款进口品牌的智能电动阀门定位器，其诊断功能包括基本诊断功能和扩展诊断功能两部分，所列各项诊断信息均可通过现场总线传送至控制室主机，主机接收到上述信息后，结合企业对主动维修的安排，合理采取对阀门的维护措施。通过对维修方式综合平衡地运用，改变和优化企业以往的设备故障处理机制，即对现场装置的故障检修改变为合理的状态维修。同时还可以帮助操作人员了解现场运行趋势，及时干预和优化控制效果。

基本诊断功能
- 工作时间记录。
- 温度测量：当前温度、最小/最大温度(记忆)、每个温度段的工作时间、设定点报警检测。

扩展诊断功能
- 在线控制阀座(上、下行程位置)。
- 监视或显示可调阈值：累积行程、100%阀位、动作次数、死区补偿。
- 报警1和2(位置报警)的次数。

图 6-7　智能电动阀门定位器

(5) 信息差错检测

信息差错会使测量值不准确或阻止执行机构响应。在每次传送的数据帧中增加“状态”数据值就能达到检测差错的目的。状态可以指示数据是否正确或错误，它也能检测到接线

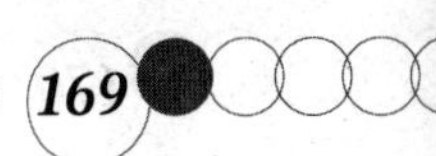

回路中短路或开路情况，该信息也能帮助技术人员缩短查找故障的时间。

现场总线智能仪表是未来工业过程控制系统的主流仪表，它与现场总线组成了FCS的两个重要部分，将对传统的控制系统结构和方法带来革命性的变化。

6.4　现场总线的技术应用

6.4.1　现场总线网络的应用特征

用于工业控制领域的现场总线网络通信不同于普通计算机网络通信，它需要具有很高的数据完整性、可用性以及响应的实时性；同时要面临工业生产的强电磁干扰、各种机械震动、易燃易爆、严寒酷暑的野外工作环境等各种场合，要求控制网络都能适应这些恶劣工作环境。下面从四个方面阐述现场总线网络通信的应用特征。

1. 通信介质

现场总线可采用各种通信介质，如双绞线、电力线、光纤、无线、红外线等，实现成本低。局域网需要专用电缆，如同轴电缆、光纤等，实现成本高。

2. 通信响应的实时性

工业控制通信系统对实时性要求较高，因为它通常涉及安全性，所以必须在任何时间都及时响应，不允许有不确定性。即信号的输入、运算和输出都要在可预知的和允许的最大时间范围内完成。如对输入信息，要以足够快的速度进行处理，并在一定时间内做出响应或控制，超出这个时间，就失去了控制的时机，控制也就失去了意义。应用于工业控制的现场总线，必须满足数据传输和系统响应的实时性要求。通常情况下，过程控制系统的响应时间要求为0.01～0.5s，制造自动化领域系统的响应时间为0.5～2s，表6-1给出了应用于过程控制系统的部分传感器和执行器的时间特性和数据长度。

表6-1　常见工业参数响应时间特性和数据长度

参　数	数据位数/bit	响应时间/ms
快速变化模拟量	12	1
慢速变化模拟量	12	1000
事件逻辑变量	1	1
状态逻辑变量	1	20～100
ON/OFF阀门	1	20～1000
计数器/积算器	16	1

3. 传输的信息长度

现场总线连接自动化系统最底层的现场控制器和现场智能仪表设备，网线上传输的是小批量数据信息，包括生产装置运行参数的测量值、控制量、开关与阀门的工作位置、报警状态、系统组态、参数修改、零点与量程调正信息等。其长度一般都比较小，通常仅为几位或几个、十几、几十个字节，每个网段上节点通常也较少，对网络传输的吞吐量要求不高。而IT网络用于连接局部区域的各台计算机及附属设备，网线上传输大批量的数据信息，网络上的通信量较大。

4. 环境适应性与安全性

对于工作在环境恶劣的工业生产现场的现场总线通信网络，必须解决环境适应性问题，它包括电磁环境适应性、气候环境适应性（要耐温、防水、防尘）、机械环境适应性（要耐冲击、抗振动）等。现今为IT网络所设计的接插件、集线器和电缆等的抗干扰技术，均不能满足上述要求。而安全性要求则是指网络传输媒体上所传输的能量要小，在正常工作或出现故障时，均不致引发灾难事故。工业控制系统中，特别是在易燃易爆环境中，通常采用总线供电，电源电压及电流大小都要受到限制，作为负载的现场设备，输出功率也要受到约束。

5. 总线供电

工业现场总线网络不仅能传输通信信息，而且要能够为现场设备传输工作电源。这主要是从线缆铺设和维护方便考虑，同时总线供电还能减少线缆，降低布线成本。

虽然FCS网络系统对数据通信要求严格，但它仍然是信息通信系统，不能简单地把它与普及的Ethernet、Internet等信息技术通信对立起来。在某些场合FCS需要和IT网络相配合，协调工作。

6.4.2 现场总线应用中的关键技术

现场总线技术适应了控制系统向智能化、网络化、分散化发展的趋势，显示出强大的生命力，但目前仍处于发展的初级阶段。现场总线系统的关键是应用技术和方法，它对控制系统结构及网络集成技术的发展和应用有着重要的理论意义和实用价值，对提高我国的自动化及测控水平有积极的推动作用。

现场总线涉及网络技术、仪表技术、计算机技术、自动化技术与制造技术等多学科的知识，相关技术的发展对现场总线的发展具有极强的推动作用，特别是网络技术对现场总线的影响十分深刻。尽管现场总线涉及的技术很多，但从开发和应用的角度来分析，对以下几个方面技术内容的研究较为迫切。

1. 基于现场总线智能仪表的开发

现场总线控制系统是由一系列现场智能仪表组成的网络控制系统，所以采用先进微电子技术和嵌入式开发技术，设计大量的满足现场测控需求的智能仪表是现场总线控制系统应用的必要条件。

2. 现场总线的实时通信技术

现场总线控制系统基于全数字式的通信技术，在系统应用过程中，非常关键的问题是通信数据的正确传输以及如何提高通信效率。因此，现场总线通信量的规划和调度关系、周期和非周期性数据的实时性传输问题，均是现场总线系统必须要解决的问题。

3. 网络管理技术

计算机网络技术的成熟、发展和普及，使人们迫切希望通过网络来管理和控制生产过程，即在一定条件下，实现通过 Internet 来监视、控制和管理各生产过程和现场设备的运行状况。最终实现对远程对象的监控。加强网络管理技术的研究，开发基于总线控制系统的网络管理软件，有效处理网络数据的操作和传输，达到实时显示现场控制参数的目的是网络控制系统的应用需求。

4. 实现不同现场总线的技术兼容

基于当前现场总线国际标准无法得到统一的现状，研究适当的兼容技术，允许同一个控制系统采用几种不同的现场总线，实现不同总线之间的通信，也是现场总线技术应用过程中亟待解决的问题。

本章小结

现场总线是安装在制造或过程区域的现场设备与控制室内自动控制装置之间的数字式、串行双向、多点的通信总线。现场总线的应用是工业控制领域自动化技术发展的一大趋势。目前现场总线规范处于多种标准共存的局面，并不统一；对于不同的系统领域，有不同的总线标准与之相适应。现场总线的应用使系统控制功能更加分散，可提高系统的可靠性、互操作性及开放性，节省硬件数量及安装维护费等。现场总线网络不同于办公自动化的 IT 计算机网络，其核心是总线通信协议，应用的基础是现场智能仪表。

习　题

6-1　什么是现场总线?

6-2　现场总线国际标准 IEC 61158 都包括哪些类型的现场总线?

6-3　现场总线的核心与基础是什么?

6-4　现场总线仪表应具备的基本功能是什么?

6-5　发展现场总线技术，亟待解决的技术有哪些?

第7章 典型现场总线及其应用

现场总线的产生及快速发展反映了企业综合自动化、信息化的要求，体现了控制系统向全分布、开放、互联、高可靠性发展的特点。目前现场总线呈蓬勃发展趋势，技术日趋成熟，在国内应用领域也日趋广泛。在国际上具有较大影响并占有一定市场份额的现场总线包括FF基金会现场总线、PROFIBUS总线、CAN总线、ControlNet总线、DeviceNet总线等。本章针对其中几种典型总线的模型结构、集成特性、应用场合等进行介绍。

7.1 PROFIBUS 总线

7.1.1 PROFIBUS 总线概况

PROFIBUS现场总线是德国于20世纪90年代初制定的德国国家标准，代号为DIN19245，整个标准制定工作由十三家工业企业及五家研究所经过两年多的时间完成。1996年PROFIBUS现场总线标准经欧洲电工委员会批准列为欧洲标准EN 50170 V2。目前欧洲所有公开的招标都是在EN 50170的基础上进行的。2000年PROFIBUS进入国际标准IEC 61158。2001年中国批准其成为国内的行业标准JB/T 10308.3—2001。

PROFIBUS总线是一种完全开放式的现场总线标准，得到PROFIBUS用户组织PNO的支持，德国西门子公司是PROFIBUS产品的重要供应商，现在国际上很多自动化产品厂商也都开发了带PROFIBUS总线接口的设备或系统。PROFIBUS技术和产品在我国制造业、流程工业、冶金、电力、交通、水利、楼宇等领域的自动化系统中有着广泛的应用。

PROFIBUS总线根据应用特点，由三个兼容部分组成，即PROFIBUS-DP、PROFIBUS-FMS和PROFIBUS-PA，如图7-1所示，三个系列分别用于不同的场合。

PROFIBUS总线的三个组成部分及应用特性。

1. PROFIBUS-DP

PROFIBUS-DP是经过优化的一种高速低成本通信连接，用于设备级控制系统与分散式I/O的通信，适合加工自动化领域的应用。使用PROFIBUS-DP可取代24VDC或4～20mA信号传输，其传输速率可达12Mb/s。

2. PROFIBUS-PA

PROFIBUS-PA专为过程自动化设计，可使传感器和执行机构挂接在一根总线上，并有标准的本质安全传输技术，用于对安全性要求较高的场合及由总线供电的站点。PA 尤其适用于石油、化工、冶金等行业的过程自动化控制系统。

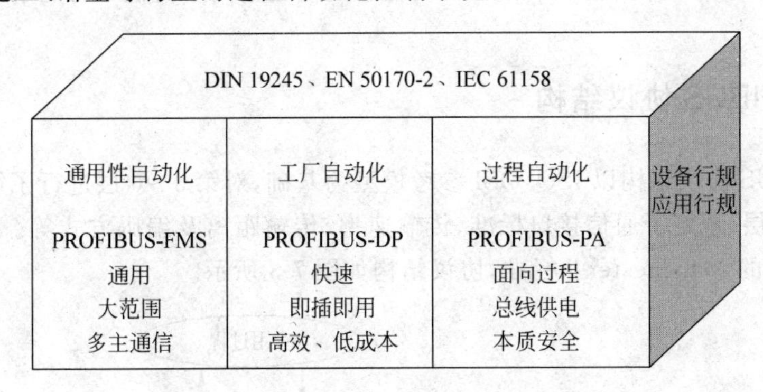

图 7-1　PROFIBUS 总线的三个兼容部分

3. PROFIBUS-FMS

解决车间一级通用性通信任务，FMS 提供大量的通信服务，用以完成中等传输速率的循环和非循环的通信任务。由于它用来完成控制器和智能现场设备之间的通信以及控制器之间的信息交换，因此它考虑的主要是系统的功能而不是系统响应时间，应用过程通常要求的是随机的信息交换（如改变设定参数等）。

PROFIBUS 三个系列总线提供了一个从传感器/执行器到区域控制器及管理层的透明通信网络，如图 7-2 所示。

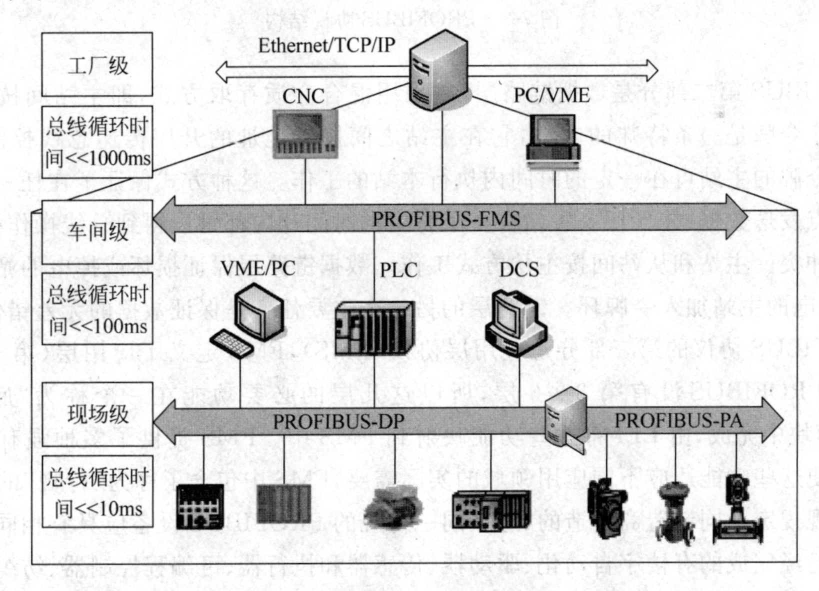

图 7-2　从传感器/执行器到区域控制器及管理层的透明通信网络

作为开放式通信系统工业标准，通过 PROFIBUS 总线不同的设备可以实现网络互联，这给控制设备的生产厂家、系统设计安装调试单位和使用者带来极大的方便。系统在集成过程中可根据需要选择适用的设备，尽量减少设备的冗余度，降低成本，也为以后系统的扩充提供了方便。可见,PROFIBUS是一种用于工厂自动化车间级监控和现场设备层数据通信与控制的总线技术,为实现工厂综合自动化和现场通信网络提供可行的解决方案。

7.1.2 PROFIBUS协议结构

PROFIBUS协议结构以ISO/OSI参考模型为基础,对第3～6层进行了简化,协议的第一部分是物理层,规定了通信接口标准、传输速率、传输距离及编码方式等。编码方式通常采用IEC规定的ManchesterⅡ标准,协议结构如图7-3所示。

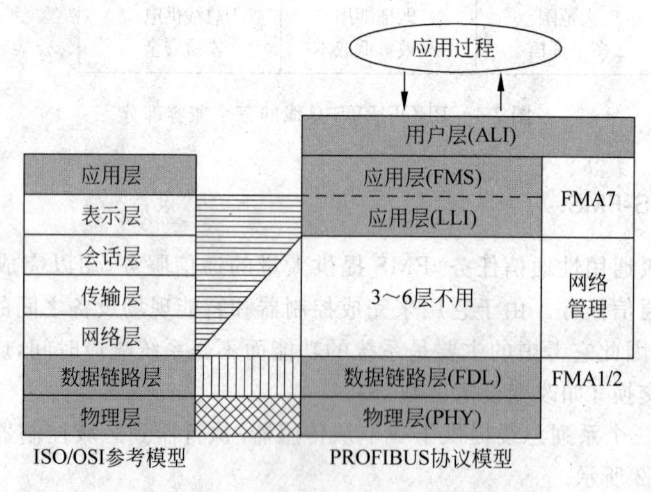

图7-3　PROFIBUS协议结构

PROFIBUS第二部分是数据链路层,它采用混合介质存取方式,即主站间按令牌方式传送数据。令牌是一条特殊的电文,它在主站之间按照地址的升序传递总线控制权(即令牌),得到令牌的主站可在一定的时间内执行本站的工作。这种方式保证了在任一时刻只能有一个站点发送数据,并且任一主站在一个特定的时间片内都可以得到总线操作权,这就完全避免了冲突。主站和从站间按主从方式工作。数据链路层保证损坏或掉电的站点从环中排除,新上电的主站加入令牌环。链路层的另一个主要任务是保证数据的无差错传输。

PROFIBUS协议的第三部分是应用层协议(FMS),FMS定义了应用层(第七层)的内容。由于PROFIBUS没有第3～6层,所以这几层的必要功能在一个称为"底层接口"(LLI)的模块中完成,由LLI将这些功能映射到FMS中。FMS提供了多种强有力的通信服务。为使这些功能适应不同应用领域的实际需要,FMS中包含了称为"行规"的多种特殊定义。行规规定不同制造商制造的、遵从同一行规的PROFIBUS设备应具有相同的通信功能。目前已经完成的有楼宇自动化、驱动器、传感器和执行器、可编程控制器、纺织机器和低压开关设备等行规,这些行规的制定为用户使用提供了极大的方便,也是PROFIBUS得到广泛应用的一个重要原因。

PROFIBUS协议的第四部分是PROFIBUS的DP协议,用于传感器和执行器级的高速数据传输。它以PROFIBUS-FDL为基础,根据其所需要达到的目标对通信功能加以扩充。PROFIBUS-DP总线一般构成单主站系统,主站、从站间采用循环数据传送方式工作。

PROFIBUS-DP 广泛地应用在德国西门子公司生产的控制设备当中。DP 和 FMS 可混合工作。

PROFIBUS 协议的第五部分是 PROFIBUS 的 PA 协议，适用于对安全性要求较高的场合，PROFIBUS-PA 实现了 IEC 1158-2 规定的通信规程，设备行规定义了设备各自的功能，设备描述语言(DDL)及功能块允许对设备进行内部操作。

对于 PROFIBUS 的三个兼容部分——PROFIBUS-DP、PROFIBUS-FMS 和 PROFIBUS-PA，因为针对不同的工业过程而设计，协议结构的各层定义有所不同，如图 7-4 所示。

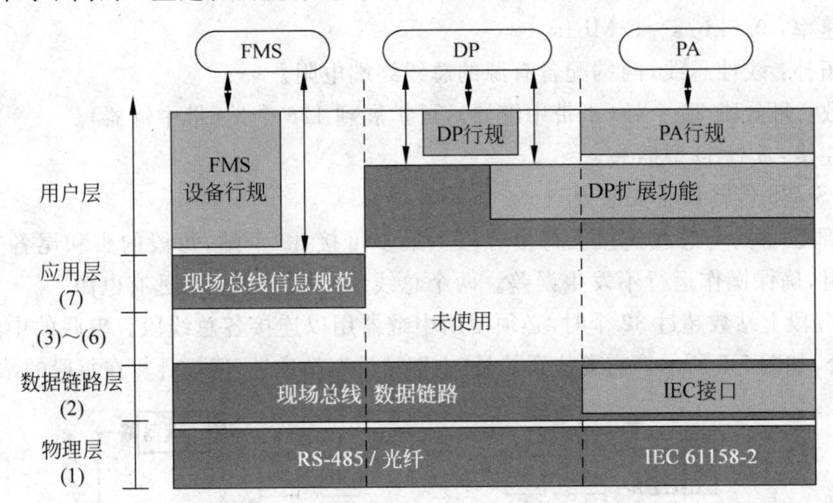

图 7-4　PROFIBUS 的三个兼容部分协议

PROFIBUS-DP 定义了第 1、2 层和用户层，第 3～7 层未加描述。用户层规定了用户及系统以及不同设备可调用的应用功能，并详细说明了各种不同 PROFIBUS-DP 设备的行为。

PROFIBUS-FMS 定义了第 1、2、7 层，应用层包括现场总线信息规范 FMS 和低层接口 LLI。FMS 包括了应用协议并向用户提供了可广泛选用的强有力的通信服务。第 3～6 层在 PROFIBUS 中没有应用，但是这些层要求的任何重要功能都已经集成在低层接口 LLI 中。

PROFIBUS-PA 的数据传输采用扩展的 PROFIBUS-DP 协议。另外，PA 还描述了现场设备行为的 PA 行规。根据 IEC 1158-2 标准，PA 的传输技术可确保其本征安全性，而且可通过总线给现场设备供电。

综上所述，PROFIBUS 严格的定义和完善的功能使其成为开放式系统的典范。除了使用专门的芯片之外，PROFIBUS 总线通信技术也可以采用通用电子器件实现，容易推广。这些特点使得它在短短几年内在化工、冶金、机械加工以及其他自动控制领域得到了迅速普及和应用。

7.1.3 PROFIBUS 数据传输技术

针对工业自动化实际控制系统的需要，PROFIBUS 提供了三种数据传输技术，即用于 DP/FMS 的 RS-485 传输技术、用于 PA 的 IEC 1158-2 传输技术和光纤传输技术。

1. 用于 DP/FMS 的 RS-485 传输技术

由于 DP 与 FMS 系统使用了同样的传输技术和统一的总线访问协议,因而这两套系统可在同一根电缆上同时操作。RS-485 传输是 PROFIBUS 最常用的一种传输技术,采用的电缆是屏蔽双绞线。

(1) RS-485 传输技术的基本特征

通信介质:屏蔽双绞电缆,也可取消屏蔽,取决于环境条件。

传输速率:9.6kb/s~12Mb/s。

网络拓扑:线性总线,两端配备有源的总线终端电阻。

站点数:每分段 32 个站(不带中继器),可扩展到 126 个站(带中继器)。

插头连接:9 针 D 型插头。

(2) RS-485 传输设备安装要点

① 全部设备均与总线连接。每个分段上最多可接 32 个站,每段的头和尾各有一个总线终端电阻,确保操作运行不发生误差。两个总线终端电阻必须永远有电源。

② 当分段上站数超过 32 个时,必须使用中继器用以连接各总线段。串联的中继器一般不超过 3 个,如图 7-5 所示。需要注意的是,中继站没有站地址,但被计算在每段的站数中。

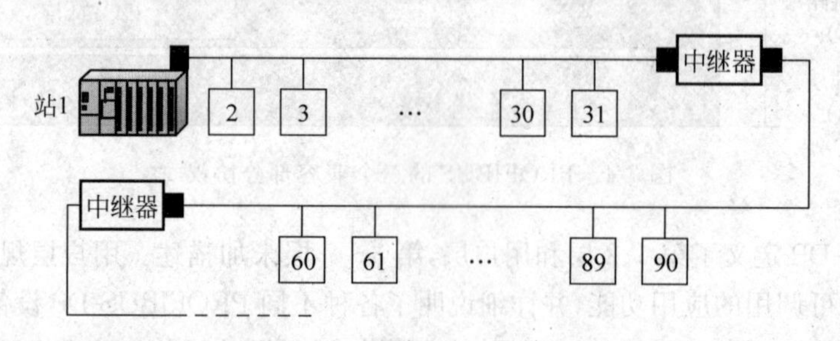

图 7-5 RS-485 分段连接结构

③ 传输距离及速率。传输速率取决于传输距离,如使用 A 型电缆(A 型电缆参数:阻抗 135~165Ω;电容<30pF/ m;回路电阻 110Ω/km;导线面积>0.34mm^2),则传输速率与距离的对应关系如表 7-1 所示。

表 7-1 传输速率与距离对应关系表

波特率/(kb/s)	9.6	19.2	93.75	187.5	500	1500	12000
距离/m	1200	1200	1200	1000	400	200	100

④ 系统在高电磁发射环境运行时,应使用带屏蔽的电缆,屏蔽可提高电磁兼容性。如用屏蔽编织线和屏蔽箔,应在两端与保护接地连接,并通过尽可能大面积屏蔽接线来覆盖,以保持良好的传导性。另外,当连接各站时,应确保数据线不要拧绞,并与高压线隔离。

2. 用于 PA 的 IEC 1158-2 传输技术

IEC 1158-2 的传输技术用于 PROFIBUS-PA,能满足化工和石油化工业的要求。它可保持本征安全性,通过总线对现场设备供电。

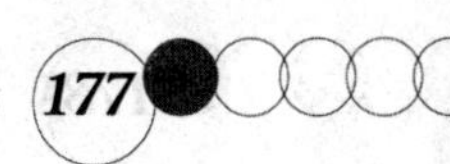

(1) IEC 1158-2 传输技术特性

数据传输：曼彻斯特编码，采用前同步信号及起、止限定符提高数据传输准确性。

传输速率：31.25kb/s。

通信介质：屏蔽式或非屏蔽式双绞线。

远程电源供电：每段只有一个电源作为供电装置。

防爆性：能进行本征及非本征安全操作。

(2) RS-485 传输与 IEC 1158-2 传输技术的连接

RS-485 总线段与 IEC 1158-2 总线段的连接，通常使用段间耦合器来实现，如图 7-6 所示。

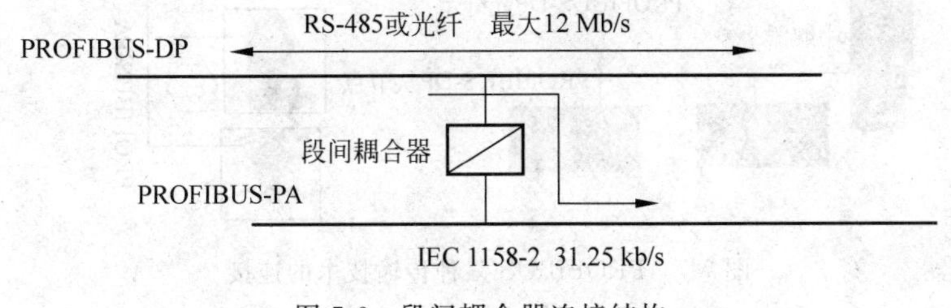

图 7-6 段间耦合器连接结构

使用段间耦合器可在 PROFIBUS-DP 上扩展 PROFIBUS-PA 网络，使 RS-485 信号与 IEC 1158-2 信号相适配，共存于一个系统中。

3. 光纤传输技术

PROFIBUS 总线在电磁干扰很大的环境中应用时，可使用光纤传输技术，利用光纤导体增加高速传输的距离。光纤导体通常有两种：一种是价格低廉的塑料纤维导体，供距离小于 50m 情况下使用；另一种是玻璃纤维导体，供距离小于 1km 情况下使用。目前许多厂商开发了专用光纤连接器(optical link module，OLM)，使用该连接器，可将 RS-485 信号转换成光纤导体信号或将光纤导体信号转成 RS-485 信号。

可见，PROFIBUS 总线的三种传输技术在系统的集成过程中，可根据实际控制需要，灵活选择和配置于一个系统中。图 7-7 所示为三种传输技术在同一个系统中的集成方式。

在图 7-7 中，RS-485 通信方式通过光纤连接器转换为光纤通信，在该光纤段上挂接一个 PROFIBUS-DP 光纤从节点，又通过 OLM 转换为 RS-485 通信，再通过 DP/PA 段间耦合器转换为用于 PA 的 IEC 1158-2 传输技术。光纤总线段最长通信距离可达到 2.8km，通过 OLM 可以将多个光纤段串联起来，组成光纤环网。而图 7-7 下面的 RS-485 传输利用中继器实现多个 PROFIBUS-DP 从节点的连接。

7.1.4 PROFIBUS 三个系列总线的通信特性

1. PROFIBUS-DP

由 PROFIBUS-DP 构成的高速数据通信网段，主站周期性地读取从站的输入信息并周期性地向从站发送输出信息。总线循环时间通常要比主站(PLC)程序循环时间短。除周期性用户数据传输外，PROFIBUS-DP 还提供智能化设备所需要的非周期性通信以进行组态、

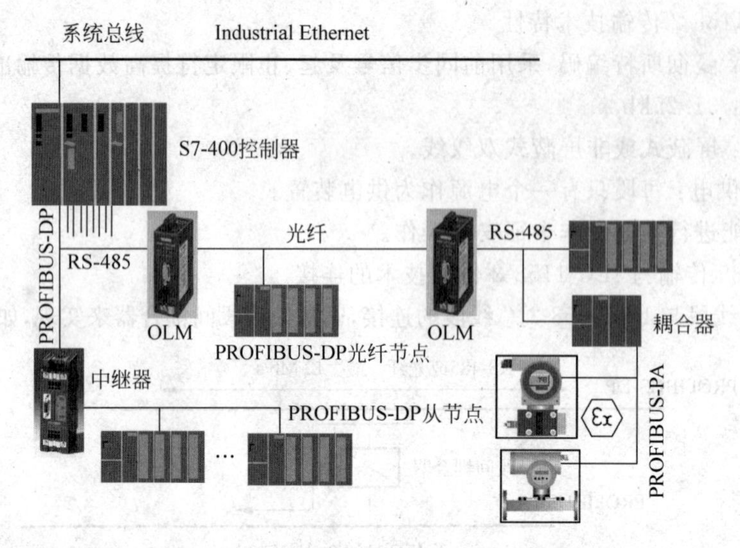

图 7-7 PROFIBUS 三种传输技术的连接

诊断和报警处理。

(1) 传输特点

① 通常情况下采用标准的 RS-485 传输技术，在长距离或强电磁干扰环境下，可采用光纤传输技术，波特率从 9.6kb/s 到 12Mb/s。

② 各主站之间令牌传送，主站与从站间为主-从传送，总线上最多站点(主、从设备)数为 126；可实现总线网或环网。

③ 通信距离：在 1.5Mb/s 的通信速率下，通过中继器 PROFIBUS-DP 总线通信距离可以达到 200m。无通信速率要求下，最远可延长到 90km。

(2) PROFIBUS-DP 总线可集成的设备

① 集成远程 I/O；

② 集成执行器和驱动；

③ 集成操作面板；

④ 集成 PID 回路控制器；

⑤ 集成 AS-I 总线。

PROFIBUS-DP 可集成设备如图 7-8 所示。

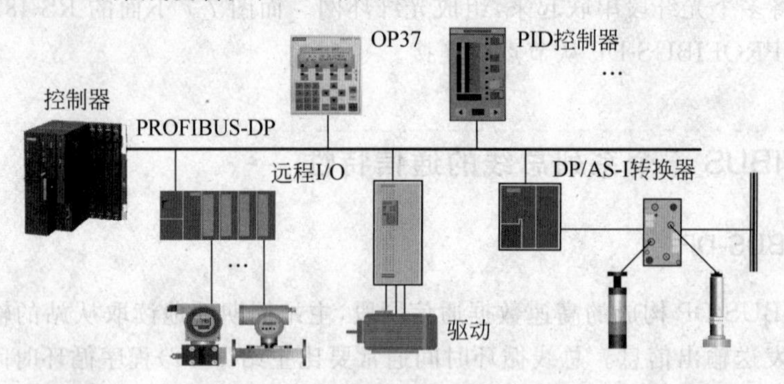

图 7-8 PROFIBUS-DP 可集成的设备

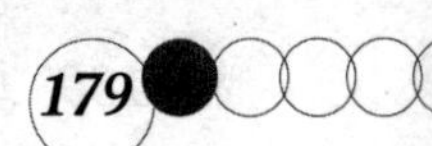

2. PROFIBUS-PA

PROFIBUS-PA 用于 PROFIBUS 的过程自动化，将自动化控制系统与压力、温度和液位变送器等现场设备连接起来，实现全数字化通信。

(1) 传输特点

① 基于扩展的 PROFIBUS-DP 协议和 IEC 61158-2 传输技术。

② 增加和删除总线站点，不会影响到其他站，对所有设备只需要一套组态和监测工具。

③ 仅用一根双绞线进行数据通信、控制和供电。

④ 在潜在的爆炸危险区可使用防爆型"本征安全"或"非本征安全"。

⑤ 通过读取仪器仪表的维护和诊断信息，减少故障和停机时间。

(2) PROFIBUS-PA 设备行规

在不同的应用领域，具体需要的功能规范必须与具体应用要求相适应。设备的功能必须结合应用来定义，这些适应性定义称为行规。行规可保证不同厂商生产的设备具有相同的通信功能。PROFIBUS-PA 行规确保不同厂商所生产的现场设备的互换性和互操作性，它是 PROFIBUS-PA 的一个组成部分。PA 行规的任务是给出各种类型现场设备真正需要通信的功能，并提供这些设备功能和设备行为的一切必要规格。目前，PA 行规已对所有通用的测量变送器和设备做了具体规定，这些设备包括：

① 压力、液位、温度和流量的测量变送器；

② 数字量输入和输出；

③ 模拟量输入和输出；

④ 阀门定位器等。

3. PROFIBUS-FMS

PROFIBUS-FMS 设计主要解决车间监控级的通信。在这一层，可编程控制器及监控站之间需要比现场层更大的数据传送量，但通信的实时性要求低于现场级。

(1) PROFIBUS-FMS 通信对象与对象字典

FMS 面向对象通信，变量、参数、程序均设计为对象，每个对象都有确定的读、写特性，它包括五种静态通信对象：简单变量、数组、记录、数据域和事件；还包括两种动态通信对象：程序调用和变量表。每个 FMS 设备的所有通信对象被列在对象字典（object dictionary，OD）中，所有对象字典根据每个设备单独构成。对简单设备，对象字典可以予以定义，对复杂设备，对象字典可以从本地或远程通过组态加到设备中去。静态通信对象进入静态对象字典，动态通信对象进入动态通信字典。每个对象均有一个唯一的索引。

(2) PROFIBUS-FMS 行规

FMS 提供了使用广泛的功能，以保证其应用。FMS 对如下系统领域及设备做了规定：

① 控制间的通信；

② 楼宇自动化；

③ 低压开关设备等。

7.1.5 PROFIBUS 总线的应用设计

1. PROFIBUS 控制系统的构成

由 PROFIBUS 总线构成的控制系统主要包括以下三部分。

(1) 一类主站

主要指 PC、PLC 或可做一类主站的控制器,由它们完成总线通信控制与管理。

(2) 二类主站

主要包括操作员工作站、编程器、操作员接口等,完成各站点的数据读写、系统配置、故障诊断等。

(3) 从站

可以作为从站的设备包括以下几种。

① PLC(智能型 I/O)。PLC 自身有程序存储,PLC 的 CPU 执行程序并按程序指令驱动 I/O。作为 PROFIBUS 主站的一个从站,在 PLC 存储器中有一段特定区域作为与主站通信的共享数据区,主站可以通过通信总线间接地控制从站 PLC 的 I/O。

② 分散式 I/O。分散式 I/O 通常由电源部分、通信适配器部分、接线端子部分组成。分散式 I/O 主要实现远程数据的采集,不具有程序存储和程序执行功能,通信适配器接收主站指令,按主站指令驱动 I/O,并将 I/O 输入及故障诊断等信息返回给主站。分散式 I/O 通常由主站统一编址,这样在主站编程时,使用分散式 I/O 与使用主站的 I/O 没有区别。

③ 驱动器、传感器、执行机构等现场设备。具有 PROFIBUS 接口的现场设备,可由主站在线完成系统配置、参数修改、数据交换等功能。至于哪些参数可进行通信以及参数格式均由 PROFIBUS 行规规定。

2. 项目配置过程

PROFIBUS 现场总线控制系统在实际应用中的配置过程如下。

(1) 确定与其他控制系统的接口方式

PROFIBUS 现场总线控制系统项目设计中,首要考虑的是与其他控制系统的接口,作为整个工厂的核心控制单元,PROFIBUS 控制系统必须采用高效的通信手段与其他子控制系统(其他公司配置的 PLC 系统,如 AB、GE 等)进行通信,比较常用的方式是采用 OPC 接口或设置远程子站。

(2) PROFIBUS 控制系统的配置

系统配置的主要功能是确定满足客户要求的最小控制系统,包括确定网络的通信速率,根据工艺的优先级划分控制系统的优先级,考虑是否需要设置冗余解决方案等。同时需要考虑系统的可扩展性,为整个工厂的扩展提供控制系统的备用方案。

(3) 确定主/从站功能和数量

根据工艺需要,确定主/从站功能、数量、设备分组以及设备之间的接口,并对从站功能进行划分。

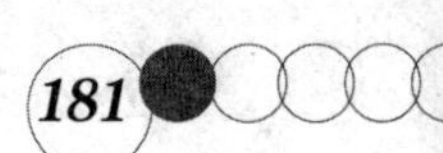

(4) 确定系统传输协议和现场设备

根据主/从站功能和设备的应用场合，确定现场控制站的传输协议，选择合适的现场设备。以工艺过程的现场工作环境和条件确定系统是否需要防爆设备，系统是开关量还是流程控制，据此选择采用 PROFIBUS-DP 总线还是 PROFIBUS-PA 总线。

(5) 选择 PROFIBUS 控制器

计算现场的控制点数和需要完成的控制功能，选择合理的带 PROFIBUS 接口的控制器。主要从以下几个方面考虑：控制器的主频、控制器内存容量、电源供给方式、是否具有冗余功能、是否可以在线修改程序等。

(6) 综合评估

对 PROFIBUS 控制系统的软件功能、组态复杂程度、数据库支持、网络支持等进行综合评价。既要保证控制水平，又要充分考虑系统的经济性和操作灵活性。

3. 系统评价

现场总线控制系统及仪表的评价主要包括下列几项：

(1) 控制功能分配是否合理，是否达到危险分散和节省硬件的目的；

(2) 适当的冗余措施，使可靠性达到或高于 DCS 系统；

(3) 传统信号设备和系统的兼容性；

(4) 是否通过互可操作性测试，是否具备管理能力；

(5) 现场总线仪表的性能。

4. PROFIBUS 总线的典型应用

案例 1：PROFIBUS 总线在西门子 PCS 7 控制系统中的应用

如图 7-9 所示，西门子 PCS 7 控制系统使用工业以太网和 PROFIBUS 标准总线进行系

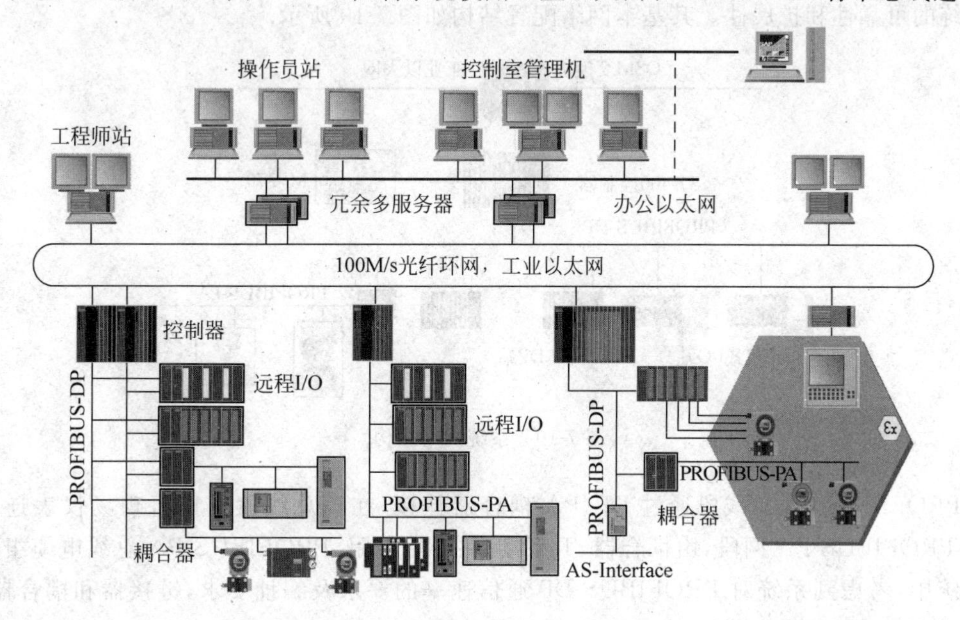

图 7-9　PCS 7 控制系统结构

统集成。该系统上层的数据通信采用高速以太网；下层则通过 PROFIBUS 总线将现场各个工艺环节的分布式系统集成到整个 PCS 7 系统中。PROFIBUS 总线通过通信协议 PROFIBUS-DP 和 PROFIBUS-PA 与现场设备级的 I/O 模块、变送器、驱动器、阀门、操作员终端等分布式输入/输出设备通信，同时可实现为它们供电，可对过程数据进行确定性传输，并对报警、参数和诊断数据进行基于例外情况的传输。PROFIBUS 总线也可集成以前安装的 AS-I 总线设备和 HART 通信设备，支持冗余、故障安全及在线扩展功能。另外，通过 PROFIBUS-PA 总线技术，现场设备也可以连接应用于 EX ZONE1 危险场所中。PROFIBUS 总线贯穿了该系统的始终，可使该系统应用于各种加工、生产行业以及混合型工业生产领域。

案例 2：PROFIBUS 总线在卷烟厂控制生产线的应用

(1) 系统工艺简介

某卷烟厂的制丝线生产线，采用了西门子公司产品，以光纤环网、PROFIBUS 总线为通信手段进行系统集成。系统主要有以下几个控制工艺段：叶片段、叶丝段、白肋烟处理段、梗处理段、掺配加香段、储丝段。主要控制设备包括润叶筒、加香加料筒、白肋烟烤机、烘丝机、烘梗丝机等装置。控制的参数主要有水分、温度、水流量、蒸汽流量、加料流量、加香流量等。

(2) 控制系统组成

制丝线的管理层采用普通以太网，集中监控层采用西门子公司工业以太网，设备层采用 PROFIBUS 总线。由于制丝生产线中控制的主要参数是模拟量，并且数量比较多，如果仪表采用 4～20mA 的通信方式，仪表的接线比较多；一旦系统扩展，新增仪表比较麻烦；并且能够获取的信息量有限。采用 PROFIBUS 总线，增大了控制器与现场仪表通信的信息量，不仅能够读取大量的信息，还可以实现仪表的远程维护；省去了大量电缆的敷设，提高了系统的可靠性和扩展性。其基本网络配置结构如图 7-10 所示。

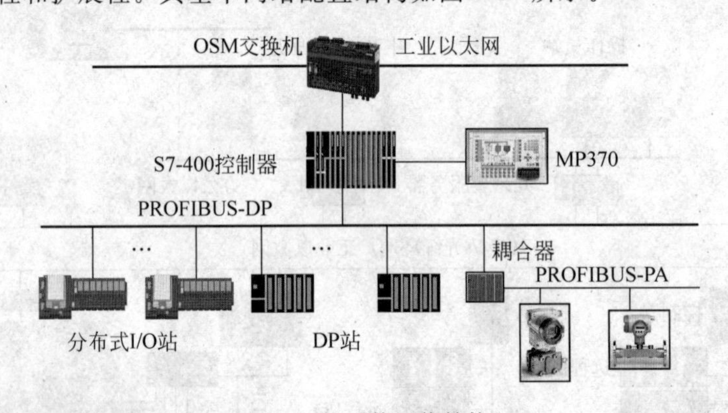

图 7-10 系统网络结构

PROFIBUS-PA 总线段通过 DP/PA 耦合器挂接，在该总线段上进行现场仪表连接。一个 PROFIBUS-PA 网段，由耦合器、T 型接头、终端电阻、PROFIBUS-PA 总线电缆组成。本系统中，考虑到系统对 PROFIBUS-DP 通信速率的要求及编址要求，链接器和耦合器之间采用背板总线连接，这样 PROFIBUS-DP 的波特率可以高达 12Mb/s，而 PROFIBUS-PA

的波特率为 31.25kb/s。同时在组态网络时，链接器作为 DP 从站占据 DP 的一个地址，耦合器没有地址，组态时不考虑它；所有仪表和执行器均作为链接器从属。下面以叶片段为例，说明 PA 网段的配置安装情况。

在叶片段中，有 7 个现场仪表需要安装于 PROFIBUS-PA 网络，其中有 5 个调节阀，2 个测温仪。在这 7 个现场仪表中，考虑到香料烟回潮筒的调节阀离其他 6 个现场仪表比较远，为了节约电缆，其安装连接图如图 7-11 所示。

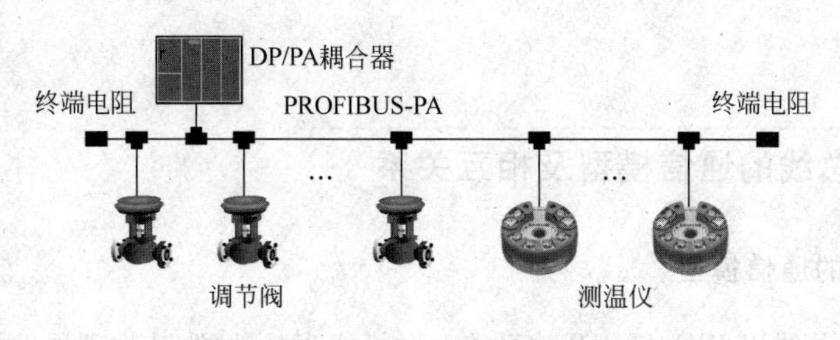

图 7-11 现场仪表安装连接图

(3) 系统运行情况

系统在软件环境下的集成过程中，使用西门子公司的 STEP 7 软件进行硬件配置组态，利用梯形图或语句表进行编程。系统配置中，可以根据不同的需要，设置现场仪表的输入、输出数据长度。

对于调节阀，可以对其输出进行参数设定，同时，可以读取实时运行状态并显示在操作屏中。

对于测温仪，可以读取当前温度值和状态，并显示在操作屏中，维修人员可以根据颜色判断当前的测温仪有否问题，是哪类问题，以便及时发现和解决现场出现的异常情况。在安装调试过程当中，PROFIBUS 总线连接方式安装简单，编程及调试方便，系统运行稳定。

7.2 基金会现场总线

基金会现场总线是为适应自动化系统，特别是过程自动化系统在功能、环境与技术上的需要而专门设计的，是仪表和过程控制向数字化通信方向发展而形成的技术，具有本质安全特性，可以通过传输介质为现场设备供电，用来完成整个过程控制系统的集成架构。

基金会现场总线的前身是以美国 Fisher-Rosement 公司为首，联合 Foxbro、横河、ABB、西门子等 80 家公司制订的 ISP 协议和以 Honeywell 公司为首，联合欧洲等地的 150 家公司制订的 WorldFIP 协议。这两大集团于 1994 年 9 月合并，成立了现场总线基金会，致力于开发出国际上统一的现场总线协议标准。由于这些公司在现场自控设备发展方面具有较强的能力，因而由它们组成的基金会所颁布的现场总线技术规范具有一定的权威性。FF 现场总线最初包括低速总线 FF-H1 和高速总线 FF-H2 两部分。

FF H1 总线是从过程工业和 DCS 应用的角度制定的，也称为狭义现场总线。这种总线主要用于底层设备的连接，不仅能够满足过程工业实时性和本质安全性要求，而且能够做到现场设备总线供电，但传输速率 31.25kb/s，相对较低，所以 H1 总线适合于热工慢过程的控制。

FF H2 总线原计划开发 1Mb/s 和 2.5Mb/s 两种传输速率，随着多媒体技术的发展和工业自动化水平的提高，控制网络的实时信息传输量越来越大，H2 的设计能力已不能满足实时信息传输的带宽要求。鉴于此，现场总线基金会放弃了原有 H2 总线的开发计划，取而代之的是将现场总线技术与成熟的高速以太网技术相结合的新型高速现场总线——FF HSE(High Speed Ethernet)。

本节主要针对基金会总线的低速标准 FF H1 原理及特点进行分析，最后，简要介绍 FF HSE 的技术特性。

7.2.1 FF H1 总线的通信模型及相互关系

1. FF 总线的通信模型

基金会现场总线以 ISO/OSI 开放系统互联模式为基础，取其物理层、数据链路层、应用层为 FF 通信模型的相应层次，并按照现场总线的实际需要，把应用层划分为两个子层，即总线访问子层和总线报文规范子层。省去 OSI 模型中间的 3～6 层。模型在应用层基础之上增加了用户层，用户层主要针对自动化测控应用的需要，定义信息存取的统一规则，采用设备描述语言，规定通用的功能块集。这样 FF 通信模型可以视为四层，如图 7-12 所示。

<table>
<tr><th>ISO/OSI 模型</th><th colspan="2">FF 现场总线协议</th></tr>
<tr><td></td><td>用户层</td><td>用户层</td></tr>
<tr><td>应用层</td><td>应用层</td><td rowspan="6">通信栈</td></tr>
<tr><td>表示层</td><td rowspan="4">总线访问子层</td></tr>
<tr><td>会话层</td></tr>
<tr><td>传输层</td></tr>
<tr><td>网络层</td></tr>
<tr><td>数据链路层</td><td>数据链路层</td></tr>
<tr><td>物理层</td><td>物理层</td><td>物理层</td></tr>
</table>

图 7-12　FF 总线通信模型

在实际的软硬件开发过程中，通常又把除去最下端的物理层和最上端的用户层之后的中间部分作为一个整体，称为通信栈，这样，FF 现场总线通信模型又可简单的视为三层结构。

现场总线以现场智能仪表为基础，依靠现场物理设备实现整个系统的控制、通信功能。如图 7-13 所示，从物理设备构成的角度表明了通信模型的主要组成部分及其相互关系。

该模型在分层的基础上，按照各部分在物理设备中要完成的功能，分为三大部分：通信实体、系统管理内核、功能块应用进程。各部分之间通过虚拟通信关系 VCR 来沟通信息，VCR 表明了两个或多个应用进程之间的关系，虚拟通信关系是各应用之间的逻辑通信通道，它是总线访问子层所提供的服务。通信实体贯穿从物理层到用户层的所有各层，由各层协议与网络管理代理共同组成。通信实体的任务是生成报文与提供报文传送服务，是实现现场总线数字通信的核心部分。系统管理内核在模型分层结构中占有应用层和用户层的位置。系统管理内核主要负责与网络系统相关的管理任务。功能块应用进程用于实现用户所需要的各种应用功能。功能块提供一个通用结构来规定输入、输出、控制算法等。在功能块应用进程这部分，除了功能块对象外，还包括对象字典和设备描述。可把对象字典和设备描述看做支持功能块应用的标准化工具。

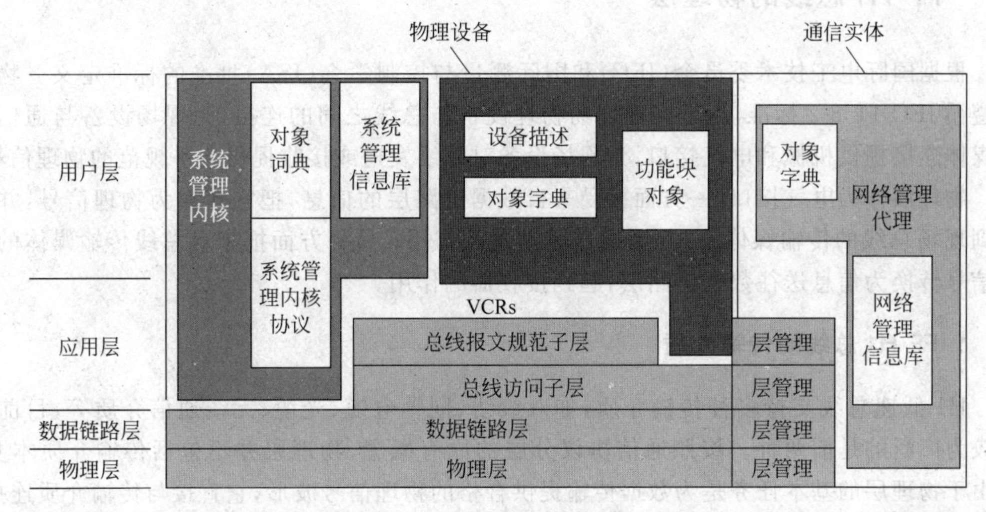

图 7-13 FF 模型内部结构

2. 协议数据的构成与层次

FF 协议的内容和模型每层中应附加的信息如图 7-14 所示，图 7-14 从一个角度反映了报文信息的形成过程。当用户要将数据通过网络发往其他设备，首先在用户层形成用户数据，并把它们送往总线报文规范层处理，每帧最多发送 251 个八字节的数据信息，用户数据信息在各层分别加上各层的协议控制信息，在数据链路层还加上帧校验信息，送往物理层将

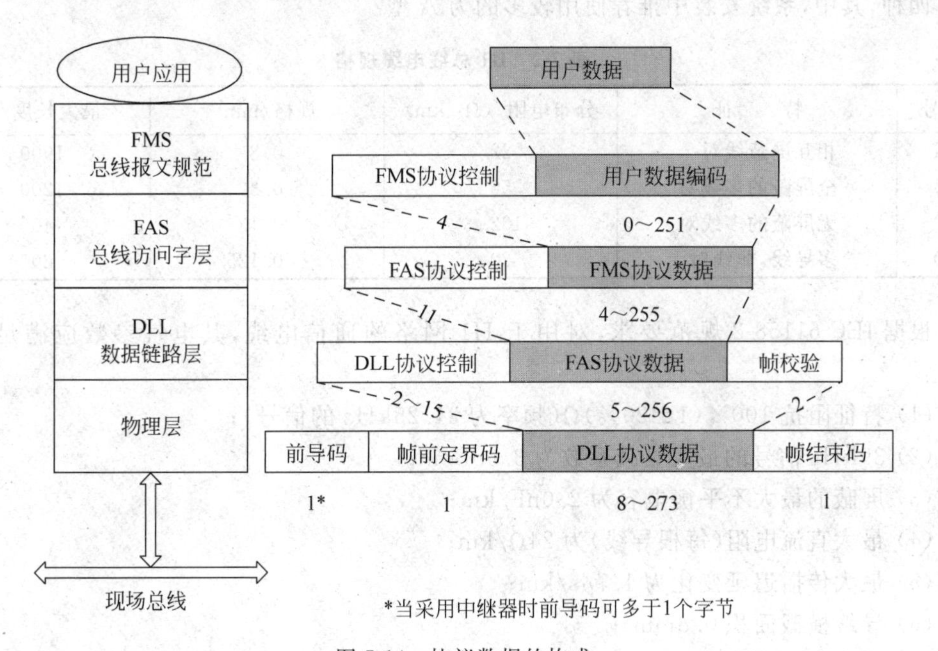

图 7-14 协议数据的构成

数据打包，即加上帧前、帧后定界码，并在帧前定界码之前加上用于时钟同步的前导码。

7.2.2 FF H1 总线的物理层

根据国际电工技术委员会(IEC)和国际测量与控制学会(ISA)批准的标准定义。物理层遵循 IEC 1158-2 标准，用于实现现场物理设备与总线之间的连接，为现场设备与通信传输媒体连接提供机械和电气接口，为现场设备对总线发送或接收提供合乎规范的物理信号。

物理层作为电气接口，一方面接受来自数据链路层的信息，把它转换为物理信号，并传送到现场总线的传输媒体上，起到发送驱动器的作用；另一方面把来自总线传输媒体的物理信号转换为信息送往数据链路层，起到接收器的作用。

1. FF H1 总线的传输介质

H1 低速总线支持多种传输介质，如双绞线、同轴电缆、光缆、无线通信介质等，目前应用较为广泛的是前两种。按照通信协议分层的原有概念，物理层并不包括传输介质本身。但由于物理层的基本任务是为数据传输提供合格的物理信号波形，它直接与传输介质连接，传输介质的性能与应用参数对所传输的物理信号波形有较大影响。在许多场合，传输介质上既要传输数字信号，又要传输工作电源，要使总线上的所有设备都满足在工作电源、信号幅度等方面的要求，处于良好的工作状态，必须对作为传输介质的导线横截面、允许的最大传输距离等做出规定。因此，物理层规范一方面对物理层内部的技术参数做出规定；另一方面还对影响物理信号波形、幅度的相关因素，如通信介质种类、传输距离、接地、导线屏蔽等制定相应的规范要求。

表 7-2 中列出了 H1 现场总线中可使用的多种型号的双绞线类型，可供选用的有 A、B、C、D 四种，其中，系统安装中推荐使用较多的为 A 型。

表 7-2 H1 总线电缆规格

型号	特 征	分布电阻/(Ω/ km)	规格/mm^2	最大长度/m
A	相互屏蔽线对	22	0.8	1900
B	全屏蔽的多线对	56	0.32	1200
C	无屏蔽的多线对	132	0.13	400
D	多导线，非线对	20	0.125	200

根据 IEC 61158-2 规范要求，对用于 H1 网络的通信电缆，其电气参数应满足以下要求：

(1) 特征阻抗 100×(1±20%)Ω(频率为 31.25kHz 的信号)；

(2) 39kHz 信号的最大衰减系数为 3.0dB/m；

(3) 屏蔽的最大不平衡电容为 2.0nF/km；

(4) 最大直流电阻(每根导线)为 24Ω/km；

(5) 最大传播迟延变化为 1.7μs/km；

(6) 导线横截面积 0.8mm^2；

(7) 最小屏蔽覆盖系数为 90%。

对于首次安装，或是要获得基金会现场总线网络的最佳性能，可采用基金会现场总线专用单独屏蔽的双绞线对和全屏蔽电缆。

尽管现场总线技术不断发展，工厂中 4～20mA 信号仍将存在一段时间，因而有必要对电缆加以区分。区分方法可以在电缆终端，采用套管或着色的热收缩标记。如果各线对彼此屏蔽，现场总线信号和 4～20mA 信号可以在同一根多芯电缆上传送。这样，在采用现场总线设备之前，如果现场需要安装传统仪表，它可以带来便利。

2. FF H1 总线拓扑结构

低速现场总线 FF H1 支持点对点连接、总线型、菊花链型、树型拓扑结构，如图 7-15 所示。

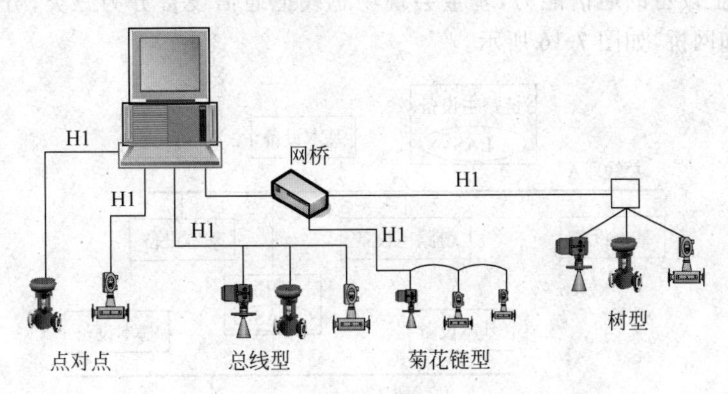

图 7-15　FF H1 网络拓扑结构图

虽然 H1 支持多种拓扑结构，但在 FF 的工程设计指南中，一般建议尽量不采用菊花链型的拓扑结构，原因在于运行状态下，如果不中断其他设备，不能从网络/网段上添加或删除设备，而且设备增减或维修容易造成总线段的断裂，影响正常的网络通信。

表 7-3 所示为 H1 总线网段的主要参数。

表 7-3　H1 网段的主要参数

	低速现场总线 H1		
传输速率	31.25kb/s		
信号类型	电压 9～32VDC		
拓扑结构	总线型/菊花链型/树型或其复合型		
通信距离	最大 1900m(无中继器)		
分支长度	30～120m		
中继器数	最多 4 台		
供电方式	非总线供电	总线供电	总线供电
本质安全	不支持	不支持	支持
设备数/段	2～32	1～12	2～6

不管采用何种方式为总线供电，在现场总线电缆与地之间，都应具备低频电气绝缘性能。通过在设备与地之间增加绝缘，或在主干电缆与设备间采用变压器、光耦合器隔离部件等措施，可以增强其电气绝缘性能。

7.2.3 数据通信链路

基金会总线的数据链路层主要控制数据报文在现场总线上的传输，链路活动调度是数据链路层的主要任务，基金会总线的每个总线段上有一个媒体访问控制中心，称为链路活动调度器(link active scheduler，LAS)。数据链路层就是通过链路活动调度器上确定的集中式总线调度程序，管理对现场总线的访问。

1. 通信设备类型

根据总线上设备的通信能力，基金会现场总线把通信设备分为三类，分别为链路主设备、基本设备和网桥，如图 7-16 所示。

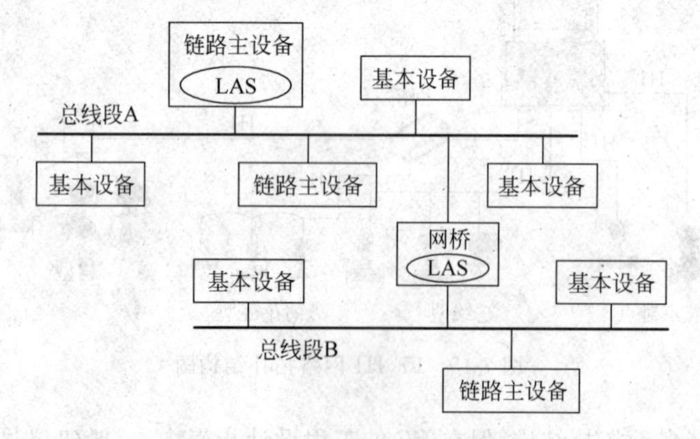

图 7-16　H1 网段中通信设备类型

链路主设备是指那些有能力成为链路活动调度器的设备，不具备这一能力的设备则被称为基本设备。基本设备只能接收令牌并做出响应，这是最基本的通信功能，因此可以说网络上的所有设备，包括链路主设备，都具有基本设备的能力。当网络中几个总线段进行扩展连接时，用于将单个总线段组合连接在一起的设备就称为网桥。网桥属于链路主设备。由于它担负着对连接在它下游的各总线段的系统管理时间的发布任务，因而它必须成为链路活动调度器，否则就不可能对下游各段的数据链路时间和应用时钟进行再发布。

2. 链路活动调度权的竞争过程

当一个总线段上存在有多个链路主设备时，一般通过一个链路活动调度权的竞争过程，使赢得竞争的链路主设备成为 LAS。在系统启动或现有 LAS 出错失去 LAS 作用时，总线段上的链路主设备通过竞争争夺 LAS 权。竞争过程将选择具有最低节点地址的链路主设备成为 LAS。

在设计系统时，可以给希望成为 LAS 的链路主设备分配一个低的节点地址。然而由于种种原因，希望成为 LAS 的链路主设备并不一定能赢得竞争而真正成为 LAS。例如，在系统启动时的竞争中，某个设备的初始化可能比另一个链路主设备要慢，因而尽管它具有更低的节点地址也不能赢得竞争而成为 LAS。当具有低节点地址的链路主设备加入已经处于运行状态的网络时，由于网段上已经有了一个 LAS，在没有出现新的竞争之前，它也不可能成为 LAS。

一个总线段上可以连接多种通信设备，也可以挂接多个链路主设备，但一个总线段上某个时刻只能有一个链路主设备成为链路活动调度器(LAS)，没有成为 LAS 的链路主设备起着后备 LAS 的作用。当作为链路活动调度器的主设备发生故障或因其他原因失去链路活动调度能力时，系统自动将链路活动调度权转交给本网段的其他主设备。图 7-17 表示了 FF H1 总线上的 LAS 转交。

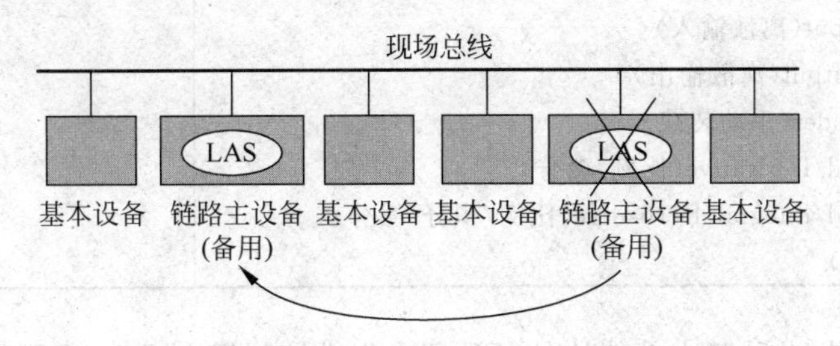

图 7-17 FF H1 总线网段中 LAS 转交

7.2.4 用户应用模块与设备描述

1. 用户应用模块

现场总线基金会定义了标准的基于“模块”的用户应用。模块描述了不同类型应用的功能。用户应用使用的模块类型如图 7-18 所示。

(1) 资源块

资源块描述了诸如设备名、生产厂家和序号等的现场总线设备特征，资源块无输入输出参数。一台设备只有一个资源块。

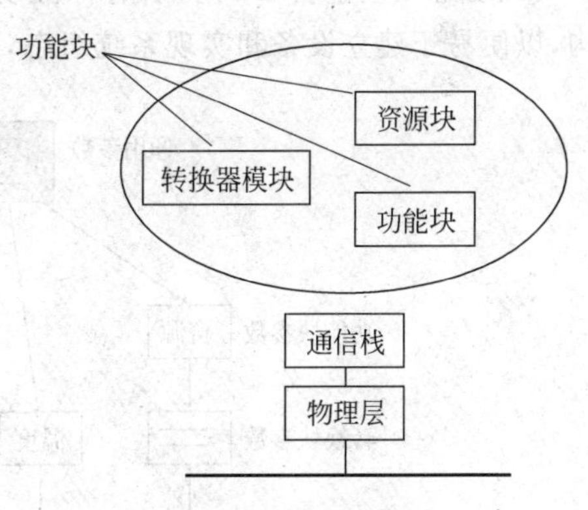

图 7-18 FF 用户应用模块

(2) 转换器模块

转换器模块按一定频率读取传感器信息，并将读取的数据写入到相应的接收硬件中。转换器模块包含有量程数据、线性化、I/O 数据表示等信息，它还包含标定日期和传感器类型等信息。每个输入或输出功能块通常都会有一个转换器模块。

(3) 功能块

功能块是参数、算法和事件的完整组合。功能块的执行按事件驱动，输入参数经过算法运算转换为输出参数，实现系统控制功能。功能块的输入和输出可通过现场总线相连接，每个功能块的执行被精确地调度，在一个用户应用中可以有多个功能块。

不同类型的设备根据实现功能的不同可以有不同的功能块，每一个功能块都有一些特定的参数和算法以实现特定的功能。现场总线基金会定义了标准功能模块集，基本控制用功能块如表7-4所示。

表7-4 FF基本标准功能块

功能块名	符号
Analog Input(模拟输入)	AI
Analog Output(模拟输出)	AO
Bias(偏置)	B
Control Selector(控制选择器)	CS
Discrete Input(离散输入)	DI
Discrete Output(离散输出)	DO
Manual Loader(手动装载)	ML
Proportional/Derivative(比例/微分)	PD
Proportional/integral/Derivative(比例/积分/微分)	PID
Ratio(比值)	RA

除了表中所列10种基本功能块外，FF还为先进控制规定了19个附加的先进控制用标准功能块，包括导前滞后、死区、累积器等。

2. FF的设备描述

现场总线设备所需要的关键特性是可互操作性。为实现可互操作性，除了标准功能块参数和行为定义外，还采用了设备描述(device description，DD)技术。DD为控制系统或主机理解现场设备中数据的意义提供必要的信息。因此，DD可被看做是设备的一个驱动器，类似PC上使用不同打印机或连接其他设备的驱动程序。

现场总线基金会(FF)为所有标准功能块和转换模块提供DD，并定义了DD的层次结构，以便易于建立设备和实现系统组态，层次结构如图7-19所示。

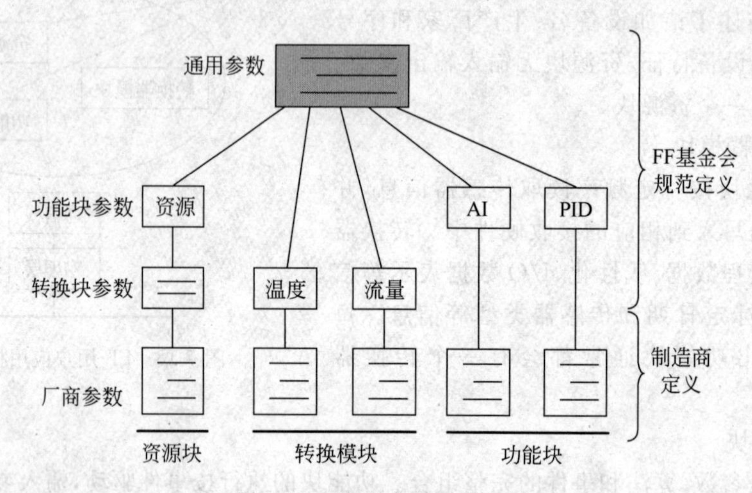

图7-19 FF设备描述的分层

层次结构的第一层是通用参数。通用参数由位号、修订版本号、模式等一般属性构成。所有模块必须包括通用参数。

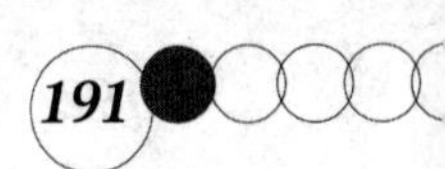

层次结构的第二层是功能模块参数。在这一层,为标准的功能块定义参数,标准的资源块参数也在这一层定义。

层次结构的第三层称为转换块参数。这一层参数为标准的转换器模块所定义。在某些情况下,转换模块规范也可将参数加到标准资源块中。

现场总线基金会已为层次结构的前三层制定了设备描述,它们是标准的现场总线基金会的DD,层次的第四层称为制造商专用参数。在这一层,各制造商可自由地将附加参数加到功能块参数和转换器模块参数中,这些新参数应包含在"扩充"的DD中。

DD采用一个标准的编程语言书写,即设备描述语言(device description language,DDL)。它是基于PC的"编译器"工具,DDL是可读的结构文本语言。采用设备描述语言编译器,可以把编写的设备描述源程序转化为计算机可读的输出文件,从而使控制系统能够利用这些计算机可读的输出文件来理解制造商设备的数据意义。

最近,快速发展的电子设备描述语言(electronic device description language,EDDL)是对DDL功能的进一步扩展,用于智能设备信息的可视化显示,解决了早期DD不能可视化显示的问题。EDDL是一种设备集成技术,可支持复杂的图形功能,像一幅HTML编写的网页,它可以实现设备具有的所有功能,设备所有的参数都可显示在窗口中。图形用于提取设备中有价值的数据,然后用容易理解的方式显示出来。

7.2.5 FF HSE高速以太网

1. FF HSE简介

FF HSE是现场总线基金会对H1的高速网段提出的解决方案,这两种现场总线分别对应于工厂控制系统的两个不同层次。2000年1月FF H1和FF HSE被IEC列入国际标准IEC 61158,作为IEC 61158类型1和类型5。HSE于同年12月14日发布了HSE测试工具包。测试工具包的发布表明HSE技术已经进入了实用阶段。

HSE是现场总线基金会在摒弃了原有高速总线H2之后的新作,现场总线基金会将HSE定位于将控制网络集成到世界通信系统Internet的技术中。HSE采用链接设备(linking device,LD)将远程H1网段的信息传送到以太网主干上,这些信息可以通过以太网输送到主控制室,并进一步输送到企业的ERP和管理系统。操作员在主控室可以直接使用网络浏览器等工具查看现场的操作情况,也可以通过同样的网络途径将操作控制信息输送到现场。

简言之,HSE可以看做是工业以太网与H1技术的结合体。

2. HSE与现场设备的连接

在HSE中,各网段间信息的周转、数据的封装工作主要由链接设备完成,链接设备是网络连接的核心。一方面,它负责从所挂接的H1网段收集现场总线信息,然后把H1地址转换成IP地址,这样H1网段的数据就可以在以太网上进行传送;另一方面,接收到以太网信息的链接设备可以将IP地址转换为H1地址,将发往H1网段的信息放到现场的目的网段中进行传送,这样通过链接设备就可以实现跨H1网段的组态,甚至可以把H1与PLC等其他控制系统集成起来。跨网段组态在H1技术下是无法实现的。

HSE的网络系统连接结构如图7-20所示。链接设备的一端是用交换机连接起来的高速以太网；另一端是H1控制网络。某些具有以太网通信接口功能的控制设备、PLC等也可直接挂接在HSE网段的交换机上。

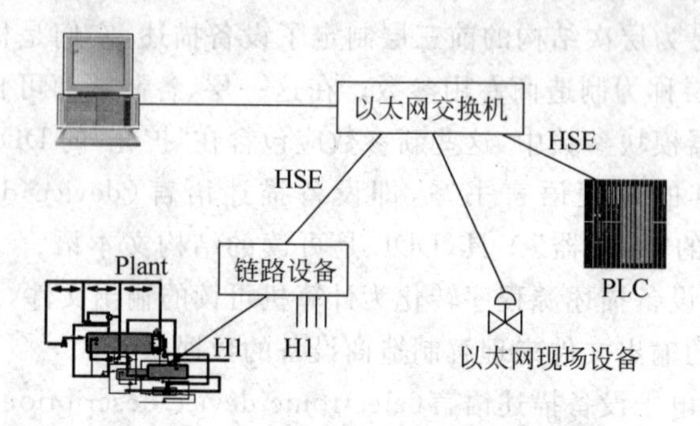

图7-20 HSE与现场设备的连接

3. HSE与H1的区别

基金会的低速现场总线H1(FF H1)是一个纯粹的现场级网络，主要用来连接现场设备和终端控制设备。H1符合本质安全标准，并可运行在工厂中现有的导线之上，能够在同一总线上实现供电和信号传递。但该总线标准的传输速率低，在进行大系统的信息采集时，其速率难以满足需要。此外，低速率也限制了其在制造工业快速过程中的应用。FF设计的HSE高速以太网现场总线弥补了H1总线的不足。

现场总线基金会设计HSE(FF HSE)的目的是让I/O子系统、控制器以及需要大量数据信息的复杂设备运行在一个更高速率的总线上。100Mb/s的HSE在性能和成本方面具有以太网的优点，也使得控制网络的结构变得简单，可与工厂级网络相比拟。H1和HSE各自的特点对比如表7-5所示。

表7-5 H1与HSE特点对比

网络段	H1	HSE
传输速率	31.25kb/s	100Mb/s
最大传输距离/m	1900	100
两线连接	是	否
多点传输	是	否
总线供电	是	否
本质安全	是	否
媒体冗余	否	是
确定性	是	否

由表7-5可看出，HSE的传输速率高，并能提供冗余的传输路径，但有严格的传输距离限制，最长100m，并且需要多芯电缆，成本较高。HSE不提供总线供电，也不具备本质安全特性，不能应用于防爆环境。

H1总线可以进行远距离通信，并且可以利用工厂中普遍使用的铜电缆作为传输介质，移植方便，但存在传输速率、带宽方面的限制，难以用作整个工厂的主干网络，而且不能实现通信介质的冗余。在工业实际应用中，H1 和 HSE 在技术上很好的做到了互为补充。

使用一些通用网络设备，如交换机和路由器，HSE 与 H1 配合可以构成更大的控制网络。如图 7-21 所示，图中双绞线通信介质可以连接 100m，光纤可以连接 2km。通过快速以太网交换机将各个 HSE 网段连接，HSE 与 H1 低速段间通过链接设备实现跨接。

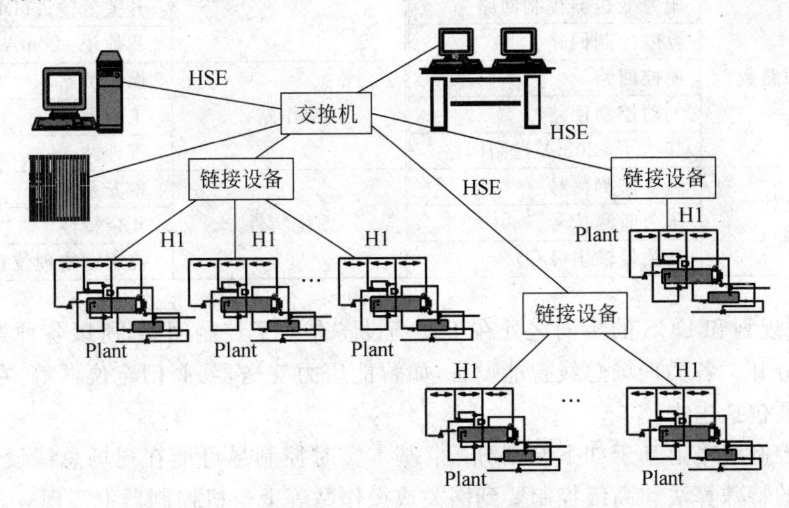

图 7-21 FF HSE 与 FF H1 总线的混合通信系统

企业管理网络中的计算机同样可以挂接在该网络上，可以与现场仪表通过 TCP/IP 等标准网络协议进行通信。同时，最新的以太网现场设备可以以网页的形式发布现场信息，Internet 上任何一个拥有访问权限的用户都可以远程查看设备的当前信息，甚至可以远程修改设备的工作状态，而不再需要通过监控工作站进行现场信息的中转，大大加强了现场控制层与企业管理层和 Internet 之间的信息集成。这种远程监视和控制的方法非常灵活，不需要编写软件实现，很大程度上扩展了设备的功能，使现场设备直接成为 Internet 上的一个节点，能够被本地和远程用户通过多种手段进行访问，为控制网络信息与 Internet 的沟通，实现现场设备的跨网络应用提供了良好的条件。

7.2.6 基金会 FCS 的设计及应用

在实际工业生产过程控制中，应用基金会现场总线构成 FCS 系统，首先要能改善生产过程的常规控制品质，实现安全平稳生产；其次，将最新的控制策略与生产过程相结合，实现生产过程的局部或整体优化；最后，将实时生产信息集中到全厂的信息管理系统，实现全方位的优化控制与管理。本节分析应用基金会现场总线进行控制系统设计的一些基本问题。

1. FF 控制系统设计的基本步骤

一个 FF 控制系统设计可分为系统规划、H1 总线设计和设备选型、安装施工设计、组态编程等步骤，这里仅对前两个相关的内容做一介绍。

(1) 系统规划

系统设计的第一步是统计系统规模，具体统计方法参照表 7-6。

表 7-6 FF 控制系统设计规模统计

项 目	内 容	项 目	内 容
闭环控制回路数	压力变送器控制回路		开关量输入(DI)
	温度控制回路		其他 4～20mA 监测信号
	遥控回路	操作站	操作员站
	气动控制回路		工程师站
	其他 4～20mA 控制回路		管理站
监测点统计（不作控制）	温度监测信号	系统特性	本安系统
	压力监测信号		冗余特性
	开关量输出(DO)		控制室物理位置

FF 系统规划和 DCS 的不同之处在于现场设备介入了控制回路，所以各种类型的回路的统计要区分开。各类现场总线智能设备，如智能压力变送器、阀门定位器等，在标书文件的报价中都要包括进去。

系统在控制策略上基于如下原则分配：基本实时控制尽可能在现场总线设备中完成，实时性较差的特殊算法和高级控制要到网关或操作站等上位机控制器中实现。

(2) H1 总线设计和设备选型

现场仪表的连接结构、连接器件的功能和连接施工质量对现场总线的应用和维护起着至关重要的作用。因为 60%以上的应用问题和通信故障可能与现场总线仪表的连接有关。FF H1 网段的设计涉及如下几个方面的内容。

① 系统的各工艺段的防爆性要求。根据系统工艺要求，确定哪些工艺段为非防爆性 H1 控制段，哪些网段需要采取本质安全设计方案。进而在硬件设计上采用不同硬件配置和物理连接形式。

② 确定现场总线上设备总数。根据闭环回路及手动操作回路可以计算所需要控制输出设备，再根据系统控制检测回路来确定控制检测设备。输出设备与检测设备之和就是现场总线上设备的总数。对于回路中没有现场总线标准的仪表设备，可通过 4～20mA 到现场总线接口设备引入系统。

③ 确定现场总线条数。根据确定的现场总线设备总数和每条总线上所能挂接的设备数，算出共需要几条总线。每条总线上所能挂接的设备数除受标准限制外，还受通信负载、电缆压降等参数的限制。单纯从通信角度一般可挂 8～16 台，但一定要参考所选产品的样本，考虑控制对象的速度快慢。

④ 确定现场总线接口或网桥数。根据需要的总线条数和系统使用的 H1 总线接口或网桥(链接器)的规格，算出所需要的网桥或接口数量。

⑤ 逻辑控制。基金会现场总线控制系统把逻辑控制站看做是一台快速智能设备，如作为 HSE 现场设备，实际上也就是采用 HSE 技术的 PLC 设备。目前甚至可以使用 Modbus 这样通用的通信协议，将第三方 PLC 设备集成于系统之中，而微型 PLC 也可以直接挂在 H1 总线上，既可以分散安装，又提高了模拟量和开关量间连锁控制的速度。

⑥ 确定总线扫描周期。H1 总线属于低速通信总线。一条总线的扫描周期分为宏周期

和监控周期，宏周期是总线通信完成基本操作的单位，若干个宏周期后，总线上所有设备与操作站信息全部交换一次，称为监控周期。宏周期一般在几百毫秒，监控周期一般在1～2s。所以H1适合于热工慢过程控制。

⑦ 对FF现场总线控制系统和仪表的评价。主要从系统的可靠性、兼容性、现场仪表性能方面进行系统评价。

(3) 系统的组态编程

由于基金会现场总线已经标准化，不同公司生产的控制系统结构虽然存在差别，但对于现场总线部分的组态基本一致。各个现场总线控制系统制造商均为系统配置了组态软件，能够满足使用者的需要，一般不需要编写专门的应用程序。

2. 应用实例

下面给出一个FF现场总线用于水位和温度控制的简例，系统结构如图7-22所示，整个系统采用某公司的FF现场总线控制设备与软件。在系统中，通过10/100M的交换机，将DFI 302、管理计算机和监控站连入HSE网络中。DFI 302是结合了链路设备、现场设备、网关、总线配电等多种功能的FF现场总线控制器，其中的链接部件DF 51模块将控制温度、水位的H1控制链路接入HSE网络。在上层监控站，通过SYSCON软件进行系统逻辑和控制策略组态；采用支持OPC技术的AIMAX组态软件开发人机界面。

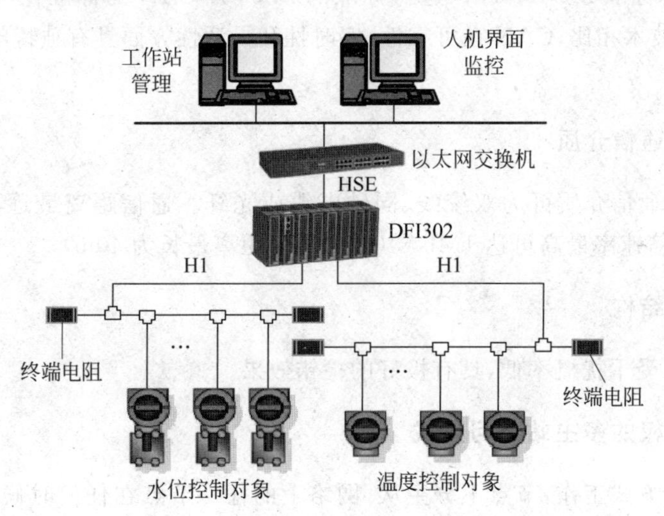

图7-22　FF现场总线用于水位和温度控制

该系统将HSE与H1总线相结合，同时配合以太网技术，完成了包括工厂管理、监测、控制、维护和运行所需的各项功能。其中，基金会现场总线低速标准H1实现了底层设备网络的搭建。HSE提供了一种以经济的以太网硬件和软件为构架，低成本、高速的过程控制网络。同时也提供工厂管理和MIS系统的信息积累。

HSE加强了以太网在工业领域中的地位，以100Mb/s运行的HSE用于高速过程自动化、批处理、离散控制系统，使FF技术涵盖现场网络层和控制网络层，完全可以构建带有层次调度控制功能和仪表电气综合控制能力的大型系统。

7.3 CAN 总线

CAN(controller area network)总线是控制器局域网的简称，它是一种有效支持分布式控制或实时控制的串行通信网络，是德国 Bosch 公司在 20 世纪 80 年代为解决现代汽车中众多测量控制部件之间的数据交换而开发的一种串行数据通信总线。尽管 CAN 最初是为汽车电子系统设计的，但由于它在技术与性价比方面的独特优势，在航天、电力、石化、冶金、纺织等领域也得到了广泛应用。在北美和西欧，CAN 总线协议已经成为汽车计算机控制系统和嵌入式工业控制局域网的标准总线。近年来，CAN 总线所具有的高可靠性和良好的错误检测能力受到认同，被广泛应用于汽车电子控制系统和环境温度恶劣、电磁辐射强、振动大的工业环境。如今，CAN 已成为工业数据通信的主流技术之一。

7.3.1 CAN 总线通信特点

随着 CAN 在各种领域的应用和推广，对其通信的标准化提出了要求。1993 年 11 月 ISO 正式将它颁布为道路交通运输工具—数据信息交换—高速通信控制器局域网标准，从此 CAN 成为国际标准 ISO 11898。这一标准的颁布，为 CAN 的标准化、规范化铺平了道路。与其他总线技术相比，CAN 在可靠性、实时性和灵活性方面具有独特的技术优势，其主要技术特点如下。

1. 支持多种通信介质

CAN 总线的通信介质可为双绞线、同轴电缆或光纤。通信距离最远可达 10km(速率 5kb/s 以下)；通信速率最高可达 1Mb/s (此时通信距离最长为 40m)。

2. 短帧传送结构

传输时间短，受干扰概率低，具有极好的检错效果。

3. 依据优先权的多主站访问方式

CAN 为多主方式工作，节点不分主从，网络上的任一节点在任何时候都可以主动地向网络上的其他节点发送信息。

4. 基于优先权的无破坏性仲裁技术

当多个节点同时向总线发送信息时，优先级较低的节点会主动的退出总线发送，而最高优先级的节点可不受影响地继续传输数据，从而大大节省了总线冲突时间。

5. 借助接收滤波的多地址帧传送

CAN 只需通过报文滤波即可实现点对点、一点对多点以及全局广播等几种方式来传输数据，无须专门的“调度”。各个接收站依据报文中反映数据性质的标识符过滤报文，决定是否接收。

6. 较强的错误控制及错误重发功能

CAN 的每帧信息都有 CRC 校验及其他检错措施，节点在错误严重的情况下具有自动关闭输出的功能，使总线上其他节点的运行不受影响。发送数据期间若丢失仲裁或由于出错而遭受破坏的帧可自动重新发送。

7. CAN 总线多负载能力

CAN 上的节点数主要决定于总线驱动电路，目前可达 110 个。

7.3.2 CAN 总线协议模型

参照 ISO/OSI 标准模型，CAN 分为数据链路层和物理层。而数据链路层又包括逻辑链路控制子层 LLC(logic link control)和媒体访问控制子层 MAC(medium access control)，CAN 的通信参考模型及各层功能如图 7-23 所示。

模型分层		各层功能
数据链路层	逻辑链路子层(LLC)	接收滤波 超载滤波 恢复管理
数据链路层	媒体访问控制子层(MAC)	数据封装/拆装 帧编码 媒体访问管理 错误检测 出错标定 应答 串行化/解除串行化
物理层		位编码/解码 位定时 同步 驱动器/接收器特性 接收器

图 7-23 CAN 通信模块的分层结构

LLC 的主要功能是对总线上传送的报文实行接收滤波，判断总线上传送的报文是否与本节点有关，哪些报文应该为本节点所接收；对报文的接收予以确认；为数据传送和远程数据请求提供服务；当丢失仲裁或被出错干扰时，逻辑链路子层具有自动重发的恢复管理功能；当接收器出现超载，要求推迟下一个数据帧或远程帧时，则通过逻辑链路子层发送超载帧，以推迟接收下一个数据帧。

MAC 子层是 CAN 协议的核心，它负责执行总线仲裁、报文成帧、出错检测、错误标定等传输控制规则。MAC 子层要为开始一次新的发送确定总线是否可占用，在确认总线空闲后开始发送；在丢失仲裁时退出仲裁，转入接收方式；对发送数据实行串行化，对接收数据实行反串行化；完成 CRC 校验和应答校验，发送出错帧；确认超载条件，激活并发送超载帧。添加或卸除起始位、远程传送请求位、保留位、CRC 校验和应答码等，即完成报文的打包和拆包。

物理层规定了节点的全部电气特性，并规定了信号如何发送，因而涉及位定时、位编码和同步的描述。在这部分技术规范中没有规定物理层中的驱动器、接收器特性，允许用户根据具体应用，规定相应的发送驱动能力。一般来说，在一个总线段内，要实现不同节点间的数据传输，所有节点的物理层应该是相同的。

7.3.3 CAN总线电气连接特性

在国际标准ISO 11898中，基于双绞线的CAN系统采用了图7-24所示的电气连接。图中的各CAN模块即为CAN总线上的节点。像许多其他现场总线那样，为了抑制信号在端点的反射，CAN总线也要求在总线的两个端点上，分别连接终端电阻。图中终端电阻R_T阻值大约在120Ω左右。

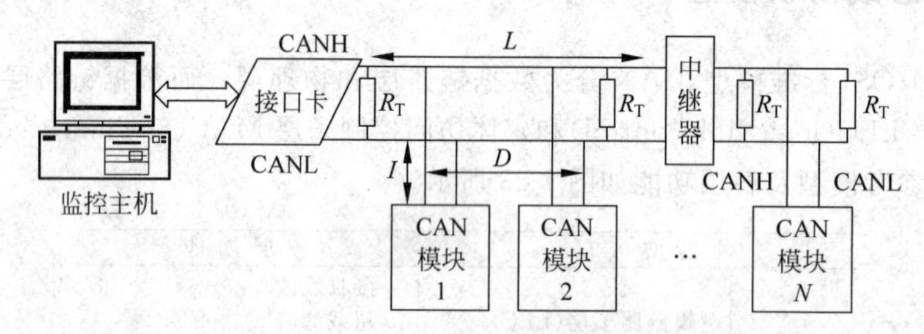

图7-24 CAN总线与节点的电气连接

CAN总线控制器工作于多主方式，网络中的各节点都可根据总线访问优先权采用无损结构的逐位仲裁的方式竞争向总线发送数据，且CAN协议废除了站地址编码，而对通信数据进行编码，这可使不同的节点同时接收到相同的数据，该特点使得CAN总线构成的网络各节点之间的数据通信实时性强，可提高系统的可靠性和灵活性。

CAN总线所采用的电缆参数及终端电阻值见表7-7。

表7-7 CAN总线所采用的电缆参数及终端电阻值

参数	符号	单位	数值			条件
			最小值	典型值	最大值	
特征阻抗	Z	Ω	108	120	132	
单位长度电阻	r	MΩ/m		70		
传输时延	t	ns/m		5		
终端电阻	R_L	Ω	118	120	130	

CAN总线的结构参数见表7-8。

表7-8 CAN总线的结构参数

参数	符号	单位	数值		条件
			最小值	最大值	
总线长度	L	m	0	40	传输速率：1Mb/s
节点分支长度	I	m	0	0.3	
节点距离	d	m	0	40	

7.3.4 CAN 总线通信中的问题

1. 发送器与接收器

在 CAN 总线中，发出报文的节点称为报文发送器。节点在总线空闲或丢失仲裁前均为发送器。如果总线处于非空闲状态，非报文发送器的节点则为接收器。

报文发送器和接收器认为报文实际有效的时间是不同的。对于发送器而言，如果直到帧结束的最后一位一直未出错，则发送器的该报文有效。如果报文受损，将允许按照优先权顺序自动重新发送。当总线空闲时，发送器同其他节点竞争总线，一旦取得总线访问权，便重新开始发送。对于接收器而言，如果直到帧结束的最后一位一直未出错，则接收器认为该报文有效。

2. 错误类型

不同于其他总线，CAN 总线协议不能使用应答信息。但它可以将发生的任何错误用信号发出。CAN 总线协议可使用如下五种检查错误的方法。

(1) 位检测错误

CAN 总线节点可监测自己发出的信号，即节点在发送每一位的同时也对总线进行监视，当监视到总线上位的数值与送出的该位数值不同时，则认为检测到一个位错误。

(2) 位填充错误

为保证同步，CAN 总线协议在 5 个连续相等位后，发送站自动插入一个与之互补的补码位，接收时，这个填充位被自动丢掉。例如 5 个连续的低电平位后，CAN 自动插入一个高电平位。CAN 通过这种编码规则检查错误，如果在一帧报文中有 6 个相同位，CAN 就知道发生了错误。

(3) 循环冗余错误检查(CRC)

在一帧报文中加入冗余检查 CRC 序列位。当接收器接收到的 CRC 序列与发送方的不同，则认为检出一个 CRC 错误。

(4) 格式帧错误

通过位场检查帧的格式和大小来确定报文的正确性，若固定形式位场中出现一个或多个非法位时，则认为检出一个格式错误。

(5) 应答错误

如前所述，被接收到的帧由接收站通过明确的应答来确认，如果发送站未收到应答，那么表明接收站发现帧中有错误，则认为检出一个应答错误。

检测到出错条件的节点通过发送出错标志来指示错误，当任何节点检出错误时，该节点将在下一位开始发送出错标志。例如，当检测到 CRC 错误时，出错标志在应答界定符后面那一位开始发送，除非其他出错条件的错误标志在此之前已经开始发送。为了界定故障，在每个总线节点中都设有两种计数，发送出错计数和接收出错计数。这些计数按照一定规则进行。

7.3.5 CAN总线的应用

案例：CAN总线在汽车上的应用

随着人们对汽车动力性、操纵稳定性、安全性和舒适性的不断追求，现代汽车上安装了很多电子控制设备、电子部件、专用传感器和功能独特的执行装置。为了将整个电动汽车内各系统统一管理，实现数据共享和相互之间协同工作，利用总线进行数据传递是一个必然的趋势。CAN总线的最初设计目的是解决车内各种电子测量装置之间的数据交换和通信，是目前较为成熟的车内通信系统总线。

目前汽车内的网络连接方式主要采用两条总线，一条用于驱动系统的高速CAN总线，速率一般可达到500kb/s，最高可达1000kb/s；另一条用于车身系统低速CAN总线，速率100kb/s。驱动系统CAN总线，也称动力主线，主要连接对象是发动机控制器、安全气囊控制器等，它们的基本特征都是控制与汽车行驶直接相关的系统。车身系统CAN总线，也称舒适总线，主要连接和控制汽车内外照明、灯光信号、空调、雨刷电机、中央门锁与防盗控制开关、故障诊断系统、组合仪表及其他辅助电器等。有些高档车辆还有第三条总线，即信息娱乐总线，主要用于卫星导航及智能通信系统。整车系统总线结构如图7-25所示。

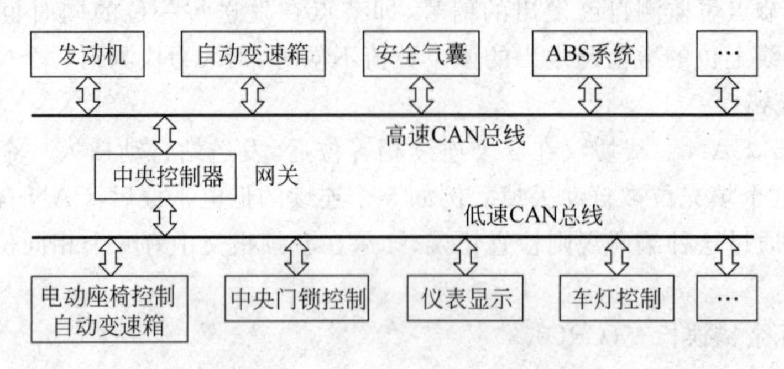

图7-25 汽车内CAN总线基本结构

技术的先进性是CAN总线在汽车上应用的最大动力，也是汽车生产商竞相应用CAN总线的主要原因。利用CAN总线构建一个车内网络，需要解决的关键技术包括：总线传输信息的速率、容量、优先等级、节点容量等；高电磁干扰环境下的可靠数据传输；确定最大传输时的延时；网络的容错、监控和故障诊断技术等。

在现代轿车的设计中，CAN已经成为必须采用的装置，奔驰、宝马、大众、沃尔沃、雷诺等汽车都采用了CAN作为控制器联网的手段。CAN总线控制技术是提高汽车性能的一条很好途径。例如，宝来(Bora)车车内配置两条CAN总线，即驱动系统CAN总线和车身系统CAN总线。驱动系统高速CAN总线，通信速率为500kb/s，其连接对象为汽车动力和传动机构的控制单元等，如汽车发动机控制单元、自动变速器控制单元、ABS控制单元、安全气囊控制单元等。车身系统低速CAN总线，其通信速率为100kb/s，其连接对象为中央控制器、四个门控制器等。

目前，中国首辆CAN网络系统混合动力轿车已装配成功，并进行运行。但总的来说，

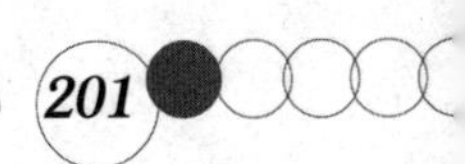

目前CAN总线技术在我国汽车工业中的应用尚处于试验和起步阶段，绝大部分的汽车还没有采用汽车总线的设计，因而存在着许多弊端，有待于今后的进一步研究与探索。

7.4 ControlNet总线

7.4.1 ControlNet概述

ControlNet现场总线基于改进的CAN总线技术，是由美国罗克韦尔公司推出的面向控制层的实时性现场总线，又称为控制层现场总线，用于PLC与计算机之间的通信，也可在逻辑控制或过程控制系统中用于连接I/O设备、操作面板等。它由独立性国际化组织控制网国际(CI)支持，主要负责向全世界推广ControlNet总线技术，同时提供各个厂商产品之间的一致性和互操作性测试服务。目前已有70多个成员单位，如ABB、Honeywell、日本横河、东芝等公司。

ControlNet控制网是一种高度确定和可重复性总线网络。ControlNet的高度确定性，是指它能够可靠地预测数据传递完成所需要的时间。而ControlNet的可重复性保证了传输时间为可靠的常量，且不受网络上节点的增加或减少的影响。这些都是保证实现可靠、高度同步和高度协调的实时性通信的重要因素。

ControlNet是实时的控制层网络，在单一物理介质链路上，可以同时支持对时间有苛刻要求的实时I/O数据的高速传输，以及无时间苛求的数据发送，包括编程和组态数据的上载/下载以及对等信息传递等。在所有采用ControlNet的系统和应用中，其高速的控制和数据传输能力提高了实时I/O的性能和对等通信的能力。ControlNet同样支持可选的本征安全介质，在任何环境下的系统中都非常的灵活。不仅如此，创新的ControlNet到FF总线的链接设备很好地融合了FF H1总线及ControlNet稳定性的优点。ControlNet良好的通信特性使其广泛应用于交通运输、汽车制造、冶金、矿山、电力、造纸、水泥、石油化工及其他各个领域工厂自动化和过程自动化。

7.4.2 ControlNet的通信特性

1. 通信模式

ControlNet技术以生产者/消费者模式取代了传统的源/目的模式。报文数据的产生者也就是数据源充当这一通信模式中的生产者，从网络中取用数据的各节点称为消费者。发送的报文按内容标识。当节点接收数据时，仅需识别此报文中的特定标识符，数据包不再需要目的地址。数据源只需将数据发送一次，多个需要该数据的节点通过在网上识别这个标识符，同时从网络中获取来自同一生产者的报文数据。

这种传输模式的优点是提高了网络带宽的有效使用率，数据一旦发送到网络上，多个节点就能够同时接收，无须像主从通信模式那样，同一数据需要在网络上重复传送，逐一送到需要该数据的节点，当更多设备加载到网络时也不会增加网络的通信量；二是数据同时到达各节点，可实现各节点的精确同步。

2. 虚拟令牌技术

虚拟令牌又名隐性令牌，ControlNet通信中采用虚拟令牌访问机制。网络上不存在专门起令牌作用的帧，令牌隐含在普通数据帧中。ControlNet给每个节点分配一个唯一的MAC地址(1～99)。像普通的令牌总线协议一样，持有令牌的节点才有权发送数据，但网络中并没有真正的令牌传递。每个站点都设有一个隐性令牌寄存器，并监视收到的每个报文数据帧的源MAC地址。隐性令牌寄存器的值为收到的源MAC地址加1，如果隐性令牌寄存器的值与某个站点自己的MAC地址相等，该站点就可立即发送数据。由于所有站点的隐性令牌寄存器在任一时刻的值都相同，而每个节点的MAC地址是唯一的，因而可避免介质访问发生冲突。

3. 通信的时间分片方法

ControlNet针对控制网络数据传输类型的需要，设计了通信调度的时间分片方法，使它既可以满足对时间有严格要求的控制数据的传输需要，例如I/O刷新、PLC之间的数据传递等，又可满足信息量大、对时间没有苛求的数据与程序的传输，例如远程组态、调整、故障查询等。对有严格时间要求的控制，在预留时间段的确定时间内，采用周期性重复发送的方式给予优先保证。根据有严格时间要求的数据来安排带宽，也就是说，这部分的带宽是根据数据发送的严格时间要求而预先保留出来的。剩余的带宽用于支持非严格时间要求的数据传输。对没有严格时间要求的数据，则在预留时间段之外安排，使它不至于影响有严格时间要求的数据的通信。

通信调度的时间分片方法根据网络应用情况，将网络运行时间划分为一系列等间隔的时间片，每个时间片被称为一个网络更新时间(network update time，NUT)。每个NUT被划分为3个部分：预留带宽部分、非预留带宽部分和维护部分。图7-26表示了时间的分片划分。预定时段用来传送对时间有苛刻要求的数据或称预定数据，未预定时段内，用来传送对时间无苛刻要求的数据，这部分时间内，所有传送显性报文的节点按循环、顺序地拿到隐性令牌。在一次更新时间中，这种循环不断重复，直到所分配的时段用完。当维护时段到来时，所有节点停止发送数据，在维护时段内，地址最低的节点，即协调节点发送一个维护报文

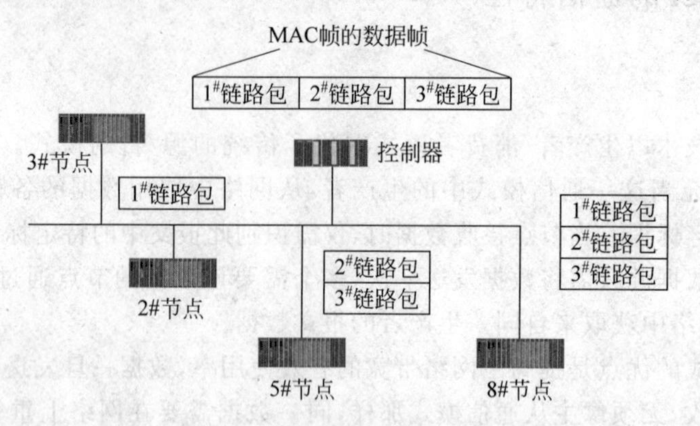

图7-26 同一数据帧中不同数据包的分发

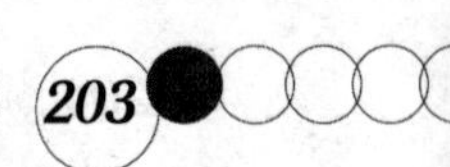

(协调帧),此报文可维持网络上每个节点的NUT定时器的同步和发布一些重要的网络链路参数。根据ConrolNet技术规范的规定,可组态的NUT时间范围为0.5～100ms。

7.4.3 ControlNet的主要性能指标

ControlNet的网络系统特性主要有:

(1) 确定性的、可重复的控制网络通信,适合离散控制和过程控制;

(2) 同一链路上允许多个控制器同时并存;

(3) 支持输入数据和端到端信息的多路发送;

(4) 可选的介质冗余和本征安全;

(5) 网络上节点居于对等地位,可以从任意节点实现网络存取;

(6) 同一链路上满足I/O数据、实时互锁、端到端报文传输和编程/组态信息等应用的多样的通信要求;

(7) 安装和维护简单。

ControlNet在使用时,可根据需要扩展物理长度,增加节点数量,提高安全性能。在一般应用场合,物理媒体采用RG-6/U同轴电缆和标准连接器,传输距离可达1000m。在野外、危险场合、高电磁干扰以及噪声环境的场合,可采用光纤介质,距离可长达30km,速度都始终保持在5Mb/s而不会随距离衰减,可寻址节点数最多为99个。其主要性能指标见表7-9。

表7-9　ControlNet性能指标

网络拓扑	主干:分支型、星型、树型、混合型	网络节点数	99个可编址节点,单段最多48个节点
网络目标功能	端到端设备和I/O网络,在同一链路传递信息	物理层介质	RG-6同轴电缆、光纤
最大通信速率	5Mb/s	中继器类型	高压交直流、低压直流
通信方式	主从、多主、端到端	中继器数量	串联:5个中继器(6个网段) 并联:最多48个网段
网络刷新时间	2～100ms	连接器	标准同轴电缆BNC
数据分组大小	0～510B	I/O数据触发方式	周期发送;轮询
通信距离	同轴电缆:6km 光纤:30km	I/O数据点数	无限多个
通信模式	生产者/消费者	电源	外部供电

7.4.4 ControlNet总线的应用

案例:ControlNet总线在循环流化床锅炉控制系统中的应用

1. 循环流化床锅炉系统介绍

(1) 循环流化床锅炉燃烧技术

循环流化床锅炉燃烧技术是一项近20年来发展起来的燃烧技术。它具有燃料适应性广、燃烧效率高、氮氧化物排放低、负荷调节比大和负荷调节快等突出优点。

自循环流化床燃烧技术出现以来，循环流化床锅炉已在世界范围内得到广泛的应用，大容量的循环流化床电站锅炉已被发电行业所接受。世界上最大容量的250MW循环流化床锅炉已投运，多台200～250MW大容量循环流化床锅炉也已投产。我国集中于中型循环流化床锅炉的研制与开发，目前已完全商业化，并开始走向电力市场。

(2) 循环流化床锅炉系统组成

燃烧系统：给料、风室、布风板、燃烧室、炉膛；气固分离系统：物料分离装置、返料装置；对流烟道：过热器、省煤器、空预器；风烟系统；汽水系统。

(3) 循环流化床锅炉燃烧过程

如图7-27所示，循环流化床锅炉的燃料一般由煤和石灰石两部分组成，物料(煤粒和石灰石)由给料口进入炉膛下部后，被高温物料包围而迅速被点着，并在燃烧室中伴以高速风流在沸腾悬浮状态下进行燃烧。同时，高温烟气携带炉料和大部分未燃尽的煤粒飞逸出燃烧室顶部，其中较大颗料因重力作用沿炉膛内壁向下流动，一些较小颗料随烟气飞出炉膛进入物料分离装置，经旋风分离器分离出的未燃尽燃料由返料器返送回炉膛底部，再次进入炉膛循环燃烧。经过分离的烟气通过对流烟道内的受热面吸热后，离开锅炉。

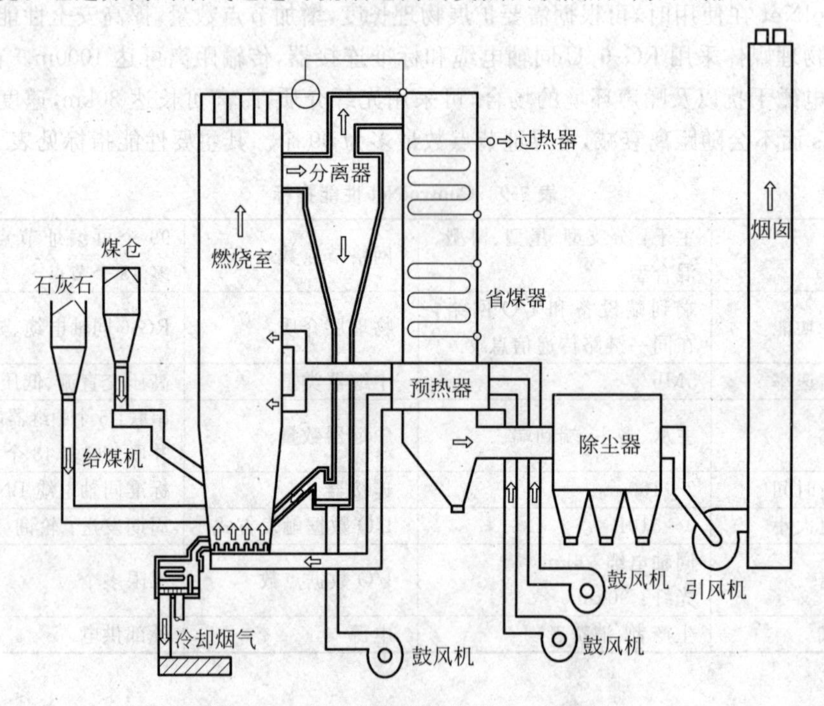

图7-27　循环流化床锅炉燃烧工艺过程

2. 循环流化床控制系统配置

根据工艺需要，整个系统的控制分为锅炉控制、汽机控制、电气控制、公共系统控制几个控制站，如图7-28所示。

系统配置基于Ethernet高速以太网和ControlNet总线技术，应用罗克韦尔公司产品进行系统配置。整个过程系统分为控制层和监控层，两个层有机地融为一体：包含2～3台冗余数据服务器、1个工程师站(engineering station，ES)、5～9个操作员站(operation station，

OS)、4～9 个冗余现场控制站(local control station，LCS)、一个 SOE 站(sequence of event)、4 个远程 I/O 站，以及 2 台 A3 激光打印机、1 台 A3 针式打印机。其中，SOE 站也就是常说的第一事故报警站，它主要是按照时间先后顺序记录下故障发生的时间和事件的类型，以方便查找事故原因。

控制层的每个现场控制站由电源、控制器、本地和远程框架的 I/O 站以及通信模块等组成(1∶1 冗余)。监控层的 Server、ES 和 OS 与各现场控制站之间采用工业以太网 EtherNet/IP 进行高速(100Mb/s)数据交换，并组成冗余网络；各现场控制站之间采用冗余 ControlNet 总线网络通信，介质为 RG-6 同轴电缆，实现具有可确定性和可重复性的高速数据传输。

整个系统的 Server、ES 和 OS 采用 Server 冗余的 Server/Client 结构。两台系统数据库服务器热备冗余，同步采集数据，均可用作主服务器和冗余服务器，当主服务器发生故障时，能无扰动地切换到冗余服务器。Server 用于历史数据记录、性能计算、报表、事故追忆以及向操作员站、上位计算机提供数据库服务；ES 用于程序开发、系统诊断和维护、控制系统组态、数据库和画面的编辑及修改；各 OS 之间互为备用，实现数据采集、整理、显示、存储、报警、报表、用户流程图显示及操作等功能。过程控制系统配置有标准接口，可以很方便地同第三方系统通信。

除此以外，ControlNet 总线的更为典型的应用是和设备层现场总线 DeviceNet 配合构建 EtherNet-ControllNet-DeviceNet 的网络结构，应用形式参见 7.5.5 节的图 7-31。

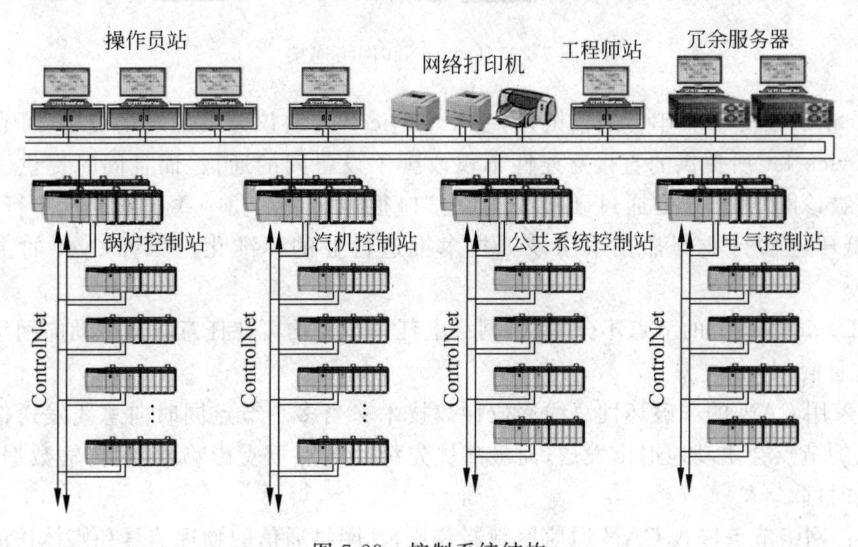

图 7-28　控制系统结构

7.5　DeviceNet 总线

7.5.1　DeviceNet 概述

DeviceNet 总线主要用于构建底层设备网络，是基于 CAN 技术的一种开放型通信网络，用于连接底层现场设备，通常也称为设备层现场总线。DeviceNet 网络节点由嵌入了CAN 通信控制器芯片的设备组成。DeviceNet 协议特别为工厂自动控制而定制，相关产品在 1995 年初出现，在离散控制、低压电器等领域得到迅速发展。后来成立了旨在发展 DeviceNet 技术与产品的国际性组织 ODVA（Open DeviceNet Vendors Association），负责 DeviceNet 标准的制定、更新、技术规范的管理以及在全球的推广和市场化应用。目前 DeviceNet 已成为 IEC 62026 国际标准的第 3 部分，是一种用于低压开关装置与控制装置的控制设备之间的接口标准，DeviceNet 同时也成为欧洲标准 EN 50325。

DeviceNet 协议是一个简单、廉价而且高效的协议，许多 PLC 和仪表生产厂商都开发了 DeviceNet 产品。在欧洲，越来越多的系统方案使用 DeviceNet 来实现。可通过 DeviceNet 连接的设备包括从简单的挡光板到复杂的真空泵各类测控设备，如模拟量 I/O 现场设备、温度调节器、阀组、电动机起动器、条形码读取器、变频驱动器、面板显示器、操作员接口和其他控制单元的网络等。如图 7-29 是 DeviceNet 的一个网络连接实例。

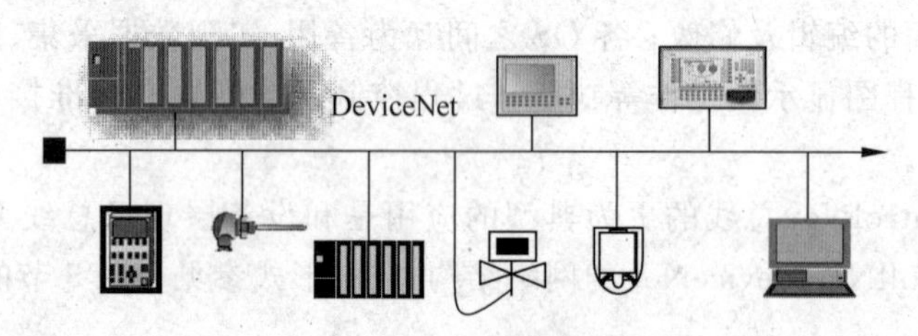

图 7-29　DeviceNet 网络连接

DeviceNet 也是一种串行通信链接，基于 DeviceNet 协议开发的现场设备，可直接进行互连。DeviceNet 所提供的直接互连性不仅改善了设备间的通信，而且同时提供了相当重要的设备级诊断功能，这是通过硬接线 I/O 接口很难实现的。一些国家的汽车行业、半导体行业、低压电器行业等都在采用该项技术推进行业的标准化。DeviceNet 的主要特点如下。

(1) DeviceNet 上的节点不分主从，网络上任一节点均可在任意时刻主动向网络上其他节点发起通信。

(2) 采用 CAN 的非破坏性总线逐位仲裁技术。当多个节点同时向总线发送信息时优先级较低的节点会主动地退出发送，而最高优先级的节点不受影响，继续传输数据，节省了总线仲裁时间。

(3) 各网络节点嵌入 CAN 通信控制器芯片，其网络通信的物理信号和媒体访问控制完全遵循 CAN 协议。

(4) DeviceNet 在 CAN 技术的基础上，增加了面向对象、基于连接的通信技术。

(5) 提供了请求—应答和快速 I/O 数据通信两种通信方式。

(6) 设备网上可以容纳多达 64 个节点地址，每个节点支持的 I/O 数量没有限制。

(7) 传输速度随网络长度变化。支持 125kb/s、250kb/s 和 500kb/s 3 种通信速率。

(8) 采用短帧结构，传输时间短，抗干扰能力强。

(9) 数据包 0～8 字节，每帧报文都有 CRC 校验及其他检错措施。

(10) 支持设备的热插拔，无须网络断电。支持总线供电与单独供电。并采取了接线出错保护和过载保护等保护措施。

7.5.2 DeviceNet 的通信模型

参照 ISO 的基本模型结构，DeviceNet 的通信参考模型为三层：物理层、数据链路层和应用层。其中，DeviceNet 定义了物理层连接单元接口规范、传输介质、应用层规范，而在数据链路层的媒体访问控制层和物理层的信号服务规范直接采用了 CAN 规范。其通信参考模型分层与各层所采用的规范如表 7-10 所示。

表 7-10 DeviceNet 模型结构及其规范

应用层	应用层规范	DeviceNet 规范
数据链路层	逻辑链路控制层	
	媒体访问控制层	CAN 规范
物理层	物理层信号服务规范	
	物理层连接单元接口规范	DeviceNet 规范
	传输介质	

DeviceNet 的物理层规范规定了 DeviceNet 的总线拓扑结构和网络元件，包括系统接地、粗缆和细缆混合结构的网络连接、电源分配等。设备网所采用的典型拓扑结构是总线拓扑，采用总线分支连接方式。粗缆多用作主干总线，细缆多用于分支连线。DeviceNet 网络拓扑结构如图 7-30 所示。

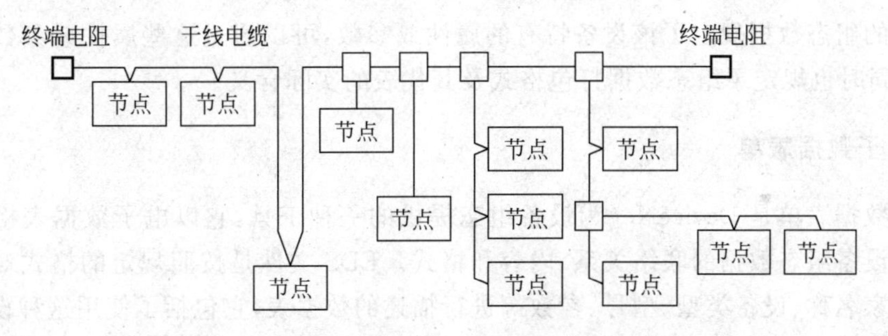

图 7-30 DeviceNet 网络拓扑结构

DeviceNet 设备的物理接口可在系统运行时连接到网络或从网络断开，并具有极性反接保护功能。可通过同一个网络，在处理数据交换的同时对 DeviceNet 设备进行配置和参数设置，这样使复杂系统的试运行维护变得比较简单，而且现在有许多的高效工具供系统集成者使用，开发变得容易。

DeviceNet 提供 3 种可供选择的通信速率。在每种通信速率下主干与分支电缆的允许长度见表 7-11。

表 7-11 电缆干线和支线的长度推荐值

传输速率/(kb/s)	主干长度/m			单支线长度/m	总支线长度/m
	粗缆	细缆	扁平电缆		
125	500	100	420	6	156
250	250	100	200	6	78
500	100	100	100	6	39

7.5.3 DeviceNet 的设备描述

每个 DeviceNet 设备都必须提供设备描述，让使用者了解该设备的各种特性。DeviceNet 通过对每一类产品编写一个通用的设备描述来规范不同厂商生产的同类产品，使它们在网络上表现出相似的特性，以便与其他设备进行互操作，同类产品可以互换。

DeviceNet 设备描述中包括对象模型、I/O 数据格式、可组态的参数和接口，并允许提供电子数据表单(electronic date sheet，EDS)，以文件形式记录设备操作参数等信息。各部分的具体内容如下。

1. 设备的对象模型

设备的对象模型用表格的方式列出该设备实现了哪些标准对象，实现了哪些自定义对象，并描述了各个对象之间的接口以及如何响应外部事件。

2. I/O 数据格式

I/O 数据格式规定了 I/O 数据的打包格式以及它们所代表的实际含义。

3. 设备的组态数据

设备的组态数据规定了该设备特有的属性或参数，可以通过这些属性或参数对设备进行组态；同时也规定了组态数据打包格式及其代表的实际含义。

4. 电子数据表单

电子数据表单是 DeviceNet 为设备组态提供的一种工具，它以电子数据表格的形式为用户提供设备组态数据的联络关系、内容和格式。EDS 文件是按照规定的格式对每个设备的生产厂家名称、设备类型、型号、参数等进行描述的数据表，它包括了使用这种设备需要的全部信息。组态工具可以自动从 EDS 读取这些信息，对设备进行组态和参数修改。通过 EDS 文件，可以对设备的种类、设定情况等进行确认，还可以通过文件的管理与文件传送将以往很烦琐的更改设定内容、增加或更改设备等操作变得简单。使用 EDS 文件后，无论是哪家的产品，其组态工具的操作及显示画面都以相同的形式表示，因此可以实现程序的通用化。

DeviceNet 建立了对象模型库，可将各种设备描述内容分类建库，例如，电机数据对象、监控器对象、命令子程序对象、离散量输入输出对象、模拟量输入输出对象等。在编写 AC/DC 驱动器、软启动器、电动机保护器等设备描述时都可调用电机数据对象，以简化设备描述。在 DeviceNet 的技术规范中详细列出了 DeviceNet 设备描述和标准对象库的内容。随着技术的发展，DeviceNet 的设备描述还在不断增加种类，以覆盖更大的使用范围。

7.5.4 DeviceNet 的一致性测试

ODVA 定义了 DeviceNet 设备和系统的测试和批准程序。截至目前，硬件测试和系统互用性测试只能由3个独立测试中心完成。DeviceNet产品厂商有机会将它们的设备交给3个测试中心之一进行一致性检测。所有DeviceNet设备只作两个关键性测试：互操作性和互换性。

互操作性表示所有厂商的DeviceNet设备都可在网络上互相操作。互换性比其更进一步，无论设备是何厂商制造的，可以用相同类型的设备(即它们符合相同的设备描述)在逻辑上互相置换。

一致性测试可以分成以下3个部分。

(1) 软件测试。对DeviceNet协议的功能进行验证，在测试时，根据设备复杂性的不同，可传输多达数千个报文。

(2) 硬件测试。检测物理层的兼容性，例如断线保护、过压、接地和绝缘、CAN收发器等。该测试对于不符合DeviceNet规范的设备可能是破坏性的。

(3) 系统互用性测试。可以验证在一个多达64个节点和众多不同厂商扫描仪的网络中设备的功能。

一致性测试软件可直接从ODVA获得，它是基于Windows的工具，开发商在进行正式的ODVA测试之前可以对其设备进行测试。如果设备通过了测试，那么可以说它已通过DeviceNet的一致性测试，并加以标记。许多DeviceNet用户现在都要求有该标识，通过一致性测试的设备在市场上会有显著的优势。

7.5.5 DeviceNet的应用

Ethernet-ControlNet-DeviceNet的网络结构是ControlNet与DeviceNet总线的典型应用形式，如图7-31所示。

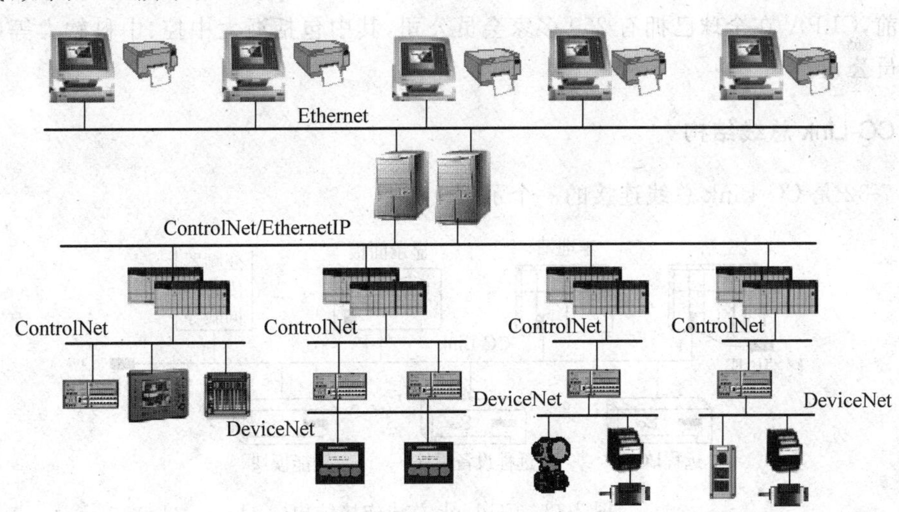

图7-31 Ethernet-ControlNet-DeviceNet的网络结构

图7-31是Ethernet-ControlNet-DeviceNet的网络用于电力行业的一般系统集成架构形式。ControlNet作为控制层的实时性现场总线，连接PLC控制器与计算机之间的通信，

也在控制系统中连接 I/O 设备、人机界面等，用于构建控制层网络。

DeviceNet 则实现底层现场设备的串行通信连接。作为一种低成本的通信总线，它将现场的工业设备，如限位开关、光电传感器、马达启动器、过程传感器、变频驱动器、面板显示器和操作员接口等智能设备连接到现场级网络。该总线系统节省硬接线成本，直接互连性改善了设备间的通信，并提供了相当重要的设备级诊断功能，在很大程度上简化了系统的安装、调试及维护过程。

7.6 其他总线技术

7.6.1 CC-Link 现场总线

CC-Link(control&communication link，控制与通信链路)由三菱电机为主导的多家公司于 1996 年推出，在亚洲占有较大份额，国内已经存在大量的应用案例和一些合作伙伴，目前在欧洲和北美发展迅速。作为开放式现场总线，CC-Link 是唯一起源于亚洲的总线系统，CC-Link 的技术特点尤其适合亚洲人的思维习惯。2005 年 7 月 CC-Link 被中国国家标准委员会批准为中国国家标准指导性技术文件。

CC-Link 是一个以设备层为主的网络，可覆盖较高层次的控制层和较低层次的传感层。在 CC-Link 系统中，可以将控制和信息数据同时以 10Mb/s 高速传送至现场网络。CC-Link 的开发理念为“多厂家设备环境、高性能、省配线”。它不仅解决了工业现场配线复杂的问题，而且具有较强的抗噪性能和良好的兼容性。2000 年 11 月，CC-Link 协会(CC-Link Partner Association，CLPA)在日本成立，主要负责 CC-Link 在全球的普及和推进工作。目前，CLPA 在全球已拥有 250 多家会员公司，其中包括浙大中控、中科软大等中国地区的会员公司。

1. CC-Link 总线结构

图 7-32 是 CC-Link 总线连接的一个示例。

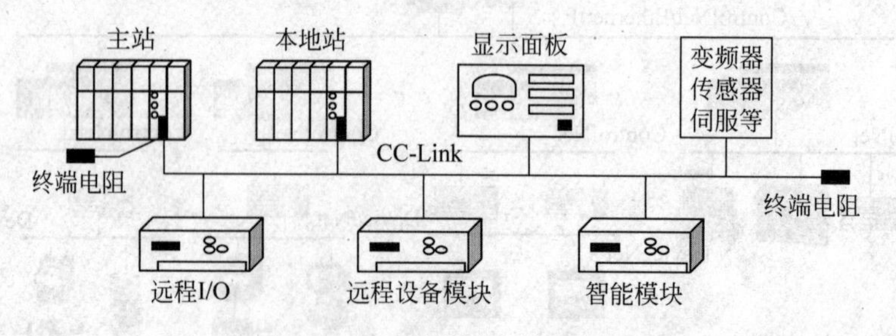

图 7-32 CC-Link 总线连接结构

CC-Link 整个一层网络可由 1 个主站和 64 个子站组成，它采用总线方式通过屏蔽双绞线进行连接。通过中继器可以在 4.3km 以内保持 10Mb/s 的高速数据通信。网络中的主站由 PLC 或计算机担当，它管理和控制整个 CC-Link 系统。子站可以是远程 I/O 模块、特殊功能模块、带有 CPU 的 PLC 本地站、人机界面、变频器、伺服系统、机器人以及各种测量仪表、阀门、数控设备等。如果需要增强系统的可靠性,可以采用主站和备用主站冗余备份的网络系统构成方式。采用第三方厂商生产的网关还可以实现从 CC-Link 到 ASI、S-Link 等网络的连接。

2. CC-Link 应用特性

CC-Link 适用于组建价格低廉、控制点分散的系统网络。由于可以直接连接各种流量计、电磁阀、温控仪等现场设备,配线成本低,并且便于接线设计的更改。目前它广泛用于半导体生产线、自动化传送线、食品加工线以及汽车生产线等各个现场控制领域。其应用特性如下。

(1) 自动刷新和预约站功能

CC-Link 网络数据从网络模块到控制站是自动刷新完成,不必有专用的刷新指令;安排预留以后需要挂接的站,可以事先在系统组态时加以设定,当此设备挂接在网络上时,CC-Link 可以自动识别,并纳入系统的运行,不必重新进行组态,保持系统的连续工作,方便设计人员设计和调试系统。

(2) 完善的 RAS 功能

RAS 是 Reliability(可靠性)、Availability(有效性)、Serviceability (可维护性)的缩写。如故障子站自动下线功能、修复后的自动返回功能、站号重叠检查功能、网络链接状态检查功能、自诊断功能等,它可帮助用户在最短时间内恢复网络系统。

(3) 互操作性和即插即用功能

CC-Link 每种类型产品也有其数据配置文档,用来定义控制信号和数据的存储单元。各合作厂商按照统一的标准规定,进行 CC-Link 兼容性产品的开发工作。这样不同的 A 公司和 B 公司生产的同样类型的产品,在数据的配置上是完全一样的,用户换用同类型的不同公司的产品,程序基本不用修改,可实现"即插即用"。

(4) 循环传送和瞬时传送功能

CC-Link 有两种通信的模式:循环通信和瞬时通信。循环通信是数据一直不停地在网络中传送;瞬时通信是在循环通信数据量不够用或需要传送比较大的数据通信时采用的模式。

(5) 优异的抗噪性能和兼容性

为了保证多厂家网络良好的兼容性,要进行总线的一致性测试。CC-Link 的一致性测试程序包含了抗噪音测试。因此,所有 CC-Link 兼容产品都具有高水平的抗噪性能。

7.6.2 LonWorks 总线

LonWorks 总线是一种基于嵌入式神经元芯片的现场总线技术,可构成一个开放的控制网络平台,是国际上普遍用来连接日常设备的标准之一。LonWorks 总线由美国 Echelon 公司开发研制,并在 Motorala 和 Toshiba 等公司的共同倡导下,于 1990 年公布正式形成。自第一代 LonWorks 问世以来,经过了十多年的努力,Echelon 公司已将该技术推向了第三代。第三代的 LonWorks 技术充分利用互联网资源,被广泛应用于楼宇自动化、家庭自动化、保安系统、交通运输、工业过程控制等领域中，具有极大的潜力。例如，它可将家用电器、调温器、空调设备、电表、照明控制系统等相互连接并和互联网相连，还有电力系统的变电站、电话局的子站远程监控、大厦物业管理等方面都可应用这种新的技术。该技术提供一个控制网络构架，给各种控制网络应用提供端到端的解决方案，其网络结构如图7-33所示。

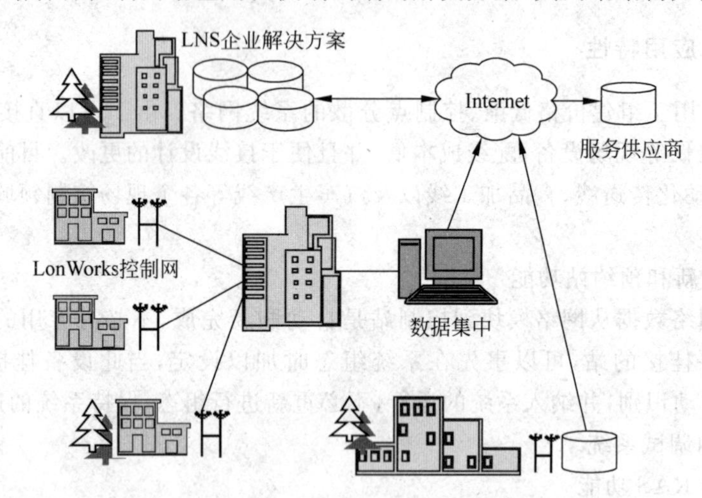

图7-33 LonWorks控制网络构架

LonWorks总线的主要技术特性如下。

(1) LonWorks总线技术的核心是具有通信和控制功能的神经元芯片。该芯片上集成有微处理器，用以完成各种通信驱动和算法执行功能。

(2) LonWorks通信速率为78kb/s和1.25Mb/s，对应的传输距离分别为2700m和130m，节点数为32000个。

(3) LonWorks支持各种通信介质，包括双绞线、同轴电缆、光缆等。支持多种拓扑结构如总线型、星型、混合型，组网方便、灵活。

(4) LonWorks采用分布式的智能设备组建控制网络。该控制网络的核心部分——LonTalk通信协议，已经固化在神经元芯片之中。该技术包括一个称为LNS网络操作系统的管理平台，该平台对LonWorks控制网络提供全面的管理和服务，包括网络安装、配置、监测、诊断等。

(5) LonWorks控制网络可通过各种连接设备接入IP数据网络和互联网，与信息技术应用实现无缝的结合。

(6) LonWorks技术的另一个重要特点是它的开放性与互操作性。国际LonMark互操作性协会负责制定基于LonWorks的互操作性标准，简称LonMark标准。符合该标准的设备，无论来自哪家厂商都可集成在一起，形成多厂商、多产品的开放系统。

7.6.3 HART协议

高速可寻址远程传感器(highway addressable remote transducer，HART)最早由Rosemount公司研制开发，并得到80多家著名仪表公司的支持，于1993年成立了HART

通信基金会。其主要特点是在现有模拟信号传输线上实现数字信号通信，属于模拟系统向数字系统转变过程中的过渡性产品，因而在当前的过渡时期具有较强的市场竞争能力，得到了较快发展。

HART在4～20mA模拟信号上叠加频率信号，成功地使模拟信号与数字双向通信同时进行，而不相互干扰。它还可在双绞线上以全数字的通信方式，支持多达15个现场设备组成的多站网络，用以传送各现场仪表的状态信息与参数设置。

HART通信采用FSK技术，传输速率为1200b/s。逻辑1的信号频率为1200Hz；逻辑0的信号频率为2200Hz。HART通信信号不会影响4～20mA信号的平均值。这就使HART通信可以和4～20mA信号并存而不互相干扰，这是HART的重要优点之一。多数现有电缆都可以用于HART通信，但最好采用带屏蔽的直径大于0.51mm的电缆。使用单台设备时的信号传输距离可达3km。

由于目前使用4～20mA标准的现场仪表大量存在，所以在现场总线进入工业应用之后，HART仍会有很广阔的应用前景。

HART通信具有以下特点。

(1) 既具有常规模拟仪表性能，又具有数字通信性能，用户可以将智能化仪表与现有的模拟系统结合使用，在现有仪表不进行改造的情况下，逐步实现仪表的数字化。

(2) 支持多点数字通信。在一根双绞线上可同时连接几个智能化仪表，因此节省了接线费用。

(3) 允许“问答式”及成组通信方式。大多数应用都使用“问答式”通信方式，而那些要求有较快刷新速率的过程数据可使用成组通信方式。

(4) HART仪表使用通用的报文结构。允许通信主机和所有HART兼容的现场仪表，以相同的方式通信。

(5) 在一个报文中能处理4个过程变量。测量多个参数的仪表可在一个报文中传送多个过程变量，在任意现场仪表中，HART协议支持256个过程变量。

HART采用统一的设备描述语言(DDL)来描述设备特性，由HART基金会负责管理这些设备描述，并把它们编为设备描述字典，主设备运用DDL技术来理解这些设备的特性参数，而不必为这些设备开发专用接口。

HART能利用总线供电，可满足本质安全防爆要求，并可组成由手持编程器与管理主机作为主设备的双主设备系统。

本章小结

本章主要分析了几种目前工业领域应用较广的现场总线标准。PROFIBUS总线是广泛应用于工业过程领域的现场总线，它由三个兼容部分组成，即PROFIBUS-FMS、PROFIBUS-DP和PROFIBUS-PA。基金会总线在过程自动化领域得到了广泛支持，具有良好发展前景。它分为低速FF H1和高速FF HSE两种总线，FF H1适用于底层设备级通信，FF HSE是现场总线基金会对H1的高速网段提出的解决方案，HSE采用链接设备可挂接远程H1网段，将H1信息传送到以太网主干上，并进一步输送到企业的ERP和管理系统。CAN总线是从汽车内总线控制发展起来的总线技术。基于CAN技术而推出的

ControlNet 和 DeviceNet 总线目前在工业领域也有广泛的应用。

习　　题

7-1　PROFIBUS 总线包括哪几个系列？分别应用于什么场合？

7-2　简述 FF 总线的基本拓扑结构，FF HSE 与 FF H1 如何连接于同一系统中？

7-3　简述 FF 总线设计的一般步骤。

7-4　简述 CAN 总线的电气特性及连接特点。

7-5　简述 ControlNet 和 DeviceNet 总线在系统集成中的结构形式。它们分别用于连接哪类设备？

7-6　简述 CC-Link 现场总线的技术特点。

参考文献

[1] 凌志浩. DCS与现场总线控制系统[M]. 上海：华东理工大学出版社，2008.

[2] 刘国海. 集散控制与现场总线[M]. 北京：机械工业出版社，2006.

[3] 阳宪惠. 现场总线技术及其应用[M]. 2版. 北京：清华大学出版社，2008.

[4] 张岳. 集散控制系统及现场总线[M]. 3版. 北京：机械工业出版社，2006.

[5] 何衍庆，等. 集散控制系统原理及应用[M]. 3版. 北京：化学工业出版社，2009.

[6] 赵众，冯晓东，孙康. 集散控制系统原理及其应用[M]. 北京：电子工业出版社，2007.

[7] 刘翠玲，黄建兵. 集散控制系统[M]. 北京：中国林业出版社，2006.

[8] 常慧玲. 集散控制系统应用[M]. 北京：化学工业出版社，2009.

[9] 任丽静，等. 集散控制系统组态调试与维护[M]. 北京：化学工业出版社，2010.

[10] 曲丽萍. 集散控制系统及其应用实例[M]. 北京：化学工业出版社，2007.

[11] 罗红福. PROFIBUS-DP现场总线工程应用实例解析[M]. 北京：中国电力出版社，2008.

[12] 白焰，等. 分散控制系统与现场总线控制系统：基础、评选、设计和应用[M]. 北京：中国电力出版社，2005.

[13] 张一，肖军. 测量与控制电路[M]. 北京：北京航空航天大学出版社，2009.

[14] 陈夕松，等. 过程控制系统[M]. 北京：科学出版社，2005.

[15] 王黎明，等. CAN现场总线系统的设计与应用[M]. 北京：电子工业出版社，2008.

[16] 王慧，等. 计算机控制系统[M]. 北京：化学工业出版社，2007.

[17] 张凤登. 现场总线技术与应用[M]. 北京：科学出版社，2008.

[18] 雷霖. 现场总线控制网络技术[M]. 北京：电子工业出版社，2004.

[19] 王常力，罗安. 分布式控制系统(DCS)设计与应用实例[M]. 北京：电子工业出版社，2004.

[20] 周明. 现场总线控制[M]. 北京：中国电力出版社，2001.

[21] 张新薇，陈旭东. 集散系统及系统开放[M]. 北京：机械工业出版社，2005.

[22] 吴锡祺，何镇湖. 多级分布式控制与集散系统[M]. 北京：中国计量出版社，2000.

[23] 李正军. 现场总线及其应用技术[M]. 北京：机械工业出版社，2005.

[24] 刘焕彬. 制浆造纸过程自动测量与控制[M]. 北京：中国轻工业出版社，2003.

[25] 邹益仁，等. 现场总线控制系统的设计和开发[M]. 北京：国防工业出版社，2003.

[26] 阳宪惠. 工业数据通信与控制网络[M]. 北京：清华大学出版社，2003.

[27] 方康玲，等. 过程控制与集散系统[M]. 北京：电子工业出版社，2009.

[28] 胡小强，等. 计算机网络[M]. 北京：北京邮电大学出版社，2005.

[29] 张学申，叶西宁. 集散控制系统及其应用[M]. 北京：机械工业出版社，2006.

[30] 王锦标. 计算机控制系统[M]. 2版. 北京：清华大学出版社，2008.

[31] ECS-700系统使用手册[M]. 杭州：浙大中控技术股份有限公司，2009.

[32] JX-300X系统使用手册[M]. 杭州：浙大中控技术股份有限公司，2006.

[33] ABB Freelance 800F控制系统硬件安装手册(V9.1)[M]. 上海：ABB(中国)有限公司，2008.

[34] Hollysys MACS系统使用手册[M]. 北京：北京和利时系统工程股份有限公司，2004.

[35] 苏耀东. 先进控制在石化行业的应用[J]. 上海：2011第二届ARC中国工业论坛，中国石化齐鲁分公司，2011.

[36] 曾硕巍. 通过扩展的自动化实现工厂卓越运行(集成的力量)[J]. 上海：2011第二届ARC中国工业论坛，ABB(中国)有限公司，2011.

[37] 何衍庆,俞金寿.集散控制系统原理及应用[M].2版.北京:化学工业出版社,2002.
[38] 郭巧菊.计算机分散控制系统[M].北京:中国电力出版社,2005.
[39] 张新,高峰,陈旭东.集散系统及系统开放[M].2版.北京:机械工业出版社,2008.
[40] 袁任光.集散型控制系统应用技术与实例[M].北京:机械工业出版社,2003.
[41] 俞金寿,孙自强.过程控制系统[M].北京:机械工程出版社,2008.
[42] 王树青.工业过程控制工程[M].北京:化学工业出版社,2003.
[43] 江秀汉,周建辉,等.计算机控制原理及其应用[M].西安:西安电子科技大学出版社,1995.

教师反馈表

感谢您购买本书！清华大学出版社计算机与信息分社专心致力于为广大院校电子信息类及相关专业师生提供优质的教学用书及辅助教学资源。

我们十分重视对广大教师的服务，如果您确认将本书作为指定教材，请您务必填好以下表格并经系主任签字盖章后寄回我们的联系地址，我们将免费向您提供有关本书的其他教学资源。

<table>
<tr><td>您需要教辅的教材：</td><td colspan="3">DCS及现场总线技术(肖军)</td></tr>
<tr><td>您的姓名：</td><td colspan="3"></td></tr>
<tr><td>院系：</td><td colspan="3"></td></tr>
<tr><td>院/校：</td><td colspan="3"></td></tr>
<tr><td>您所教的课程名称：</td><td colspan="3"></td></tr>
<tr><td>学生人数/所在年级：</td><td colspan="3">________人/　1　2　3　4　硕士　博士</td></tr>
<tr><td>学时/学期</td><td colspan="3">________学时/________学期</td></tr>
<tr><td>您目前采用的教材：</td><td colspan="3">作者：________________
书名：________________
出版社：________________</td></tr>
<tr><td>您准备何时用此书授课：</td><td colspan="3"></td></tr>
<tr><td>通信地址：</td><td colspan="3"></td></tr>
<tr><td>邮政编码：</td><td></td><td>联系电话</td><td></td></tr>
<tr><td>E-mail：</td><td colspan="3"></td></tr>
<tr><td colspan="2">您对本书的意见/建议：</td><td colspan="2">系主任签字

盖章</td></tr>
</table>

我们的联系地址：

清华大学出版社　学研大厦A708室

邮编：100084

Tel：010-62770175-4409，3208，4507

Fax：010-62770278

E-mail：liuli@tup.tsinghua.edu.cn；shengdl@tup.tsinghua.edu.cn